Ravensburger Freizeit-Taschenbücher Band 95

Norbert Mehler

Freizeit-Erlebnis Natur

Pilze, Beeren, Kräuter, Heilpflanzen

entdecken, sammeln, zubereiten

Otto Maier Verlag Ravensburg

Die deutsche Erstausgabe erschien
unter demselben Titel bei
J. Fink-Kümmerly + Frey

(ISBN 3-7718-0376-4)

Umschlagfoto: Walter Emmrich
Gesamtherstellung: Appl, Wemding
Printed in Germany

85 84 83 82 81 5 4 3 2 1

ISBN 3-473-43095-1

Inhalt

7 Naturerlebnis Gesundheit

14 Kleine botanische Nomenklatur

18 »Was der Bauer nicht kennt...«

21 Heim- und Gartenkultur

24 Sammeln und ernten

29 Transport – trocknen – aufbewahren

33 Haustee – Heiltee – Teemischungen

42 Vor dem Weizen war die Würze

44 Würzpflanzen und Wildgemüse mit Heilanzeigen

144 Heilkunde ist Naturkunde

147 Klosterfrau und Kräuterhexe

149 Grenzen – Gefahren – Gebote

151 Heilkräuter, Beeren, Sträucher

245 Pilze würzen – mit Pilzen würzen

270 Register

Hinweise für den Benutzer

Einzelne Pflanzen werden – unter dem jeweiligen Gesichtspunkt – sowohl im alphabetischen Teil »Würzpflanzen und Wildgemüse« als auch im entsprechenden Teil »Heilkräuter, Beeren, Sträucher« dargestellt.

Zu beachten sind im Einzelfall die Bestimmungen des Naturschutzes. So sind etwa Carlina acaulis (Silberdistel, Eberwurz, Eberdistel), Drosera rotundifolia (Rundblättriger Sonnentau, Bauernlöffelkraut) und Gentiana lutea (Gelber Enzian) in der Bundesrepublik streng geschützt, während in der Schweiz unterschiedliche kantonale Regelungen gelten.

Bildnachweis

Bildarchiv Hans Huber, Bildarchiv Joachim Kinkelin, Bildarchiv Kh. Schuster, Peter Dobbitsch, R. + M. Greulich, Historia-Photo, Werner H. Müller, Fritz Prenzel, Fritz Schäble, Gerhard Wiese, Karl F. Wolfstetter

Naturerlebnis Gesundheit

Wer Gesundheit nicht nur in den naturwissenschaftlich-analytischen Kategorien der Medizin begreift, nicht lediglich als voll funktionsfähigen Zustand von Materie, der kommt nicht um das seit fast zwei Jahrtausenden immer und immer wieder zitierte Wort des römischen Satirikers Juvenal (etwa 47–113 n. Chr.) herum: »Mens sana in corpore sano«, d. h. »gesunder Geist in gesundem Körper«.

Als der moderne Leistungssport dieses Bonmot als Motto reklamierte, war er nicht gut beraten. Denn das antike Ideal griechischer Prägung forderte den ganzen Menschen zu harmonischer Entwicklung von Körper und Geist. Dem steht die Disharmonie entgegen, die sich zwangsläufig als Folge der Hoch- und Überzüchtung einiger Spezialfunktionen – unter unvermeidlicher Vernachlässigung anderer – einstellt. Mithin ist nicht dem Leistungs- und Berufssport, sondern sehr viel eher dem abwechslungsreichen Schulsport, dem interdisziplinären Breiten-, Freizeit-, Ausgleichssport jenes Wort als Leitspruch zuzuerkennen. Nicht der Rekordjagd durch einseitige An- und Überspannung, sondern dem Streben nach Gesundheit durch wohlausgewogene Spannung und Entspannung.

Dies hat sehr viel mehr mit dem zutiefst und höchst menschlichen Streben nach Glück zu tun als mit exakt meßbaren Werten. Gesundheit ist nicht hochspezialisierte Leistungsfähigkeit, ist kein bloß sportliches Erlebnis – und auch nicht nur Selbsterfahrung. Klarer Kopf, heiteres Gemüt, schöner Körper, kurzum Abwesenheit alles Belastenden – das trägt zweifelsfrei sehr viel zum subjektiven Wohlbefinden des Sichgesundfühlens bei. Aber es ist nicht alles. Man stelle einen Menschen von derart mustergültiger Beschaffenheit auf einem Eisblock in die Wüste, schicke ihn in einer absolut gesicherten Kapsel auf große Fahrt vom einen Ende der Milchstraße zum anderen, umhülle ihn mit einer schallschluckenden Käseglocke voller Wohlgerüche – und man versorge diesen Menschen mit allem naturwissenschaftlich als lebensnotwendig Anerkanntem im Übermaß, auf Über-Lebenszeit berechnet, so daß es ihm (scheinbar) an nichts mangele: er wird sich binnen kürzester Zeitspanne unwohl befinden, wird sich krank fühlen, noch ehe er meßbar Schaden nimmt an Leib und Seele.

Wir alle sind – mehr oder minder wissentlich oder unwissend, willentlich oder widerwillig – auf dem Weg aufs Eis und in die Wüste, in die Abkapselung der Käseglocke. Und schon auf diesem Weg haben wir uns jenes wonnige Gefühl von »mens sana in corpore sano« weidlich und leidlich abgelaufen. Der vermeintliche Höhenflug menschlichen Geistes erweist sich zunehmend als übelerregendes Taumeln in selbsterzeugten Turbulenzen. Hinzu kommt, daß wir – startramponiert seit jenem ersten, legendären Fortschritt (aus dem Paradies hinaus ...) – mittlerweile auch noch landegenehmigungs- und -gebührenpflichtig sind bei

jedem Schritt und Tritt auf den Boden der Tatsachen, die nicht mehr naturgegeben sind.
Das ist es, was auch den im klinischen Sinn gesunden Menschen krank macht: die Entfremdung zwischen dem Naturprodukt Mensch und dem Menschenwerk Umwelt! Der Boden, auf dem wir gehen, das Hindernis, dem wir begegnen, das Panorama, das wir um uns sehen, ja sogar die Luft, die wir atmen – nichts ist mehr so, wie es gewesen ist, als die Evolution uns so, wie wir heute noch sind, konstruiert hat. Und selbst die beste Konstruktion muß sich als untauglich erweisen, muß versagen, sobald sich die äußeren Bedingungen – die Grundlagen des Konstruktionsplans – drastisch ändern. Dieser Fall ist eingetreten.
Jener mustergültig gesunde Mensch auf seinem Eisblock in der Wüste, in der Käseglocke zwischen Sternen, ist vergleichsweise in der Situation eines Super-Computers unter ihm nicht angemessenen Umweltbedingungen: Denken wir uns eine gigantische Konstruktion von bisher nie erreichter Funktions-Vielfalt, ein wahres Weltwunder der Technik, durch und durch geprüft mit gänzlich makellosen Testerfolgen, frisch geölt und in Watte gepackt – und kraft Weisung eines unerkannt wahnsinnig gewordenen Entwicklungshilfe-Dirigenten vom Hubschrauber fabelhaft zielgenau in eine eigens dafür maßgerecht ausgeschorene Lichtung irgend eines Dschungels zwischen Amazonas und Zaire abgesenkt! Was geschieht? Das Wunderwerk der Technik – eigentlich für einen künstlich klimatisierten, peinlich sterilisierten Standort in einem drumherumgebauten Hermetik-Haus konstruiert – versagt den Dienst im Urwald. Und es wartet nicht etwa geduldig auf bessere Zeiten – will sagen: konstruktionsgemäßere Umfeldbedingungen –, sondern es verrottet nach und nach, erst nur allmählich, dann allmählich zunehmend und zunehmend verdaulich werdend für den Urwald, der das Wunderwerk der Technik schließlich auffrißt.
Die Story erscheint absurd. Sie ist es aber nicht. Zwar haben Entwicklungshelfer immerhin schon Mähdrescher und ähnlich hochfrisierte Technik mitten im Urwald gelandet, der sich das dort unbrauchbare Zeug rigoros einverleibt; ein Weltwunder der Elektronik war jedoch wohl noch nicht dabei. Aber der umgekehrte Widersinn wird doch längst allenthalben praktiziert: Man setzt keine Computerblocks im Dschungel aus – sondern man läßt sie, wo sie sind, und läßt den Dschungel drumherum- und drüberwachsen. Der Effekt ist derselbe.
Also verfährt der Mensch mit dem Menschen: Er baut um das naturbelassene Geschöpf (Umkehr-Beispiel: Computer) eine zunehmend – und vielfach schon gänzlich – denaturierte Umwelt (Umkehr-Beispiel: Dschungel) auf. Denn man braucht den Menschen ja gar nicht (inhumanerweise) in einer ihm völlig fremden, stahlbetonierten und flußverglasten Mondlandschaft auszusetzen. Das würde er wohl nicht so widerstandslos mit sich machen lassen. Also macht man's anders: Man läßt ihn mitverdienen am Aufbau der Mondlandschaft um ihn herum! Der Effekt ist, wie gesagt, derselbe.
In dem Maß, in dem der Mensch sich der Natur entfremdet, entfremdet er

Mag auch die Front eines modernen Wohnblocks grafisch reizvoll sein, so ist seine Zellenstruktur doch das erschreckende Sinnbild eines zunehmenden Verlustes natürlicher Lebensgrundlagen. Und dennoch: der Weg »zurück zur Natur« kann auch auf dem Balkon der Hochhauswohnung beginnen, sofern der Blumen- oder Kräuterkasten als ein erster Schritt verstanden wird.

sich selbst. Denn die Natur ist seine Natur: das in ihm Lebende, das ihn Belebende, sein Leben! Gesundheit funktioniert nicht wider die Natur!

Das ist es, was uns so arg zu schaffen macht: Unser Körper funktioniert gemäß Naturgesetzen, unser Geist jedoch ist mehr als vogelfrei. Und anstatt Vogelfreiheit – im naturgegebenen Rahmen – optimal zu nutzen, haben wir den Übervogel kultiviert. Den Willkürspinner, ausgezeichnet vor allem durch seine leidvollen Flugversuche auf Kollisionskurs wider die Natur. Daß dieser komische Vogel dabei mehr und mehr Federn läßt, beflügelt ihn zwar nicht sonderlich, aber es scheint ihn auch noch immer nicht in hinreichendem Maße zu beunruhigen, um Zielvorstellungen zu revidieren und die Flugpläne zu korrigieren. Noch findet ja auch das fast schon blinde Huhn sein Korn.

Jeder Schritt »zurück in die Natur« (frei nach Jean-Jacques Rousseau, dem französischen Zivilisations-Pessimisten des 18. Jhs.) bringt uns Erblindenden mehr Korn. Nicht mehr spekulativ gewinnträchtige Tonnage im Silo, wohlgemerkt, sondern – körnchenweise, Keim für Keim – ein bißchen mehr Gesundheit, Wohlbefinden, Lebensfreude: ein bißchen mehr Einklang zwischen Innen- und Umwelt.

Die künstliche Umwelt ist schon zum Labyrinth geworden, jedoch noch nicht zum gänzlich ausweglosen Irrgarten. Da sie uns – wider alle Utopie vom Paradies aus Menschenhand – zur zweiten Natur nicht werden kann, tun wir gut daran, bei aller unumgänglichen Hege und Pflege der Binnenwege unseres Alltags die uns verbliebenen Auswege gangbar zu erhalten und womöglich weiter auszubauen.

Einer dieser Wege ist mehr als ein Wanderpfad in die Natur, erschließt uns mehr als ein bloßes (was keinesfalls abwertend gemeint sei!) Freizeiterlebnis. Er ist eine Art Schmugglerpfad, auf dem wir die grüne Nabelschnur – von der wir uns im blinden Fortschrittsglauben an das goldene Rindvieh entbunden wähnten, von der wir aber, wie wir heute wissen (sollten), doch nicht loskommen – hereinschmuggeln können in den Alltag, unmittelbarer noch als das schmückende Grün und Bunt in Haus und Garten. Dieses weckt in uns Erinnerungen an Verlorenes, ist Natur unter Kulturbedingungen. Auf jenem Schmuggelpfad jedoch gewinnen wir ein Stück von dem zurück, was unser legitimes Erbe ist: Kultur unter Naturbedingungen, gewissermaßen, wissend menschliche Nutzung – eben nicht Ausnutzung, Geringschätzung, Vergewaltigung und Ausmerzung – des Naturgegebenen.

Das vorliegende Buch sei ein kleiner Führer auf jenem Schmuggelpfad zum zwischenzeitlich fast vergessenen Ausgangsort der modernen Küche wie auch der modernen Heilkunde. Denn ursächlich war Gesundheit einmal unteilbar, basierend auf gesunderhaltender Ernährung zum Zweck des Überlebens von Tag zu Tag, von Jahr zu Jahr, was dem Menschen gattungsgemäß gesunderhaltende Anstrengungen sowohl des ihm gegebenen Körpers als auch des ihm gegebenen Geistes abnötigte. Der Selbsterhaltungstrieb war nicht mehr und nicht weniger als der Gesunderhaltungstrieb. Denn Krankheit bedeutete Schwäche, und Schwäche war fast schon gleich-

Tractat der Wildbeder natuer

wirckung vnd eigentschafft mittsampt vnderweisung wie sich ein yeder bereiten sol ee er badet/auch wie man baden/ vnd ettliche zůfell der badenden wenden sol/Gemacht mit grossem fleiß. durch Laurentium Phriesen der freien kunst vnnd artzny doctorem. Neptunus

Cum Priuilegio

Titelholzschnitt zu einem Anfang des 16. Jahrhunderts erschienenen »Traktat über den Gebrauch der Heilbäder«.

bedeutend mit unmittelbarer Todeserwartung.
Da haben wir vieles geändert. Unser tägliches Brot enthält z. B. nicht mehr die tägliche Arznei. Um das eine und das andere – in der Natur vereint – kaufen zu können, müssen wir Tag für Tag, langzeit-summarisch, auf diese oder jene körperliche und/oder geistige Betätigung verzichten, müssen – an sich gesunderhaltende – Befähigungen brachlegen. Das macht – langzeitsummarisch – krank. Wir brauchen also mehr Arznei und müssen, um das Wechselgeld dafür zu verdienen, auf noch mehr Gesunderhaltendes verzichten. Bis der Selbsterhaltungstrieb sich schließlich – völlig pervertiert – nur mehr als Krankerhaltungstrieb betätigt.
Aus diesem Teufelskreis können wir – ein bißchen – ausbrechen, wenn wir, was die Rest-Natur uns immer noch darbietet, annehmen, wenn wir uns wissend zu eigen machen, was uns eigentlich schon immer zugedacht ist: »grünes Brot« quasi mit der ihm innewohnenden »grünen Arznei«, grünen Salat mit grüner Soße, deren Grüngewürz wiederum zugleich eine »grüne Arznei« ist. Schiere Natur im Speise- und Kühl-, im Gewürz- und Arzneischrank.
Das können wir vielfach am Wanderwegrand sammeln, aber auch im Garten oder sogar – statt Blumen – im Balkonkasten, ja griffbereit vor dem Küchenfenster züchten.
Gezüchtete Gesundheit? Nein! Naturerlebnis Gesundheit – durch sinngerechte Nutzung der Mittel und Wege, die uns von Natur aus eigen sind, buchstäblich von Kopf bis Fuß.
»Mens sana in corpore sano« – wer kann das heute noch uneingeschränkt von sich behaupten? Wer hat nicht irgendwo sein kleines Zipperlein oder sein großes Weh versteckt? Dabei bedarf es gewiß keiner Scham: das Sehnen nach dem ganz natürlichen Erlebnis des Gesundseins an Leib und Seele, welches freilich artgemäße Lebensumstände voraussetzt. Diese sind nicht mehr gegeben. Also beschaffen wir sie uns – Fortschritt für Fortschritt – wieder! Diesmal in umgekehrter Richtung – durch Fortschritt vom Abwegigen. Durch Erinnerung – nach zuviel Veräußerlichung.

Kleine botanische Nomenklatur

Die für Küchengebrauch und Heilanwendungen tauglichen Pflanzen (einschließlich der Pilze) werden im Buchtext nach dem ABC mit ihren derzeit gültigen botanischen Benennungen angeführt, weil ihre deutschsprachigen Bezeichnungen starken historischen und landschaftlichen Abweichungen unterliegen. Als Orientierungshilfe dient das alle Bezeichnungen aufführende Register.

Auch in den Pflanzenbeschreibungen überwiegen die in der botanischen Fachsprache üblichen Kennzeichnungen, da sich deren treffende Aussage vielfach nur recht umständlich umschreiben ließe. Um dennoch auch diesbezüglich möglichen Mißverständnissen – und damit Verwechslungen beim Kräutersammeln – vorzubeugen, seien die wichtigsten Blüten-, Blatt- und Wurzelformen hier skizziert.

Blütenstände

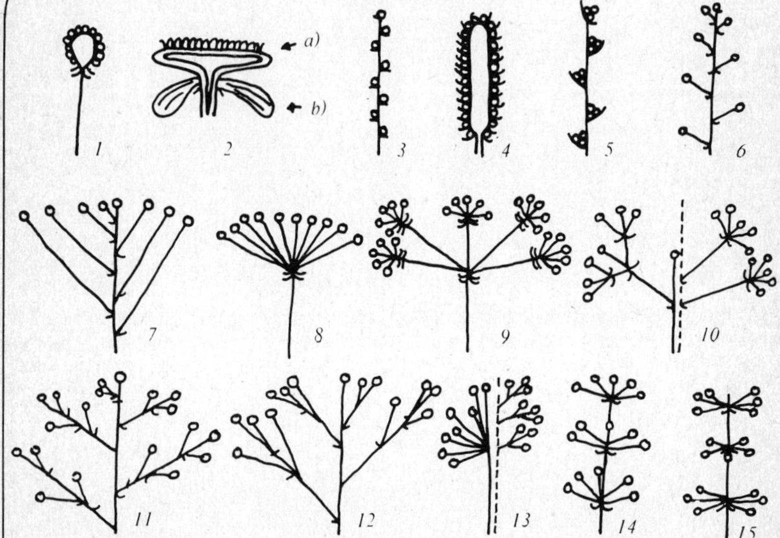

1 Köpfchen
2 Körbchen
a) Röhrenblüten
b) Strahlenblüten
3 Ähre
4 Kolben
5 Kätzchen
6 Traube
7 Doldentraube
8 einfache Dolde
9 zusammengesetzte Dolde
10 Trugdolden-Formen
11 Rispe
12 Doldenrispe
13 Büschel-Formen
14 Quirle
15 Scheinquirle

Blatt-Grundformen

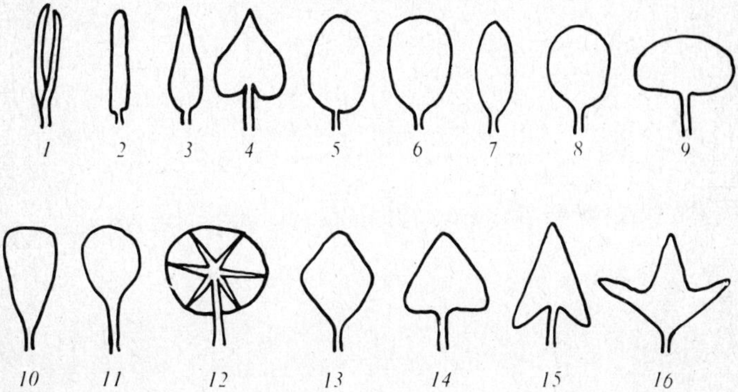

1 *nadelförmig, nadelig*
2 *linealisch*
3 *lanzettförmig*
4 *herzförmig*
5 *eiförmig*
6 *verkehrt-eiförmig*
7 *elliptisch*
8 *rundlich*
9 *nierenförmig*
10 *keilförmig, keilig*
11 *spatelförmig, spatelig*
12 *schildförmig (Unterseite)*
13 *rautenförmig, rautig*
14 *dreieckig*
15 *pfeilförmig*
16 *spießförmig*

Blattrandformen, ungeteilt

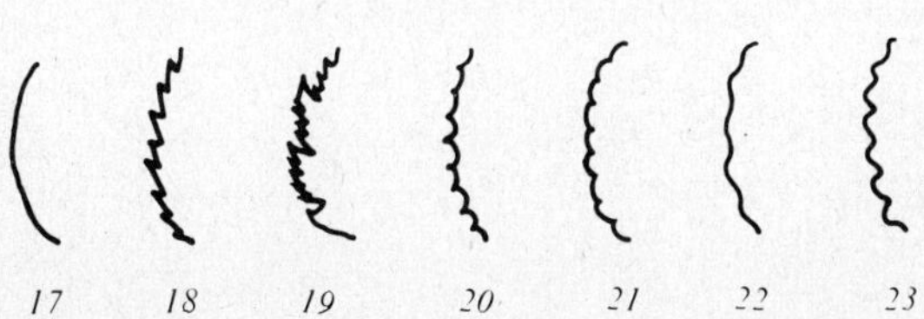

17 *ganzrandig, glattrandig*
18 *gesägt, sägerandig*
19 *doppelt gesägt*
20 *gezähnt, zahnrandig*
21 *gekerbt, kerbrandig*
22 *gewellt, ausgeschweift*
23 *gebuchtet*

Blatt-Teilungsformen

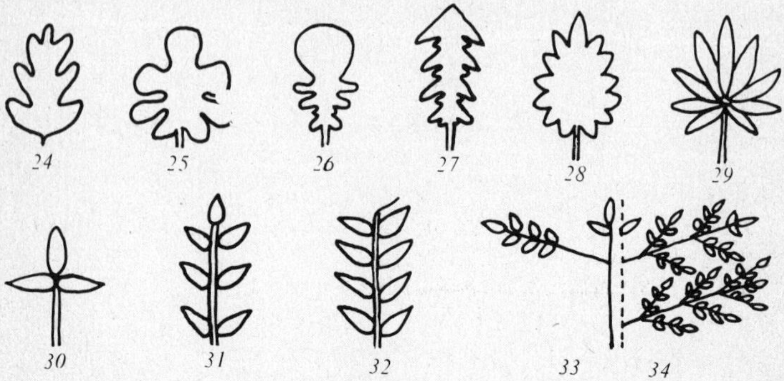

24 fiederspaltig
25 gelappt
26 leierförmig
27 schrotsägeförmig schrotsägerandig
28 fiederschnittig
29 gefingert
30 dreiteilig
31 unpaarig gefiedert
32 paarig gefiedert
33 doppelt gefiedert
34 dreifach gefiedert

Blattstellungen

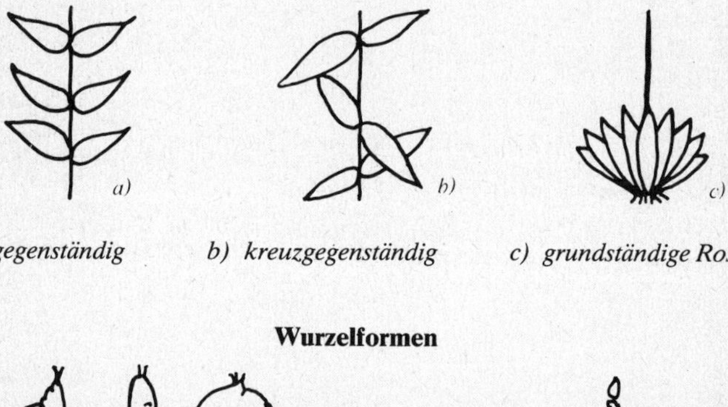

a) gegenständig
b) kreuzgegenständig
c) grundständige Rosette

Wurzelformen

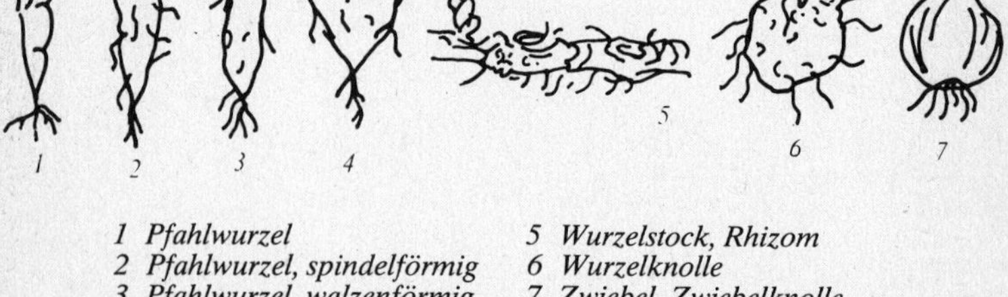

1 Pfahlwurzel
2 Pfahlwurzel, spindelförmig
3 Pfahlwurzel, walzenförmig
4 Rübenwurzel
5 Wurzelstock, Rhizom
6 Wurzelknolle
7 Zwiebel, Zwiebelknolle

„Was der Bauer nicht kennt…"

Um Vergiftungen mit höchstmöglicher Sicherheit zu vermeiden, muß man einen Grundsatz streng beherzigen, der gleichermaßen für das Sammeln von Würzkräutern und Wildgemüse, von Heilpflanzen und Pilzen gilt: In den Korb nur, was man kennt – und Hände weg von allem, bei dem man sich auch nur »nicht so ganz sicher« ist! Denn Verwechslungsgefahr ist Vergiftungsgefahr!

Wahrscheinlich rührt daher das – leider meist falsch interpretierte und deshalb herabwürdigend gebrauchte – Sprichwort: »Was der Bauer nicht kennt, das ißt er nicht!«

Wer war denn der Bauer, ehe die auf Beton Bauenden den Naturboden bebauenden Landmann aus ihrem Gesichtsfeld verdrängten? Er war der Naturkundige, der aus dem Verhalten von Pflanzen und Tieren, aus Wasserständen und Wolkenbildern verläßliche Schlüsse auf künftiges Wettergeschehen zu ziehen vermochte, der Wald und Weide wie seine Westentasche kannte und sehr genau wußte, was Sippe, Stall und Saat wohltat. »Auf dem Lande ist Natur der Arzt, der schwarze Hollunder die Hausapotheke, der Wacholder das beste Räucherwerk; Sauerkraut dient gegen Hitze und Entzündung, gegen Podagra dienen Erdbeeren, gegen Schleimhusten Gundelreben (Glechoma hederacea).« So schrieb J. Weber im 19. Jahrhundert (1898 in Platens »Neuer Heilmethode« zitiert).

Der Einklang von Mensch und Natur am Beispiel des Landmanns, dargestellt aus romantischer Sicht, die eine schon längst vergangene (und in dieser idyllischen Form wohl nie existierende) Zeit beschwört; der wiedergegebene Holzschnitt stammt von Ludwig Richter (1803–1884).

Eine Danziger Gemüse- und Kräuterfrau, dargestellt in einem Kupferstich vom Ende des 18. Jahrhunderts.

Heim- und Gartenkultur

Wer Gewürz- und Heilkräuter im Garten ziehen möchte, wird sich sinnvollerweise nicht nach einem vorgegebenen Schema orientieren, sondern seinen eigenen Plan entwerfen, nach Maßgabe gewisser grundsätzlicher Erwägungen:

1. Was die Auswahl der Küchenkräuter angeht, so sollen in erster Linie Geschmack und Neigung entscheiden. Denn es gibt individuelle Vorlieben und Aversionen. Was dem einzelnen am besten mundet, erfüllt bei ihm auch am besten seinen appetitanregenden und verdauungsfördernden Zweck; was nur mit Widerwillen konsumiert wird, muß in dieser Funktion versagen. Ansonsten spricht natürlich der Charakter der häuslichen Küche ein gewichtiges Wort mit. Wo z. B. sehr oft Suppe auf den Tisch kommt, sollten nicht lediglich zwei, drei Standardsuppenkräuter in großer Menge zur Verfügung stehen, sondern eine möglichst reiche Auswahl für Abwechslung sorgen. Wo man dagegen wenig Suppe ißt, mag es andere vorherrschende Bedürfnisse geben, die bei der Bestückung eines Kräuterbeetes zu berücksichtigen sind: vielleicht wird besonders viel sauer oder süßsauer eingelegt, so daß Einlegekräutern besondere Bedeutung zukommt.

Anders als das maschinelle Abernten eines Weizenfeldes oder eines Kartoffelackers ist die »Ernte« im Garten der Natur eine individuelle Tätigkeit, die ihren Wert nicht allein durch den Ertrag, sondern ebenso durch die Freude des Entdeckens, Erkennens, Unterscheidens und Mitteilens gewinnt.

2. Nun haben die Küchenkräuter, die wir im Garten kultivieren können, allesamt auch diese oder jene Heilwirkungen. Wer diesen Aspekt bei der Planung eines Kräuterbeetes mit berücksichtigt, ist in der glücklichen Lage, problemlos wahre Gesundkost bereiten zu können, ganz individuell – und dennoch in den weitaus meisten Fällen ohne »Extrawurst«: Was bei einem leidenden Familienmitglied gezielt beschwerdelindernd oder therapie-unterstützend wirkt oder wichtige Aufbau- und Schutzfunktionen erfüllt, ist für die übrigen »nur« schmackhafte Würze – eine Wohltat mithin für alle »Mitesser«, ohne jeden Anruch lästigen Arzneimittelkonsums.

3. Wer speziell eine kleine »grüne Apotheke« heranzüchten will, der wird die Auswahl der anzubauenden Kräuter zunächst nach zwei Gesichtspunkten treffen.

a) Es gibt die kleinen Ärgernisse des Alltags, die dann und wann jeden befallen, und gegen die stets Abhilfe zur Hand sein sollte. Zu diesen kleinen Ärgernissen zählen z. B. Verstopfung und Durchfall, leichte Erkältungen, Schmerzzustände (vom Muskelkater bis zu Kopfschmerzen verschiedenster Genese) u. a. Sie sind mit einem zweckmäßigen Kräutersortiment »abzudecken«.

b) Dasselbe gilt für spezifisch familiäre, über längere Zeit gegebene Dispositionen. Für kleine Kinder beispielsweise braucht man Fencheltee. Sind sie im »Sandkastenalter«, kann ein bißchen wurmwidrig wirksames Grün von Nutzen sein. Leidet jemand in der Familie, etwa berufsbedingt, unter chronischen Rückenschmerzen? Ist die Monatsregel regelmäßig mit besonderen Erschwernissen verbunden? Sind Schlafstörungen, Kreislaufschwächen, zu hoher (oder zu niedriger) Blutdruck etc. beim einen oder anderen ständig zu beklagende Malaisen? Besteht Disposition zu Grieß- oder Steinleiden? Bedürfen Leber, Galle, Nieren permanenter Unterstützung?
Wer diese und andere, sich ihm in solchem Zusammenhang aufdrängende Fragen erwägt, wird leicht die Kriterien herausfinden, nach welchen er eine sinnvolle Vorauswahl der anzubauenden Heilkräuter treffen kann.

4. Nun spricht freilich auch noch die Natur mit. Denn nicht alles wächst an allen Orten. So ist neben der Bodenbeschaffenheit auch die Lage des als »Kräutergärtlein« vorgesehenen Terrains zu beachten: Trockener Grund, lockere Krume, fette Erde, feuchter Boden, nasses Terrain? Sonnig, halbschattig, schattig? – Es kann sich sogar empfehlen, vom herkömmlichen Muster der Kräuterecke abzugehen und das eine hier, das andere dort im Garten anzusiedeln, manches vielleicht sogar besser im transportablen Topf oder im Blumenkasten vor dem Küchenfenster. Im Zweifelsfall weiß der Gärtner individuellen Rat.

Die – vielfach in wärmeren Zonen beheimateten – Kräuter aus Samen heranzuziehen, ist heute kaum mehr problematisch. Wer weder Gewächshaus noch Warmbeet (Frühbeet, Mistbeet) zur Verfügung hat, der verlegt den Keimvorgang schlicht in den wohltemperierten Rahmen der eigenen vier Wände:
Man fülle Tontöpfchen oder Holzkästchen mit fein gesiebter Komposterde, die angedrückt, aber nicht festgestampft werden soll. Die Samenkörner legt man (einzeln oder höchstens 3 zuhauf) mit wenigstens einer Fingerbreite Rundum-Abstand ein, drückt sie leicht an und überdeckt sie nur dünn (Faustregel: dreifacher Korn-Durchmesser!) mit feinhumoser Erde. Für gute Befeuchtung – am besten vom Boden her, um Ausspülung der Samen zu vermeiden – muß gesorgt werden. Den notwendigen Treibhauseffekt erzielt man, indem man Topf oder Kasten – dünne Korkplättchen als Auflagen anbringend – mit einer Glasscheibe abdeckt. Es gibt heute aber auch schon sehr praktische, fabelhaft funktionierende Treibkästen aus Kunststoff sowie Torftöpfchen, die schließlich mitsamt dem in ihnen zum Setzling gediehenen Pflänzchen ins Freiland einzusenken sind.
Vorgekeimte Setzlinge brauchen, wenn sie erste Blättchen ansetzen, möglichst schon etwa 5 cm Rundum-Abstand, bedürfen also gegebenen-

Holzschnitt von Hans Weiditz (1557)

falls der Zwischen-Umquartierung z. B. vom zu eng gewordenen Saatkasten ins Kompostbeet. Ausgesetzt werden sie im Frühjahr – frostempfindliche Arten jedoch erst, wenn (gemeinhin etwa ab Mitte Mai) garantiert kein Nachtfrost mehr zu befürchten ist.

Da bei vielen Kräutern schon zwei, drei gesunde Frühjahrs-Setzlinge völlig ausreichen, um einen lohnenden Bestand zu sichern, kann der Erwerb dieser Pflänzchen zur rechten Zeit zweckmäßiger sein als die doch etwas mühevolle Anzucht aus dem Samen. Zur gleichen Zeit – unbedingt bei frostfreier Witterung – nimmt man auch die vegetative Vermehrung durch Stecklinge (wurzelbildende Zweigsprosse) und Fechser (keimfähige Wurzelabschnitte) vor.

Die Überwinterung schafft sehr unterschiedliche, aber nicht sonderlich aufwendige Erfordernisse. Da und dort kann es freilich sinnvoll sein, gewisse Kräuter ausschließlich in transportablen Kästen oder Kübeln zu kultivieren, die man während der kalten Jahreszeit in frostfreien, jedoch gut belüfteten Räumen unterbringen kann. – Auch dies ist freilich eine Frage, die sich nur jeweils für den Einzelfall optimal beantworten läßt. Den fachkundigen Rat des Gärtners einzuholen, ist auch hier zweifelsfrei billiger als risikoreiches Experimentieren »auf gut Glück«.

Für das Ernten angebauter Würz- und Heilpflanzen gelten dieselben Regeln wie für das Sammeln wildwachsender Kräuter.

Sammeln und ernten

Grundsätzlich sollte, wie schon erwähnt, nur gesammelt werden, was man wirklich kennt und zweifelsfrei bestimmen kann. Giftpflanzen und -pilze wurden in dieses Buch nicht aufgenommen. Es fehlen überdies geschützte Pflanzen, soweit sie nicht ersatzweise zu kultivieren sind; bei anderen ist auf die erforderliche Schonung etwa der unterirdischen Teile im Text hingewiesen.

Eine Selbstverständlichkeit sollte es sein, keine noch so unbedeutend erscheinende Art an einem Standort völlig auszurotten. Und auch an Einzelpflanzen lasse man – falls nicht ausdrücklich das ganze Kraut mit Wurzeln gebraucht wird – stets einige Blätter und Blüten stehen, bzw. schneide das Kraut (mit scharfem Messer oder Sichel) ein paar Fingerbreit über dem Boden ab, um ihm zur Assimilation und damit zum Überleben wichtiges Blattgut zu erhalten. Bei höherwüchsigen Kräutern genügt es, die blühenden Triebe mit nur etwa einer Handspanne Stengel zu kappen, zumal die groberen, z. T. verholzenden Stengelteile für Würz- und Heilzwecke gemeinhin unbrauchbar sind. Schließlich sind Sammel- bzw. Erntezeiten auch unter dem Aspekt des

Sorbus aucaparia (Wilde Vogelbeere, Eberesche): die Beeren der Eberesche sind schwach giftig.
Links: Blütenstand im Mai/Juni.

Pflanzenschutzes zu beachten. Wer z. B. Thymian noch im August/September schneidet, darf sich nicht wundern, wenn die Pflanzen eingehen, weil ihnen nicht mehr hinreichend Erholungszeit bis zum Wintereinbruch bleibt.

Zeit und Ort

Die Zeit ist überdies ein wichtiger Faktor hinsichtlich Würz- und Heilkraft, was bei manchen ätherische Öle erzeugenden Kräutern, wie z. B. Salbei, besonders deutlich wird: Ihr Duft ist am frühen Morgen noch kaum wahrnehmbar, verstärkt sich zunehmend gegen Mittag und nimmt abends wieder ab. Dies ist vor allem auf die Rolle des Sonnenlichts bei den photosynthetischen Assimilationsvorgängen zurückzuführen. Es empfiehlt sich also, oberirdische Pflanzenteile just dann zu ernten, wenn sie die größtmögliche Anreicherung mit Assimilaten aufzuweisen haben – also nicht frühmorgens, wenn ihr Eigenverbrauch über Nacht beträchtliche Reserven aufgezehrt hat, die bei Tageslicht erst wieder aufgebaut werden müssen, und auch nicht abends, wenn der Abbau schon wieder eingesetzt hat.

Aus ähnlichem Grund bringt man die unterirdischen Teile insbesondere ausdauernder Gewächse nicht gleichzeitig mit dem blühenden Kraut, sondern am besten zu Zeiten der Vegetationsruhe ein: Im Herbst, nach der Fruchtabgabe, sammeln und speichern die Wurzelstöcke, -knollen und -zwie-

beln zunächst alle Kraft für das strapaziöse Überwintern, nach dessen Auszehrungsperiode sie wieder dasselbe tun, um neuerliches Austreiben bis zur höchsten Blüte zu ermöglichen, was der Wurzel wieder Kraft entzieht.

Sammeln/Ernten sollte man oberirdische Teile grundsätzlich an schönen, trockenen, mithin der Photosynthese (und auch dem Ausflug ins Grüne zum Pflanzensammeln) günstigen Tagen. Daß das Erntegut nicht noch vom Frühtau genetzt oder gar vom Regen naß sein soll, hat noch einen weiteren Grund: Nässe begünstigt Schimmelbildung und Gärung in dem zur Trocknung bestimmten Material! Da das eingebrachte Gut deshalb – von grün und frisch zu gebrauchenden Würzkräutern (erst waschen, dann zerkleinern!) bzw. Wildgemüsen abgesehen – auch nicht gewaschen werden soll, sind besonders staubreiche Standorte (z. B. Straßenränder) sowie frischgedüngte oder mit Pflanzenschutzmitteln besprühte Felder mit ihren Randbereichen für das Pflanzensammeln ungeeignetes Terrain. Tabu sind außerdem Uferzonen fauliger Gewässer sowie solche Schuttplätze, auf welchen auch chemische Giftstoffe deponiert werden oder zu vermuten sind.

Im übrigen ist streng darauf zu achten, daß nur gesund entwickelte, nicht beschädigte, beschmutzte oder von Schädlingen befallene, krankhaft verfärbte, fleckige oder bereits welkende Kräuter bzw. Pflanzenteile genommen werden. Fremdkörper jeder Art sind schon beim Sammeln/Ernten auszuscheiden.

Das Sammel-/Erntegut

Kraut und Blätter – in der Regel vor dem Aufblühen zu ernten – schneidet oder pflückt man zweckmäßigerweise am nicht zu späten Nachmittag, wenn die grünen Pflanzenteile die größte Assimilat-Konzentration aufweisen. Für Wildgemüse ist meist das jüngste Grün das beste; für den Würz- und/oder Heilgebrauch sollte man getrost erst recht knapp vor der Blüte ernten. Bei über längere Zeit wiederholt neuerlicher Blattnahme gilt – wie für den Tee vom Teestrauch –, daß die erste Ernte die beste, weil die an (aromatischen) Inhaltsstoffen reichste ist. Das ganze Kraut dagegen schneidet man so spät wie möglich.

Blüten pflückt oder schneidet man (im Blütenstand) am günstigsten noch vor ihrer völligen Entfaltung, und zwar vormittags. Denn voll entfaltete Blüten sind – besonders am hohen Mittag und im darauffolgenden Erschlaffungszustand – praktisch schon überreife Blüten, die leicht schon beim Sammeln die Blätter verlieren, die sie eigentlich auch beim Trocknungsvorgang noch festhalten sollen.

Früchte im landläufigen Sinn (Obst, Beeren) sind in voll-, aber nicht überreifem Zustand zu ernten. Nur wenig oder gar kein Fruchtfleisch aufweisende Samenfrüchte verlieren mit Eintritt der Vollreife sehr rasch und leicht – spätestens infolge auch nur geringfügiger Berührung – die Samen. Sie sollten deshalb frühzeitig, vor dem Reifestadium, eingesammelt, bzw. am Fruchstand gekappt und auf der die Samen auffangende Unterlage nachgereift werden.

Wurzeln (auch Knollen, Zwiebeln) werden gemeinhin im Herbst, sobald

Hippophae rhamnoides (Sanddorn)

das oberirdische Grün welkt, oder – bei ausdauernden Gewächsen – zeitig im Frühjahr ausgegraben. Dafür empfiehlt es sich sogar, etwa das Ende eines längeren »Landregens« abzuwarten, um dann »zuzustechen«. Denn dann ist die Erde besonders weich, und die Wurzeln haben gerade noch einmal »einen Schub Mineralstoffe und Spurenelemente hereinbekommen«.

Rinde schält man nur von entlaubten Laubgehölzen. Das geht allemal im Spätjahr. Besser aber ist die Rinde des frühen Jahres, wenn die Säfte steigen. Man führt – nur an »ausgewachsenen« Bäumen – mit scharfem Messer zwei nicht zu tiefe (nicht ins Holz dringende) Schnitte von etwa Handlänge, in einer Handbreite Seitenabstand, verbindet die Enden dieser Schnittlinien durch Querschnitte und schält das so isolierte Rindenstück dann nach Abklopfen von außen mittels Holzmessers (breitkeilförmiges Holz oder anderes nichtrostendes Werkzeug) vom Stamm ab. Nach Möglichkeit entnimmt man von einem Baum nur ein einziges derartiges Rindenstück, oder man bringt die Einschnitte so (seitlich und in der Höhe) versetzt an, daß auch zwei oder drei dadurch geschaffene Blindsektoren den allgemeinen Säftefluß im Rindenbereich nicht ernstlich gefährden können. Grundsätzlich darf an keiner Stelle eine Rundum-Entrindung erfolgen!

Transport - trocknen - aufbewahren

Der Transport
Beim Sammeln, Transportieren und Trocknen ist eine Grundregel gleichermaßen zu beachten: Sammel- oder Erntegut darf nicht beschädigt werden! Es ist mithin von vornherein behutsam anzufassen, nicht zu drükken, nicht zu quetschen, nicht zu stauen, sondern locker zu lagern. Wer Kräuter zu lange in der Hand behält, darf sich nicht über unliebsame Druck- und Anlaufstellen wundern; schon Wärme- und/oder Feuchtigkeitsstau in Sektoren kann das eingesammelte Material zumindest für Heilzwecke unbrauchbar machen.
Als Sammel- und Transportbehälter eignen sich vorzüglich Körbe (mit Lichtschutz-Abdeckung) sowie grobe (ihre Umfassungsform haltende), luftdurchlässige Tuch- oder Papiersäcke. Völlig ungeeignet sind wärmestauende und kondensfeuchthaltende Plastikbeutel. Beeren und andere Früchte sammelt man in offene Glas-, Prozellan- oder Emailgefäße, in welchen sie nicht gedrückt werden können.

Das Trocknen
Zum Trocknen bestimmte Kräuter, Blätter und Blüten dürfen nicht länger als unumgänglich in den Transportbehältern verbleiben oder aufgehäuft liegen, sondern müssen sofort verlesen und luftig ausgebreitet werden. Schadhafte Teile und Fremdkörper sind zu entfernen. Es darf nichts gewaschen werden; es ist aber immerhin möglich, z. B. ganze Kräuter mit Hilfe eines Staubsauger-Gebläses o. ä. zu entstauben. Als Trockenraum eignen sich am besten Dach- oder Heuböden, behelfsweise aber auch jeder andere, gut belüftbare und schattige Raum, der nicht feucht sein und keinen Zementfußboden haben darf. Auch dürfen keine Dämpfe, Rauch, Staub oder Ruß eindringen. Schädlich sind außerdem penetrante Gerüche, die von dem trocknenden und trockenen Gut leicht aufgenommen werden können. Aus diesem Grund müssen stark duftende, ätherische Öle enthaltende Kräuter auch stets allein – nur eine Art in einem Raum – getrocknet werden, sonst verdirbt eine Droge die andere. Werden Blüten getrocknet, sollte man Fensteröffnungen verhängen, denn Blütenfarbstoffe sind äußerst lichtempfindlich.
Das Trockengut legt man in dünner, luftiger Schicht aus; es soll während des Trocknungsvorgangs möglichst nicht gewendet werden müssen. Als Unterlage eignen sich zur Not reines, unbedrucktes (!) Papier, am besten auf Spanhorden oder Lattenrosten ausgelegt. Ideal sind mit Leinen bespannte Holzrahmen; Drahtgeflecht taugt als Trockengitter nur, wenn es verzinkt ist. Langstieliges Gut kann man – soweit dies möglich ist, ohne Blätter zu quetschen – in lockeren Bündeln zum Trocknen aufhängen, oder besser mit Nadel und Zwirn zur Kette reihen, so daß die Kräuter (ohne Seitenberührung!) wie Wäsche auf der Leine trocknen können. – Bei feuchter Witterung kann sich ein Nachtrocknen mit Hilfe eines Ventila-

tions-Heizkörpers empfehlen, wobei auf hinreichenden Abstand geachtet werden muß, um wirklich nur zu trocknen, nicht zu rösten.

Was bei reinen Heildrogen unbedingt vermieden werden muß, kann bei einigen Bestandteilen von Hausteemischungen erwünscht sein: die Fermentation (Gärung), die das Geschmacksaroma von Blattdrogen verstärkt. Für diesen Zweck vorgesehenes Grüngut läßt man zunächst nur gründlich welk werden. In diesem – lappigen, jedoch nicht brüchigen – Zustand quetscht man größere, robustere Blattsorten, z. B. von Beerensträuchern, im Holzmörser oder mit dem Nudelholz auf glatter, nicht metallischer Unterlage (eine Prozedur, die bei kleinblättrigen Sorten unterbleiben kann), ehe man das Gut – selbstverständlich nach Arten getrennt – in Holzkistchen oder Tongefäße füllt: Einfüllen, mit kräftigem Handdruck zusammenpressen und die Lage sparsam mit Wasser besprengen, ehe man nachfüllt, wieder andrückt, wieder besprengt usw. Das Fermentiergut bleibt während zwei bis drei Tagen in den lichtsicher verschlossenen Gefäßen an warmem Ort

Ein eher ornamentales Arrangement von Küchenkräutern. Von links nach rechts zeichnen sich vor dem hellen Hintergrund ab: getrocknete Zweige des Lorbeerstrauches. Beifuß, ein Büschel getrockneter Thymian und daneben eine frische Thymianpflanze; nach vorn breitet sich der Dill einmal als frische Pflanze, daneben in getrockneter und zerriebener Form aus.

(jedoch nicht in die Sonne stellen oder künstlich über 40 Grad erhitzen!), wobei es sich schwarz verfärbt. Anschließend zupft man es wieder auseinander, so daß nichts mehr zusammenklumpt, und trocknet es so locker und gründlich wie Frischgut, wobei öfteres Umwenden nicht schaden, sondern die völlige Austrocknung nur in wünschenswerter Weise beschleunigen kann.

Auch Samen und Kapselfrüchte, die man in dünner Schicht ausbreitet, sollten des öfteren umgemischt werden. Beeren und fleischige Früchte bedürfen sehr lockerer Auslegung (z. B. in Pappkartons) und meist künstlicher Nachtrocknung, wobei die Wärme aber nicht über 35 Grad Celsius ansteigen darf. Hagebutten werden vor dem Trocknen aufgeschnitten und entkernt. Die Schalen werden – ungewaschen – während des Trocknungsvorgangs gelegentlich leicht gerüttelt. Die Samen dagegen säubert man durch kurzes Waschen von den unangenehmen »Juckhärchen« (langarmige Plastikhandschuhe empfehlenswert!), sorgt dann für rasche, aber gründliche Oberflächentrocknung (lockeres Ausbreiten auf Kartonboden in der Sommersonne oder Schütteln in einem Seiher im Warmluftstrom eines Ventilations-Heizkörpers); anschließende Lufttrocknung wie Samen allgemein.

Dünne Rinden werden in blattgroße Teile zerschnitten und wie Blätter behandelt. Dicke Rinden sowie Wurzeln und Holz kann man an der Sonne oder auch bei künstlicher Wärme bis 60 Grad Celsius und darüber trocknen. Stärkere Wurzeln und Asthölzer spaltet man auf, um den Feuchtigkeitsent-

zug zu erleichtern. Weiche bzw. fleischige Wurzeln zieht man ganz oder in Teilen wie ganze Kräuter und Pilze auf Zwirnfäden, an welchen sie rundum gleichmäßig von Luft umspült werden.
Vollkommen getrocknet – und damit zur Aufbewahrung in geschlossenen Behältern geeignet – sind die Drogen dann, wenn die Blätter bei Bewegung wie Papier rascheln, Stengel, Rinden und dünne Wurzeln keinerlei Elastizität mehr zeigen, sondern beim Biegen sofort brechen, und wenn Früchte und fleischige Wurzeln hart wie Holz geworden sind. Dabei sollen auch Blüten und Blätter ihr ursprüngliches Aussehen einschließlich Färbung weitestgehend beibehalten und ihren Eigengeruch bewahrt haben. Eine Ausnahme machen da nur die infolge Fermentation dunkel verfärbten Hausteedrogen, die für spezielle Heilanwendungen nicht mehr brauchbar sind.

Die Aufbewahrung

Für Würz- und Heilzwecke bestimmte Drogen sind grundsätzlich nach Arten getrennt zu lagern, und die Behältnisse sind doppelt zu kennzeichnen: einmal mit dem Pflanzennamen, um Verwechslungen im Gebrauch zu vermeiden, zweitens mit dem Sammel- oder Trockendatum, denn alle Drogen verlieren mit der Zeit an Würzkraft und Heilwirkung. Deshalb empfiehlt es sich, vor allem die für therapeutische Zwecke bestimmten Drogen nach etwa Jahresfrist auszuwechseln – und auf keinen Fall Trockengut der neuen Ernte mit Altgelagertem zu vermischen.
Viele Drogen kann man gut (prinzipiell locker zu füllen) in Papier- oder Nesselsäckchen aufbewahren oder auch in sauberen und geruchsneutralen (!) Pappkartons – vorausgesetzt, daß der Lagerraum trocken, gut belüftbar und frostfrei, jedoch auch nicht zu warm ist. Selbstverständlich dürfen auch keine Dünste oder Dämpfe auftreten, und die Behältnisse müssen optimal staubdicht verschlossen werden. Säckchen hängt man am besten auf, Schachteln stellt man hoch. Zuviel Licht schadet allen Drogen, aber auch Luft kann schädlich sein: Luftzutritt beschleunigt die Verflüchtigung ätherischer Öle ebenso wie die Zersetzung von Gerbstoffen, und die Luftfeuchtigkeit vermag besonders hygroskopische (wasseranziehende) Drogen regelrecht zu erweichen.
Bedenkt man dies und andere, hier gar nicht weiter auszuführende Umstände, so ergibt sich für den passionierten Kräutersammler als längerfristig rentabelste Drogen-Aufbewahrungsart diejenige in besonderen, licht- und luftsicheren Porzellan- oder (dunkel getönten) Glasgefäßen mit paßdichtem Deckel, Kork-, Holz- oder eingeschliffenem Glas-Stöpsel.
Pulverisierte Drogen müssen grundsätzlich hermetisch abgeschlossen und auch beim Gebrauch so sorgsam gehandhabt werden, daß sie nicht (etwa durch Pusten, plötzlichen Zug o. ä.) in der Luft zerstäuben. Zum einen verderben Pulver unter Luftzutritt besonders rasch, zum andern wirken sie, als Staub eingeatmet, unangenehm (in einigen, vor allem Bitterstoff enthaltenden Arten sogar gefährlich) austrocknend auf Nasen-, Rachen- und Augenschleimhäute (mit klarem Wasser oder Borwasser spülen!).

Haustee - Heiltee - Teemischungen

Die volkstümlichste Anwendungsform von Kräuterdrogen ist die Teezubereitung. Und hierbei spielt der sogenannte Haustee eine besondere Rolle. Ihn trinkt man nicht eigentlich zu spezifischen Heilzwecken, obwohl ihm – je nach Zusammensetzung – diese oder jene Heilwirkungen nicht abgesprochen werden können. Man bereitet ihn vielmehr als Durstlöscher, trinkt ihn nach dem Essen – wegen seiner attraktiven Geschmacksnoten oder ganz bewußt anstelle von Kaffee oder schwarzem Tee, wenn deren Koffein- bzw. Theingehalt als zu erregend (z. B. einschlafhemmend) empfunden wird. Blattee aus nichtfermentierten (!) Drogen wirkt im allgemeinen eher beruhigend und dennoch erfrischend.
Es gibt viele Hausteemischungen fertig zu kaufen und noch mehr einschlägige Rezepte. Am reizvollsten aber ist es heute wie eh und je, eigene Mischungen auszuprobieren und bei Gefallen zu notieren.
Beliebte Grunddrogen für Hausteemischungen sind vor allem die Blätter der Beerensträucher (Brombeere, Himbeere, schwarze Johannisbeere, Heidel- und Preiselbeere) sowie Erdbeerblätter, aber auch Blätter von Kirschbaum, Birke, Eberesche, Ulme (Rüster), Walnußbäumen und Weiden. Hinzu kommen getrocknete Apfel- und Hagebuttenschalen, Rosenblätter, Linden-, Erika- oder Schlehenblüten, Anis- oder Fenchelsamen und aromatisierende Kräuter wie Waldmeister, Pfeffer- und Wasserminze, Zitronenmelisse, Thymian, Quendel sowie Quecke, Schafgarbe, Spitzwegerich und viele andere mehr. Man mischt einige der unaufdringlich aromatischen Blattdrogen (z. B. Blätter von Erdbeere, Brombeere und schwarzer Johannisbeere) zu etwa gleichen Teilen und erhält so einen an sich schon gebrauchsfertigen Haustee, dem man nun durch Zusatz geringerer Mengen stärker aromatischer Drogen (z. B. Zitronenmelisse oder Thymian) diese oder jene gewünschte Geschmacksvariante und Duftnote geben kann. Freilich gilt auch hier der Grundsatz, daß man nur bekannte, eindeutig bestimmte Ingredienzien verwenden und nicht etwa aufs Geratewohl mit Drogen experimentieren darf, deren Herkunft und Charakter einem unvertraut sind.
Haustee wird im allgemeinen als nicht allzu starker Aufguß (2 Eßlöffel Trokkenmischung auf 1 Liter Wasser) zubereitet. Ist eine Mischung mit Samen beabsichtigt, kann es zweckmäßig sein, den Samen kurz vorzukochen und dieses Wasser dann für den Aufguß der leichter ausziehbaren Blatt- und/oder Blütendrogen zu verwenden. Hagebuttenkerne gar brauchen rund zwei Stunden Kochzeit, ergeben dann freilich einen vorzüglichen Tee von leicht vanilleartigem Geschmack.
Bei der Besprechung der einzelnen Kräuter in diesem Buch wurden Dosierungen und Wirkungen auch der Teezubereitungen selbstredend unter der Voraussetzung angegeben, daß die jeweilige Art als Einzeldroge eingesetzt wird. Dieser gezielt leidensspezi-

fische Heilteegebrauch aus nur einer Droge gehört – neben Saft und Kräuterbrei – wohl zu den ältesten Heilkräuteranwendungen überhaupt, und er wurde auch von Pfarrer Kneipp noch fast ausschließlich gepriesen. Aber etwa seit dem 16. Jahrhundert gibt es auch schon sinnreiche Kombinationstherapien mit Mischpräparaten, die zwar das jeweilige Leiden (durch gezielte Auswahl der Hauptdrogen) nach wie vor spezifisch angehen, darüber hinaus aber (dank entsprechender Unterstützungsdrogen) gesamtorganisch als Breitband-Tonikum wirken – und dies auf für den Patienten möglichst angenehme Weise (infolge Beigabe aromatisierender Zusatzdrogen). Wenn wir heute in Apotheke, Drogerie oder Reformhaus einen Harntee, Leber-Galle-Tee, Nierentee usw. verlangen, so erhalten wir jeweils eine solche, nach modernen Erkenntnissen wohlabgestimmte Kräutermischung, die sowohl spezifisch (Hauptdrogen) als auch gesamtorganisch (Unterstützungsdrogen) wirkt und obendrein noch gut schmeckt (Zusatzdrogen).
Die Kunst sinnvoller Kräutermischungen gelang dem schon erwähnten Berliner Naturheilkundler Martin Glünicke zu »Glünickes Heilsystem«, das auf nur mehr 14 verschiedenen Drogenmischungen basierte. Ohne auf diese näher einzugehen, lohnt sich doch ein kurzes Nachlesen in Glünickes Begründungen, da diese uns sehr konkrete Hinweise auf den richtigen Umgang mit Kräuterdrogen geben:

1. »Die große Heilwirkung der giftfreien Heilsäfte hat darin ihren Grund, daß sie sich dem Blut und den Einzelzellen des Körpers assimilieren und in einem geringeren oder stärkeren Grade auf Blut und Einzelzellen reinigend wirken.« – Setzen wir hier für »reinigend« zur Verdeutlichung »bereinigend«, so treffen wir den Sinn: Bereinigen heißt soviel wie Ordnung schaffen, Schmutz beseitigen, Störendes ausmerzen, Fehlendes ergänzen, Funktionsfähigkeit (einer Beziehung, eines Lebensraumes, einer Zelle) wiederherstellen. Das wirbelt um so mehr Staub auf, je mehr Unordnung zunächst auf dem zu bereinigenden Terrain herrscht. So sagt Glünicke denn auch, die »Heilwirkung der giftfreien Heilsäfte« sei »um so größer, je mehr das Blut und die Einzelzellen von Fäulnis durchsetzt und entartet sind«.

2. »Bei länger andauerndem Genuß üben einzelne Heilpflanzen gewisse nachteilige Nebenwirkungen auf das Zellenleben aus.« Weil die Zelle über den Ausgleich ursprünglichen Mangels an bestimmten Stoffen hinaus nunmehr mit diesen Stoffen übersättigt wird. »Diese Nebenwirkungen lassen sich jedoch durch gleichzeitige Anwendung von pflanzlichen Ergänzungsstoffen mit Sicherheit ausgleichen.« Weil die Förderung des Gesamtorganismus (durch Kräuter-Mischungen) allen seinen Teilen zugutekommt, so daß – unter gesunden Säftefluß- und Stoffwechsel-Konditionen – ein Überangebot an einer Stelle nicht zum Stau aufläuft, sondern buchstäblich flüssig durch vermehrte Nachfrage (oder besseres Verkraften) an anderer Stelle kompensiert werden kann.

Salbei-Pflanze; Kupferstich in dem 1719 erschienenen Kräuterbuch von M. B. Valentin.

3. »Eine sachgemäße Mischung der Pflanzensäfte vorausgesetzt, werden bei vernünftigem Gebrauch derselben die gesunden, normalen und widerstandsfähigen Gewebe durch sie nicht angegriffen, vielmehr infolge beschleunigter Ausscheidung der Stoffwechselprodukte gekräftigt und belebt.« – Dies trifft sicher innerhalb einer verhältnismäßig weiten Toleranzzone zu. Aber natürlich kann man auch den gesundesten Organismus durch einseitige Dauerreizung krankmachen.

Glünicke selbst umreißt eine fundamentale Polarität pflanzlicher Reizwirkungen: »Soweit ich mich bis heute theoretisch unterrichtet und praktische Erfahrungen gesammelt habe, sind zwei Nebenwirkungen der reinigenden Pflanzensäfte besonders charakteristisch: Einige von ihnen, insbesondere die größere Mengen Gerbsäure enthaltenden, wirken auf die Einzelzellen und Gewebe zusammenziehend und verhärtend, andere wiederum lösend und erweichend. Zu den letzteren zähle ich beispielsweise Sauerampfer, Brennessel, Brunnenkresse, Rettich und insbesondere die säftereichen Früchte.« Zu den gerbsäurehaltigen Drogen zählen – das sei hier angemerkt – Andorn, Augentrost, Huflattich, Malve, Melisse und Mistel, Johannis- und Zinnkraut, Birken- und Walnußblätter sowie Eichenrinde.

»Es ist überhaupt unmöglich, daß ein Stoff, der in den Körper eingeführt wird, sich indifferent verhält; er übt in jedem Falle einen Reiz aus, welcher entweder das Leben fördert oder hemmt, nützt oder schadet; ein drittes ist ausgeschlossen.« So schrieb Dr. med. Lahmann (»Heilkunst« Nr. 12/1896): »Ich fasse hiernach die Wirkung der Pflanzensäfte nach der Lahmannschen Theorie in folgendem kurz zusammen: Die Pflanzensäfte wirken heilend nur, wenn sie und so lange sie fehlende Stoffe den Zellen zuführen, sonst müssen sie schaden. Darum ist die Verordnung auch sehr angebracht, bei eintretender Genesung die Säfte in immer geringeren Mengen trinken zu lassen, auf welche Weise einer Überladung mit den vorher mangelnden Stoffen am besten vorgebeugt wird.«

Dies sollten wir auch im privat-häuslichen Umgang mit Kräutertees stets beherzigen:

Ein Haustee ist gut – wenn man ihn nur gelegentlich trinkt. Zwei Haustees sind besser, wenn des öfteren davon getrunken wird. Fünf, sechs oder mehr Mischungen zur (auch geschmacklich reizvolleren) Abwechslung sind sehr empfehlenswert, wo Haustee ein Alltagsgetränk ist.

Ein Heiltee ist gut – wenn man ihn nur gelegentlich (und nie auf vollen Magen) bzw. in akuten Bedarfsfällen zwar unbedingt regelmäßig, aber nicht über längere Zeitspannen gewohnheitsmäßig trinkt. Zwei Heiltees zur Abwechslung sind besser – auch beim Gebrauch fertiger Kräutermischungen, die man durchaus während vier Wochen beibehalten kann. Bei chronischem Leiden empfiehlt es sich, die Teemischsorten wenigstens monatlich zu wechseln.

Beim Gebrauch von Einzeldrogen ist der Wechsel noch viel eher anzuraten – und sei's wöchentlich oder gar täglich. Denn gegen einunddasselbe Grundleiden sind in der Regel mehrere, ja zahlreiche Kräuter gewachsen, die zwar in ähnlicher oder gleicher Weise auf dasselbe Grundleiden ansprechen, aber das organische Umfeld in wohltuend unterschiedlicher Weise »beackern«. Denn jedes Kraut für sich gibt als Droge schon eine ganze Wirkstoffkombination frei.

Bei gezieltem Einsatz einer Einzeldroge ist deren Verabreichungs-Dosis konsequent zu verringern, sobald zweifelsfrei der Heilungsprozeß Platz gegriffen hat.

Die bei den Pflanzenbeschreibungen angegebenen Dosierungen gelten als Durchschnittswerte für einen im großen und ganzen als gesund zu bezeichnenden Erwachsenen. Frauen sollten in Zeiten der Schwangerschaft und

Der mittelalterliche Holzschnitt zeigt im Hintergrund rechts einen Kräutergarten, davor eine offensichtlich mit der Bestimmung eines Pflänzchens befaßte Gruppe: im Vordergrund links die Verarbeitung der Pflanzen im Mörser sowie in einer Destillieranlage, dahinter ein Krankenlager als einer der Anwendungsbereiche.

des Klimakteriums eher zu etwas geringerer Dosierung neigen; dasselbe gilt für Jugendliche in der Pubertät wie auch für Menschen im Rentenalter. Für Kinder ist die angegebene Dosierung zu halbieren oder noch geringer anzusetzen. – Während der Menstruation sollten Frauen Kräutertee grundsätzlich nur dann trinken, wenn er speziell als blutungsförderndes oder -stillendes Mittel erwünscht (und tauglich) ist. Bei fieberhaften Erkrankungen trinkt man den Tee kalt. Bei Teemischungen kann es, wie schon kurz angesprochen, darauf ankommen, verschiedene Zubereitungsarten (vor allem Abkochung und Aufguß) zu kombinieren. So muß hartes Material (von Holz, Wurzeln, Rinden, bisweilen auch Samen) gegebenenfalls vorgekocht werden, ehe man Blatt- und Blütendrogen zusetzt, die nur noch kurz ausgezogen werden dürfen. Oder es gilt, zunächst – im bloßen Teeaufguß nicht zu lösende – Gerbstoffe auszulaugen, um mit solchem Absud schleimstoffhaltige Drogen nur mehr kurz aufzugießen, gegebenenfalls unter später Zugabe aromatischer Mazerate aus Drogen, deren ätherische Öle sich bei vorzeitiger Erhitzung allzu rasch verflüchtigen würden.
Für therapeutische Zwecke sind Tees aus Einzeldrogen wie auch Drogenmischungen im allgemeinen ungesüßt zu nehmen. Ist – vor allem schweißtrei-

bende und schleimlösende – Süße erwünscht, so empfiehlt sich der Gebrauch von Bienenhonig, braunem (unraffiniertem) Roh- oder kristallinem Kandiszucker; von (raffiniertem) weißem Zucker ist dagegen abzuraten. Organfunktionsstärkende, erwärmende und ausscheidungsfördernde Wirkungen lassen sich intensivieren, indem man Teeaufgüsse mit Zitronensaft anreichert, Abkochungen mit Wasser-Wein-Mischung (1:1) oder reinem Wein (weiß bei Verstopfung, rot bei Durchfall) ansetzt. Schluckweises Einnehmen verstärkt im allgemeinen die Wirkung.

Anwendungs- und Zubereitungsformen

Als Tee bezeichnet – und entsprechend gebraucht – werden im allgemeinen neben Teeaufguß (Infus) auch Abkochung (Absud, Dekokt) und Kaltwasserauszug (Mazerat). Aber das sind nur drei von zahlreichen Kräuter-Anwendungsformen, deren wichtigste hier kurz skizziert seien:

Teeaufguß (Infus) bereitet man vor allem aus Kräutern, Blättern, Blüten sowie Samen, die leicht flüchtige Wirkstoffe enthalten. Man gibt die wohlbemessene Dosis an Frisch- oder Trokkengut in ein Porzellan- oder Glasgefäß, gießt die benötigte Wassermenge in sprudelnd kochendem Zustand darüber, läßt bei abgedecktem Gefäß ziehen und seiht den Tee dann ab. Die zweckmäßige Aufgußzeit hängt von verschiedenen Faktoren ab. Auf Haustee ist eine für den echten Tee vom Teestrauch geltende Grundregel bedingt übertragbar: Nach kurzem Ziehen (beim echten Tee 1–3 Minuten) wirkt Tee eher anregend, nach längerem Ziehen (3–5 Minuten) eher beruhigend. Für Haus- und Heiltees nimmt man freilich im allgemeinen Aufgußzeiten zwischen knapp 5 und höchstens 15 Minuten an, wobei die kürzesten Zeiten für feine Blüten- sowie solche Drogen gelten, die ätherisches Öl oder Bitterstoffe enthalten (sonst verflüchtigen sich die aromatischen Wirkstoffe zu stark, bzw. der Tee gerät zu bitter).

Abkochung (Absud, Dekokt): Zubereitungsweise vor allem für Wurzeln, Rinden, Hölzer und harte Samen, aber auch für Kräuter mit schwer löslichen Inhaltsstoffen (z. B. Gerbstoffe). Man setzt grundsätzlich kalt an (1 Teil Drogen in 10 Teilen Wasser): harte und holzige Drogen möglichst (bis zu 12) Stunden im voraus, Kräuterdrogen unmittelbar vor Beginn der Erwärmung, so daß das Ausziehen stets schon vor dem Aufkochen beginnen kann. Wird der Absud hiernach sofort benötigt, läßt man wenigstens 5–10 Minuten abkühlen, preßt dann den Rückstand aus und seiht ab. Man kann aber auch »auf Vorrat kochen«; dann empfiehlt es sich, die Drogen nach dem Kochen noch mehrere (bis zu 24) Stunden lang wiederum kalt auslaugen zu lassen, ehe man sie schöpft, ausdrückt und den Absud dann filtert. Soll dieser über längere Zeit gebrauchsfähig bleiben, so gibt man auf 10 Teile Abkochung 1 Teil offizinalen Weingeist (95% Alkohol) hinzu, schüttelt kräftig durch und stellt das Elixier in verkorkten Flaschen kühl und dunkel. – Für Klistiere (Einläufe) wird die Abkochung stärker (mit etwa der doppelten Drogenmenge) angesetzt und besonders sorgfältig filtriert.

Kaltwasserauszug (Mazerat) schont die Aroma- und Heilstoffe in besonderem Maß und ist die zweckmäßigste Zubereitungsform für Schleimdrogen. Mazeriert wird bei normaler Zimmertemperatur in abgedeckten Prozellan-, Glas- oder Emailgefäßen. Im ganzen zu gebrauchende Samendrogen (Bockshornklee, Leinsamen u. a.) läßt man vor Gebrauch wenigstens 30 Minuten (bis mehrere Stunden) in kaltem Wasser quellen. Wie Tee zu verwendende Mazerate gewinnt man, indem man die Drogen (auch Altheewurzel, Baldrian, Eibisch, Isländisch Moos, Mistel u. v. a.), bei gelegentlichem Umrühren, während 4–12 Stunden ausziehen läßt. Das Mazerat wird dann – ohne Ausdrücken des Rückstandes – abgegossen und kalt getrunken oder portionsweise nach Bedarf im Wasserbad erwärmt.

Frischsaft aus Kräutern, Früchten und Wurzeln gewinnt man am einfachsten und ergiebigsten mit der Kräuterpresse. Aber auch die traditionelle Herstellungsweise funktioniert nach wie vor: Man zerkleinert das Frischgut gebrauchsfertig und zermalmt es in einem Steinmörser zu Brei. Hierbei auftretender Saft wird sofort abgegossen; den Brei preßt man anschließend durch feines Leinen aus. – Solche Kräutersäfte sind grundsätzlich zum sofortigen Verbrauch bestimmt. Auch als Konserven gehandelte Frischsäfte sind langfristig haltbar nur, solange die Flasche originalverschlossen ist; angebrochene Säfte sollten binnen weniger Tage verbraucht werden.

Sirup ist eine dickflüssige Einzuckerung von Pflanzensäften oder -auszügen. Honigsirup wird vor allem durch Einrühren von Pfefferminz-, Rhabarber-, Veilchen-, Wacholder- oder Zwiebelsaft in Bienenhonig hergestellt. Eine andere Aufbereitungsart ist das Einkochen von Rohrzucker mit jeweils der gleichen Menge eines starken Teeaufgusses, Absuds oder Mazerats einer Pflanzendroge in einem (unbedingt rostfreien!) Gefäß bis zur sämigen Andickung des Sirups. Das Kochgefäß darf dabei nicht über die Hälfte gefüllt sein, da sonst ein Überkochen kaum vermeidbar ist. Sirup muß in dichtschließenden Porzellan- oder Glasbehältnissen sehr kühl gelagert und alsbald verbraucht werden.

Tinktur ist ein alkoholischer Pflanzen- bzw. Drogenauszug. Man verwendet dafür guten, klaren Branntwein (Korn), Weingeist bis zu 70% oder (unverdünnt nur zur äußerlichen Anwendung!) 95%igen Offizinal-Alkohol. Das Ausziehgut wird mit solchem Ausziehmittel etwa im Verhältnis 1 (= Droge) zu 5–10 (= Alkohol) in gut verschließbaren Gefäßen angesetzt (Karaffen mit eingeschliffenen Glasstöpseln; Flaschenkorken mit Zellophan umwinden; Einmachgläser mit Einmachfolie zubinden). Der Ansatz soll mindestens eine, möglichst mehrere (bis zu 6) Wochen an warmem, aber nicht sonnenhellem Ort stehen, jedoch des öfteren (zumindest in der ersten Woche täglich einmal gründlich) geschüttelt werden. Schließlich seiht man die Tinktur ab, fügt ihr den Preßsaft des Rückstandes zu und lagert das – sich in der Folgezeit unter Bodensatzbildung noch etwas verbessernde – Produkt recht kühl.

Destillat (Kräutergeist, -spiritus) ist eine offizinale Handels- und therapeutische Anwendungsform mancher Kräuter bzw. Teildrogen, gewonnen durch Destillation von Frisch- oder Trockendrogen mit Wasser oder Spiritus. Hierbei gehen vor allem die ätherischen Öle und andere flüchtige Inhaltsstoffe des Ausgangsmaterials in die Destillate über.

Wein (Kräuter-, Medizinalwein) ist eine der ältesten Medizinen überhaupt, die in manchen Landschaften auch heute noch da und dort nach traditionsreichen und streng gehüteten Hausrezepten bereitet wird. Das Prinzip ist einfach: Man nehme zu Kräuterauskochung bzw. Kaltauszug statt Wasser oder hochprozentigem Alkohol schlicht Wein, weißen gemeinhin, roten gegen Durchfallerkrankungen. Man nimmt den Heilwein sparsam als Medizin ein (1 Eßlöffel vor jedem Essen).

Öl aus Pflanzen bzw. Pflanzenteilen zu therapeutischen Zwecken wird in großer Auswahl offiziell angeboten. Dabei handelt es sich vielfach um zweckdienliche Mischungen ätherischer und fetter Öle. Im Haushalt werden Kräuteröle – vor allem als Massage- bzw. Einreibmittel (bei Erfrierungen, diversen Hauterkrankungen u. a.) – in Form von Öl-Kaltauszügen aus Heilpflanzen bzw. deren Drogen hergestellt: Man setzt 1 Teil Frisch- oder Trockengut mit 5 Teilen reinem Olivenöl in einer Flasche an, die man mit einem Leinenpfropfen versieht. Nach mehrtägigem Ausziehen an schattigem, aber sommerwarmem Platz Öl abgießen und kaltstellen – jedoch nicht absolut luftdicht verschließen, um allzu rasches Ranzigwerden zu verhindern.

Pulver sind käuflich, sogar in Gelatinekapseln portioniert oder zu Tabletten gepreßt. Sie sind aber auch selbst herzustellen, indem man scharf getrocknete Drogen im Mörser zerreibt und anschließend in einer Reibeschale aus Porzellan vollends pulverisiert. Dies ist nicht empfehlenswert bei bitterstoffhaltigen Drogen, da solche – bei trockener Feinstverteilung in der Luft – Augen-, Nasen-, Mund- und Rachenschleimhäute schädigen können. – Pulver sind im allgemeinen messerspitzenweise zu dosieren und problemlos in Getränken (Wasser, Tee, Milch, Kaffee), Suppen oder Soßen einzunehmen. Kräuterpulver mit Würzcharakter kann man auch aufs Butter-, Schmalz- oder Schmelzkäsebrot streuen. Sehr unangenehm schmeckende Pulver kann man behelfsmäßig einkapseln: Man nehme eine gewöhnliche Oblate (wie für die Makronenbäckerei o. ä.), tauche sie in Wasser und breite sie – nunmehr erweicht – über einen Eßlöffel; in dessen Kuhle gebe man das Pulver, schlage die Oblatenenden kreuzweise darüber, nehme das so entstandene »Päckchen« auf die Zunge und spüle es mit reichlich Flüssigkeit hinunter. – Besondere, sterilisierte Streupulver gibt man auf Hautausschläge und -geschwüre, nässende Wunden u. a.

Extrakt heißt ein mittels Wasser, Weingeist oder Äther eingedampfter Pflanzenauszug. Er kann sämig-dick-

Gewürzmühle aus geätztem Schmiedeeisen, konstruiert als Walzenmühle (um 1575).

flüssig wie junger Honig, melasseartig träge oder auch trocken-pulverisierbar sein. Extrakte sind in Apotheken erhältlich, im Haushalt jedoch schwerlich herzustellen.

Salbe kann man auf zweierlei Weise selbst bereiten: Entweder man rührt Tinktur oder Flüssig-Extrakt einer Heildroge in kochendes Schweineschmalz (sehr viel besser und teurer: Hirschtalg) ein, bis alles Wasser ausgetrieben ist, und läßt die Masse dann erkalten; oder man verreibt Tinktur oder Extrakt kalt in einer Porzellan-Reibeschale mit Fett, Talg, Lanolin oder Vaseline. Günstiges Verhältnis ist stets: 1 Teil Drogenauszug auf 10 Teile Schmiermittel.

Latwerge ist eine zu innerer Anwendung bestimmte, breiige oder teigige Mischung aus Kräuter- bzw. Fruchtmus, eindickendem Zucker oder Honig und pulverisierten Drogen.

Kataplasma ist ein zu äußerer Anwendung bestimmter Kräuterbrei aus mehr oder minder fein zerriebenen Drogen mit warmem Wasser, Essig (Senfteig!) oder Quark angeteigt. Kataplasmen werden – in Leinen eingeschlagen – zu Auflagen und Umschlägen gebraucht.
Ein- und Abreibungen, Waschungen und Bäder, Kräuterkissen, und Dampfbehandlungen sowie Inhalationen – die Liste der Kräuteranwendungen und -zubereitungen ließe sich noch beträchtlich erweitern. Wir können hier darauf verzichten, da besondere Gebrauchsformen bei den einzelnen Kräutern vermerkt wurden.
Es sei nur noch einmal an den besonderen Wert der frisch gesammelten oder im eigenen Garten geernteten Kräuter erinnert: Saft, Salat, Wildspinat und Kräutersuppe gehören zu den wertvollsten Arzneien überhaupt, weil sie den ganzen Organismus revitalisieren. Sie sind stets im Frühjahr und im Herbst wohlfeil: in Jahreszeiten, in welchen der Organismus nach mehr als nur einer Vitaminspritze verlangt. Und – die Kräuter aus »des Herrgotts Apotheke«, wie Kneipp sagte, schmecken nicht nach Medizin. Sie wirken nur so. Gesundheit ist appetitlich.

Vor dem Weizen war die Würze

Ehe der Mensch sein tägliches Brot zu backen lernte, wußte er seine frugalen Mahlzeiten bereits durch Würzmittel appetitanregend und verdauungsfördernd aufzubessern. Viele von der Vorgeschichtsforschung ermittelte Indizien sprechen dafür, daß unsere Altvorderen zuerst auf die Würze und dann auf den Weizen kamen. Etwa so: Vor mit Gewißheit mehr als 7000 Jahren mögen prähistorische Jäger so viel Gefallen am Geschmacksreiz von am rohen Wildbret haftenden und mitgerösteten Grassamen gefunden haben, daß sie diesen beim Nagen und Kauen »zu sauber« gebliebener Stücke nur ungern entbehrten. Also mögen sie die gelegentlich vermißte Würze fortan bewußt zugesetzt haben. Und durch ständigen Gebrauch in engeren Lagerbereichen mag so viel gesammelter Samen danebengefallen und mit nackten Sohlen in die Erde getreten worden sein, daß übers Jahr das begehrte Würzgut schon gehäuft an der alten, verlassenen Feuerstelle wuchs. Vom Auffinden derart gesegneter einstiger (eigener oder fremder) Lagerplätze bis zum gezielten Anbau des Erwünschten war es nur mehr ein Schritt kultureller Entwicklung: vom nomadisierenden Jäger und Sammler zum seßhaften Pflanzer. Diesem erst geriet durch Zucht über längere Zeiträume – gewollt oder unbewußt – das Gras zum Getreide.

Was die frühen Jäger noch nicht wissen konnten, aber wohl nach und nach durch Erfahrung erkannten, ist der Umstand, daß die Würze nicht etwa nur geschmacksverbessernd wirkt und so den leiblichen Genuß erhöht. Vielmehr läßt schon die bloße Ansprache des Geruchssinns durch den Würzduft »das Wasser im Mund zusammenlaufen«. Und ebenso wie die Speichel-Absonderung wird auch die Sekretion der Magensäfte bereits angeregt, noch ehe wir den ersten Bissen im Mund haben. Die zu Einspeichelung und Verdauung bestimmte Nahrung kommt somit in ein für ihre Aufnahme und Verarbeitung bestens vorbereitetes Milieu. Würzreizlose oder gar nur mit Widerwillen zu verzehrende Kost dagegen mag einem buchstäblich »im Hals steckenbleiben«, weil der Organismus die zur Vorverdauung und als Gleitmittel in der Speiseröhre sowie zur eigentlichen Verdauung im Magen notwendigen Sekrete erst mit Verzögerung freigibt. Hieraus folgt, daß sinnvolles Würzen der Speisen deren Bekömmlichkeit (Verdaulichkeit) steigert.

Als der Mensch vom Gras aufs Getreide kam, vom gerösteten Korn zum Fladen und schließlich zur Brotbäckerei, legte er zugleich den Grundstein für die gesundheitlich bedenkliche, bis heute nicht bewältigte Überernährung mit Kohlenhydraten. Solange, wechselndem Jagdglück entsprechend, Festessen- und Fastenzeiten einander abgelöst hatten, war der Organismus zu immer neuer Umstellung gezwungen, mußte er sich Speicher- und Reinigungsphasen flexibel anpassen. Zunehmende Stabilisierung der Versorgungslage durch lagerfähige Landbauprodukte minderte mit der Notwendigkeit auch die Fähigkeit zu so sensibler und zugleich robuster Wechselregulierung. Wohl war und ist der Akkerbau nie krisensicher. Aber – um ein Beispiel aus der Bibel zu zitieren – sieben »fette Jahre« (und auch sehr viel weniger) reichen aus, um die organischen Selbstreinigungs-Mechanismen träge werden zu lassen, so daß der Körper, zumal bei allzu einseitiger Ernährung, Stoffwechselschlacken bunkert, die er bei – nur um so schmerzlicher empfundenem – Einbruch »magerer Jahre« nicht mehr aus eigenem Antrieb abzubauen und auszuschwemmen vermag. Er braucht Hilfestellung.

So entbehrt es nicht einer höheren Logik, daß der Mensch mit zunehmender Ernährungsumstellung auf kohlenhydratreichere Grundkost, obwohl ihm diese ohnehin schon eine wesentlich erweiterte Palette von Geschmacksreizen bot, zugleich die höhere Würzkunst entwickelte. Das belegen viele Grabfunde und frühe Schriftzeugnisse sowie bildliche Darstellungen aller alten Kulturen.

Zur Samenwürze kam die Kräuterwürze, zum Primäreffekt der Verdauungsverbesserung der Sekundäreffekt der Blutreinigung. Wir wissen heute, daß sinnvolles Würzen einerseits durch bessere Aufschließung der Speisen das Entstehen belastender Zwischen- und Abfallprodukte einschränkt und andererseits deren Ausscheidung begünstigt. Würzmittel erleichtern das Aufbrechen schwerverdaulicher Hülsenfrüchte und tragen zur Bewältigung fetter Fleischgerichte bei, führen dem Organismus Vitamine, wichtige Spurenelemente, Mineral- und Organreizstoffe zu, die funktionsstärkend nicht zuletzt auch auf Leber, Galle und Nieren einwirken. (Genauere Angaben siehe Text zu den einzelnen einheimischen Würzpflanzen in diesem Buch!)

Wohlgewürzt ist ein Gericht im allgemeinen dann, wenn die Würze nicht vorschmeckt, sondern den Eigengeschmack des zu Würzenden erst recht zur Geltung bringt. (Es gibt insofern Ausnahmen von dieser Regel, als die Würze selbst zum bestimmenden Bestandteil mancher Zubereitungen werden kann und soll, so bei Dill- oder Meerrettichsoßen, Petersilienkartoffeln etc.) Ähnlich ist gemeinhin Kochsalz einzusetzen; denn ein echt salzig schmeckendes Gericht ist in der (ebenfalls nicht ausnahmslosen) Regel ein »versalzenes« und damit verdorbenes Gericht. – Geschmacksreiz-Verluste bei vom Arzt verordneter kochsalzarmer oder kochsalzloser Diät sind mit pflanzlichen Würzmitteln unschwer wettzumachen.

Heute kaum mehr üblich, aber dennoch ebenso reiz- wie sinnvoll ist der Gebrauch von Würzkräutern und/oder -samen als Butter- oder Schmalzbrotbelag. Dies führt hin zu vollends eigenständiger Kräuternutzung in Form von Kräutersäften, Wildsalat und -spinat oder Kräutersuppen. Solche Zubereitungen empfehlen sich insbesondere zu kurgemäßer Anwendung, um im Frühling und womöglich noch einmal im Herbst gleichermaßen Säfte und Bahnen des organischen Stoffwechselgeschehens zu reinigen und damit optimaler Zirkulation (des Blutes, der Lymphe usw.) Vorschub zu leisten.

Würzpflanzen und Wildgemüse mit Heilanzeigen

Achillea millefolium
Gemeine Schafgarbe, Feld- oder Raingarbe, Fasankraut, Tausendblatt, Jungfernaugenbrauen, St. Barbara-/ St. Margarethenkraut
Merkmale: Ausdauerndes Kraut aus der Familie der Korbblütler, 20 bis über 60 cm hoch, häufig auf nicht zu feuchtem Terrain in sonniger Lage, an Feld-, Weg- und Waldrändern, auf Wiesen, Weiden und Lichtungen. Aufrechte, verholzende Stengel von fahlgrüner bis rötlich-brauner Färbung, nicht selten rauh behaart. Blätter wechselständig, im Umriß lineallanzettförmig, doppelt gefiedert, glatt oder behaart. Blüte (Juni–Oktober) in breiten, flachen Trugdolden aus vielen ockerweißen Scheiben – mit weißen oder rot angehauchten Strahlenblüten. Die Blätter duften würzig und schmecken bitter.
Sammelgut: kleine, junge Blätter zeitig im Frühjahr, das ganze Kraut vor der Blüte; Blütenköpfe, auch mit (noch unverholzten) Stielen, Juni bis spätestens August.

Küchenwürze
Die zarten, jungen Blättchen, frischen Salaten zugegeben, verleihen diesen einen besonderen Geschmacksreiz. Maßvoll auch als würzende Zutat zu allem sauer Eingelegten (Gurken, Sauerkraut, Sauerbraten u. a.) geeignet sowie zur Garnierung. Empfehlenswert für Hausteemischungen.

Heilkunde
Teeaufguß: 1 Eßlöffel getrockneter Blüten oder Blüten-Blatt-Mischung auf 1 Tasse; Tagesdosis 2 Tassen: als blutreinigende Frühjahrskur (Aufbrauchen des vorjährigen Sammelgutes!), bei Appetitmangel, Störungen im Verdauungstrakt (Magen-, Bauchschmerzen), Gallen-, Leber-, Nieren- und Blasenschwächen (ggf. zur Unterstützung ärztlicher Behandlung, auch bei Steinbildung), bei chronischen Verschleimungen der Atemwege, krampfartig auftretenden Herzbeschwerden (Arzt konsultieren!). Bei Erkrankungen der Harnorgane, Hämorrhoiden sowie klimakterischen Verkrampfungen und anderen Frauenleiden empfehlen sich begleitend Sitzbäder in einem Schafgarben-Kamillen-Aufguß.
Frischsaft: bis 4mal täglich ein Teelöffel voll; etwa eine Minute lang unter der Zunge halten, dann mit Mineralwasser oder Haustee nachspülen – oder in Wasser oder Tee gelöst einnehmen: Das stärkt körpereigene Abwehrkräfte, Herztonus und Blutkreislauf, lindert vom Herzkranz ausstrahlende Schmerzen (z. B. bei Angina pectoris) und wirkt regulierend auf die Monatsblutung (»Schafgarb im Leib tut wohl dem Weib«, altes Sprichwort). Äußerliche Anwendung von Schafgarben-Frischsaft empfiehlt sich (als Gurgelwasser) bei Mundfäule sowie (Waschungen und Umschläge) auf Hautausschlägen, Beulen, Geschwü-

ren und offenen Wunden. Einreibungen und Bäder mit Schafgarbensaft und Kamillenextrakt wirken lindernd bei Nervenschmerzen.

Anmerkungen
Schafgarbe soll (nicht über 35 °C) luftgetrocknet werden, so daß Blüten und Blätter nicht bräunen, und ist licht- und feuchtigkeitsgeschützt (am besten in dunklem, dicht schließendem Glasgefäß oder Porzellandose) zu lagern.
Um anhaltende Heilwirkung zu erzielen, empfiehlt sich regelmäßiger Gebrauch über längere Zeit, jedoch nicht in höherer Dosierung, da die Pflanze – in geringem Maß – die giftige Substanz Thujon enthält.

Allium ampeloprasum
Lauch, Porree – Siehe: Allium porrum

Allium ascalonicum
Schalotte, (Zwiebel-)Schlotten
Merkmale: Die Gattung Lauch (Allium) aus der botanischen Familie der Liliengewächse zählt rund 300 Arten, allesamt nördlich des Äquators beheimatet. Allium ascalonicum gelangte mutmaßlich als Mitbringsel der Kreuzritter aus dem Orient nach Mittel- und Westeuropa und wurde hier als Würz- und Heilpflanze kultiviert.
Die (innen) bläuliche Zwiebelknolle der Schalotte ist kleiner als die der gewöhnlichen Speisezwiebel (Allium cepa). Die im Volksmund »Schlotten« genannten, grundständigen Röhrenblätter sind besonders groß im Durchmesser und sehr saftig im Fleisch der Röhrenwand. Im Garten problemlos zu ziehen.
Erntegut: Röhrenblätter (Schlotten) und Zwiebel (diese auch für Heilzwecke wie Allium cepa) von Frühling bis Herbst.

Achillea millefolium
(Gemeine Schafgarbe)

Küchenwürze
Die Blätter, zu Ringchen zerschnitten, dienen als pikante, zwiebelähnliche, jedoch minder scharfe Salat- und Gemüsewürze. Die Schalottenzwiebel kann die Speisezwiebel überall ersetzen, wo diese als würzende Zutat gebraucht wird.

Allium cepa
Zwiebel; Garten-, Küchen- oder Speisezwiebel, Bolle
Merkmale: Aus dem westlichen Asien stammendes, meistgenutztes Lauchgewächs Europas, ausgezeichnet durch seine bis über faustgroße Zwiebelknolle mit gelb-braun-rötlichen (bei mediterranen Unterarten auch violetten), durchscheinenden Hüllhäuten über weißfleischig zum »Zwiebelkuchen« verdickten Niederblättern, aus deren unterer Mitte ein Wurzelschopf in die Erde wuchert. – Steckzwiebeln im Frühjahr in guten humosen, nicht zu feuchten (und nicht frisch gedüngten) Boden betten!
Der am Grund unregelmäßig aufgeblähte Stengel verjüngt sich mit wachsender Höhe (bis über 150 cm) zur Röhre von kreisrundem Querschnitt. Die grundständigen, dunkel- bis blaugrünen Blätter sind ebenfalls hohl. Blüte (Juni–August) in kugeligen Trugdolden mit vielen kleinen, grünlichweißen Köpfchen.
Erntegut: Zwiebeln im August/September.

Küchenwürze
Das schalige Zwiebelfleisch taugt – geschnitten (Zwiebelringe), gewürfelt, gewiegt, gerieben oder als Preßsaft –, wo immer die süßlich-würzige Schärfe der Zwiebel erwünscht ist. (Dünsten, Sieden, Kochen, Braten/Grillen mildern die brennende Schärfe bis zum völligen Verschwinden, erhalten jedoch und variieren den süßlich-aromatischen Geschmack der Würze.) Aus getrocknetem Schalenfleisch der Speisezwiebel gewonnenes Granulat (körnige Trockensubstanz) sowie Zwiebelsalz-Mischgewürz sind weniger »beißend«, jedoch nicht minder würzkräftig.

Heilkunde
Zahlreiche heilwirksame Inhaltsstoffe – vom Vitamin C bis zu spezifisch nerven- und herzstärkenden Drogen – in harmonisch ausgewogener Verbindung machen die Speisezwiebel zu einem besonders wertvollen Hausmittel, dessen regelmäßiger (nicht übermäßiger!) Genuß in den diversen Würzformen schon als Gesundheitsvorsorge gewertet werden kann. Die Küchenzwiebel wirkt harntreibend, schleimlösend und auswurffördernd, fäulnis- und gärungswidrig, regt Galle und Schleimhautdrüsen an, ist Herztätigkeit und peripherer Durchblutung förderlich, verringert dabei Zuckerspiegel und Gerinnungsneigung des Blutes (Embolie-/Thrombose-Vorbeugung!); in der modernen Homöopathie wird Zwiebelessenz sogar gegen Phantomschmerzen (Nervenschmerzen an Amputations-Stümpfen) erfolgreich eingesetzt. Anwendungsformen für den Hausgebrauch:
Frische Zwiebel (innerlich) – mäßig, aber regelmäßig genossen – ist besonders zu empfehlen bei akuten Erkältungskrankheiten (auch, aber nicht nur wegen des Vitamin-C-Gehalts), Harnbeschwerden, auch (zur Unterstützung ärztlicher Behandlung) Nierengrieß- und -steinbildung, Wasseransammlungen im Körper sowie erhöhten Blutzuckerwerten. – Ein Zuviel an rohen Zwiebeln erregt Brechreiz; dagegen hilft das Nachtrinken von Milch.
Rohe zerquetschte Zwiebeln (äußerlich) – ggf. mit Wasser zu einem Brei vermengt – empfiehlt sich für zugleich

reizmildernde und durchblutungsfördernd-heilwirksame Auflagen bei jukkenden Insektenstichen, leichten Erfrierungserscheinungen und Verbrennungen, geschlossenen und offenen Geschwürleiden (Akne, Furunkel, Abszesse, Hämorrhoiden) wie auch bei rheumatischen Beschwerden und gutartigen Drüsenknoten (Hals, Achselhöhlen, weibliche Brust). Bei andauernder Harnverhaltung empfiehlt die Volksmedizin seit Jahrhunderten Zwiebelpackungen auf Blasengegend und Damm (zwischen unterem Scheiden- bzw. Gliedansatz und Anus). – Achtung! Zwiebelauflagen und -pakkungen (Umschläge) wirken hautreizend, was – zwecks Durchblutung – erwünscht ist. Stellt sich jedoch schmerzhaftes Brennen ein, ist die Auflage zu entfernen.

Frischsaft: 1 Teelöffel etwa alle 3 Stunden tagsüber, ersatzweise für frische Zwiebel (innerlich siehe dort!), bei nervlich bedingten Herzbeschwerden und Potenzschwierigkeiten auch höhere Dosen nach Verträglichkeit. – »Zwiebelsaft in die Ohren getan, benimmt das Sausen, reinigt das Hirn.« (Adamus Linicerus, Kräuterbuch 1679) – Madenwürmer tötet eine Klistierflüssigkeit, bereitet aus dem Saft etwa einer mittelgroßen Speisezwiebel und $^1/_2$ Liter Wasser, auf Körpertemperatur erwärmt.

Absud/Sirup: Für die Abkochung die Zwiebel grob zerteilen, knapp mit Wasser überdeckt kalt ansetzen, zum Sieden bringen und 15–20 Minuten kochen lassen, dann auspressen: 1 Eßlöffel etwa alle 3 Stunden tagsüber wie Frischsaft. – Für Sirup knapp 2 Teile Absud oder 1 Teil Frischsaft mit 1 Teil Honig oder Kandiszucker aufkochen. Hiervon 3 bis 4 mal täglich 10–15 Tropfen bei katarrhalischen (schleimigen) und trockenen Erkrankungen der Atemwege (auch Halsentzündung, Mandelbeschwerden, Keuchhusten, Heiserkeit u. a.) sowie Harnverhaltung. Bei schmerzhaften Verdauungsbeschwerden: Zwiebel in Milch kochen, die Zwiebelmilch trinken.

Anmerkungen

Vorbeugend wirksam ähnlich der Speisezwiebel sind auch Schalottenzwiebel (Allium ascalonicum) und Schnittlauch (Allium schoenoprasum). Vorsicht vor Verwechslungen mit giftigen Blumenzwiebeln (Tulpen, Narzissen u. a.!) Bei akuter Nierenentzündung ist auch vom Speisezwiebelgenuß abzuraten.

Allium oleraceum

Roßlauch, Wildlauch – Siehe: Allium vineale

Allium porrum
(Allium ampeloprasum)

Porree, Lauch

Merkmale: Im Mittelmeerraum heimisches, in nördlicheren Breiten als Kulturpflanze gezogenes Liliengewächs der artenreichen Allium-Gattung, mit gattungstypischem Erscheinungsbild. Zwiebel je nach Zucht-Unterart mehr oder weniger ausgeprägt, vielfach nur Verdickung der gestaucht erscheinenden Pflanzenachse, weiß mit gebräuntem Faserwurzelschopf.

Erntegut: die ganze Pflanze (ohne Blüte!).

Küchenwürze

Blätter wie Schalotte (Allium ascalonicum) oder Schnittlauch (Allium schoenoprasum) als Salatwürze; ganze Pflanze zu Porree-/Lauchgemüse gedünstet.

Allium sativum
Knoblauch, Knobel, Knoflak, Gruserich
Merkmale: Aus dem Vorderen Orient stammende, seit Jahrtausenden als Heil- und Gewürzpflanze kultivierte Lauch-Art, erreicht im Garten Wuchshöhen bis über 50 cm. Weißhäutige Zwiebelknolle zehenförmig unterteilt, da aus mehr oder weniger zahlreichen selbstkeimenden Teilzwiebelchen zusammengesetzt. (Eine Unterart mit kleiner, ungeteilter Zwiebel ist Allium sativum var. ophioscorodon, hierzulande fast ausschließlich als mild-sauer eingelegte Perl- oder Silberzwiebel bekannt.)
Im Gegensatz zu vielen anderen Allium-Gewächsen hat der Knoblauch stengelumfassende, lang-lineale, flache Blätter, oft mit Längsfalte in der Blattmitte. Blüte (Juni–August) in dünnhäutiger, spitz-zwiebelförmiger Scheide, die unscheinbare weiß-grünliche oder -rötliche Einzelblütchen und viele langgestielte Brutzwiebelchen freigibt. Die Pflanze strömt starken, charakteristischen Knoblauchgeruch aus.
Erntegut: die Zwiebelknolle (Bulbus Allii sativi), September/Oktober.

Küchenwürze
Vor allem in Südosteuropa gehört Knoblauch (in Kenntnis seines hohen Gesundheitswertes) zur täglichen Nahrung. Die hierzulande vorherrschende Abneigung gegen Knoblauchgeruch ist anerzogen. Ihretwegen empfiehlt sich – vor allem beim Gebrauch frischen Knoblauchs – sparsame Dosierung, da die Geruchsstoffe zum Teil auch über die Haut wieder ausgeschieden werden. Den starken Mundgeruch nach Knoblauchgenuß kann man leicht neutralisieren, indem man Äpfel oder Petersilie (gründlich kauen!) dazu oder unmittelbar danach ißt.
Sieht man von diesem Vorbehalt ab, so eignet sich Knoblauch als Universalwürze für Salate und Gemüse, Suppen, Soßen, Eintopf- und Fleischgerichte, Kräuterbutter und Käsezubereitungen sowie als Wurstgewürz und in sauren Einlegebeizen. Man kann die frischen, geschälten Zehen ungeteilt mit einlegen oder mitkochen, kann sie geschnitten, gewiegt, gerieben verwenden, den Saft auspressen oder den Knoblauch trocknen und mahlen, ganz abgesehen von Handelsformen als Öl, Granulat und Pulver oder als Knoblauchsalz. Dieses kann in den weitaus meisten Fällen anstelle von Kochsalz gebraucht werden – mit einigen wenigen Ausnahmen (z. B. kann eine Prise Kochsalz, nicht aber Knoblauchsalz, den Kaffeegeschmack verfeinern).

Heilkunde
Knoblauch enthält im Rohzustand (bei Abkochung teilweise flüchtig) ätherisches Öl, Schwefelverbindungen, Vitamine, Enzyme und andere Stoffe, deren Zusammenwirken eine breite Anwendungspalette auch in der Heilkunde sichert. So hat sich Knoblauch als segensreich im Kampf gegen Cholera, Ruhr, Typhus und Tuberkulose wie auch in der Therapie chronischer Bleivergiftung erwiesen und tut gute Dienste in der Behandlung kli-

makterisch bedingter Umstimmungsbeschwerden sowie Altersleiden (Opas gelbe »Knoblauchpillen« waren ein Begriff; die heute gebräuchlichen Präparate sind geruchlos), Rheumatismus und Gicht eingeschlossen. Organfunktionsstärkende Wirkungen hat Knoblauch im Magen-Darm-Bereich, auf Leber, Galle, Nieren, Lunge sowie – indirekt – auch auf das Herz.

Allium sativum ist ein Entgifter ersten Ranges. Selbst mit gärungs- und fäulniswidrigen, bakteriziden Inhaltsstoffen ausgestattet, stimuliert er zusätzlich die Verdauungsdrüsentätigkeit, trägt also wesentlich zu Darmentgiftung, zu Gesundung und Gesunderhaltung der Darmflora bei. Anwendung empfiehlt sich mithin grundsätzlich bei katarrhalischen Magen-Darm-Verstimmungen (»Magenkullern«, Durchfall, Kolik). Die entgiftende Funktionskette setzt sich in der Stärkung von Leber und Galle fort. Die durch Knoblauch bewirkte Blutreinigung hemmt deutlich die Neigung zu sklerotischen Gefäßverengungen (»Arterienverkalkung«), daraus resultierendem Bluthochdruck und entsprechender Überbeanspruchung des Herzens. So wirkt die Knoblauchdroge kreislaufregulierend und – durch bessere Durchblutung – krampflösend. Überdies läßt sich – mit Blick auf die tradierte Volksmedizin – zitieren: »Knoblauch benimmt und vertreibt die Geschwulst im Leibe, erweichet die Geschwer, trinket des Magens Feuchtigkeit aus.« (Adamus Lonicerus, Kräuterbuch 1679)

Frische Zwiebel: Sparsamer, aber nicht allzu spärlicher Gebrauch als Speisewürze hat schon sein Gutes. Zu komplexer Heilanwendung mag man sich mit dem Genuß einer bis höchstens zwei Knoblauchzehen als Tagesdosis vertraut machen.

Frischsaft: entsprechend 1–2 Zehen, zuckerlöffelweise über den Tag verteilt oder nach ärztlicher Vorschrift.

Kaltauszug: vorbeugend gegen oder zur Rekonvaleszenz nach Infektionskrankheiten 1–2 Knoblauchzehen in 1/4 Liter abgekochtem Wasser kalt 1 Stunde ausziehen lassen; das Wasser – über den Tag verteilt – eßlöffelweise einnehmen.

Allium ursinum (Bärenlauch)

Anmerkungen
Überreichlicher Genuß frischen Knoblauchs kann (zumal im Urlaub, bei ansonsten mangelnder Gewöhnung) Schleimhautreizungen bis hin zu Geschwüren im Magen-Darm-Bereich erzeugen. – Wer Knoblauch mäßig, aber regelmäßig ißt, hält sich stechende Insekten weitgehend vom Leib. Lonicerus: »Kein giftig Tier verletzet den, der Knoblauch gegessen hat.« In dieser Erfahrung liegt wohl der Ursprung der Mär vom Knoblauch-Schutz gegen den Blutsaugebiß der sagenhaften Vampire.

Allium schoenoprasum
Schnittlauch
Merkmale: In nördlichen Breiten heimische, kleinwüchsige, im Pflanzenbild typische Lauch-Art mit dünnen, grundständigen Röhrenblättern. Beliebtes Würzkraut, auch als Topfpflanze zu ziehen, gelegentlich aus Gärten verwildert anzutreffen.
Erntegut: die Röhrenblätter, ganzjährig.

Küchenwürze
Schnittlauch ähnelt in Aroma und Geschmack der Speisezwiebel (hat auch ähnliche Heilwirkungen wie Allium cepa), ist jedoch milder und entsprechend reichlicher einzusetzen, vor allem bei Salaten und Gemüsen, zu Brat- und Pellkartoffeln, in Suppen und Soßen (gehackten Schnittlauch erst nach dem Kochen zugeben!), Kräuterbutter, Käsezubereitungen und Eierspeisen oder schlicht aufs Butterbrot und zu appetitanregender Garnierung. Schnittlauch läßt sich auch leicht tiefgefrieren oder trocknen (in diesem Fall vor Gebrauch in kaltem Wasser einweichen).

Allium ursinum
Bär(en)lauch, Zigeunerlauch, Waldknoblauch, Latschenknofel
Merkmale: In schattig-feuchtem Terrain wildwachsende Lauch-Art, bis 40 cm hoch, verbreitet in Laubwäldern, an den Rändern schmaler, überwachsener Wege, unter Gebüsch an Flurgräben, in Talsenken und Schluchten, auf saftigen Wiesen und Weiden. Die kleine, schlanke Zwiebelknolle ist knoblauchartig zusammengesetzt.
Blätter langgestielt, ganzrandig und streifennervig, am Ansatz schmal eingerollt, dann lanzettförmig verbreitert, an Spitzwegerich (Plantago lanceolata) erinnernd. Blüte (Juni–August): weiße Strahlenblüten in flachen bis kugeligen Trugdolden auf blattlosem, dreikantigem Stengel. Die ganze Pflanze strömt intensiven Knoblauchgeruch aus.
Sammelgut: Blätter oder Pflanze April/Mai; Zwiebel allein im September/Oktober.

Küchenwürze
Die Blätter des Waldknoblauchs geben selbst Wildsalat oder -gemüse (Zubereitung wie Spinat) ab, können – in Streifen geschnitten, gewiegt – auch als mild-knoblauchartige Salat-, Suppen- und Kartoffelwürze sowie als Butterbrotstreusel wie Schnittlauch dienen. Für den Gebrauch der Zwiebeln als Küchengewürz gilt alles über Knoblauch (Allium sativum) Gesagte.

Heilkunde
Waldknoblauch erweist sich auch im therapeutischen Gebrauch als enger Verwandter des Knoblauchs, zeitigt weniger starke Wirkungen – aber auch weniger Nachgeruch.

Röhrenblätter des Allium schoenoprasum (Schnittlauch) mit Fruchtkapseln.

Frischsalat und -saft (werden aus der ganzen Pflanze gepreßt) sind besonders empfehlenswert zur blutreinigenden Frühjahrskur wie auch gegen Altersleiden (Bluthochdruck, Arteriosklerose) und Verdauungsstörungen (»Leibschneiden«, Durchfall, Verstopfung), bei Darminfektionen und Madenwurmbefall. Auch die Atmungswege werden günstig beeinflußt (bei Bronchitis u. a.), und spezifische Heilwirkung zeigt sich bei chronischen Hautausschlägen.

Allium vineale
Weinbergslauch, Winzerlauch, Reblauch
Merkmale: Ausdauernder Wildlauch bis 50 cm hoch, als Unkraut vor allem in Weinbergen und auf Ackerland in sonnigen Hanglagen, auch in versteppendem Gelände wachsend.
Stengel bis etwa zur halben Höhe wechselständige, schmal-lineale Blätter tragend, darüber kahl mit endständiger Dolde. Blüte (Juni bis August) purpurrot, bisweilen fehlend; viele langgestielte Brutzwiebelchen. – Ähnlich nach Standort, Erscheinungsbild und Nutzbarkeit der unscheinbar rötlich oder grünlich blühende Roßlauch (Allium oleraceum).
Sammelgut: Brutzwiebelchen während oder nach der Blüte.

Küchenwürze
Brutzwiebelchen sind frisch oder getrocknet (in diesem Fall vor Gebrauch in Wasser einweichen!) wie Schnittlauch (Allium schoenoprasum) zu verwenden.

Anethum graveolens
Dill, Dillkraut, Gartendill
Merkmale: Feinaromatisch duftendes Doldengewächs, als Würzmittel schon im Alten Ägypten bekannt, als Heilpflanze heute fast vergessen. Einjähriges Gartenkraut, 50 bis über 100 cm hoch, ohne besondere Bodenansprüche, gelegentlich auch aus Gärten verwildert anzutreffen. Aussaat im März an sonnigem Platz; nicht verpflanzen!
Stengel gestreift, stark ästig. Blätter doppelt bis dreifach fiederteilig. Teilblättchen schmallineal, fadenförmig, sattgrün, mattblau bereift. Blüte (Juli/August) sehr klein, gelb, hüllenlos, in großen zusammengesetzten Flachdolden. Früchte breitgedrückt linsenförmig, längsgestreift.
Sammel-/Erntegut: Früchte unmittelbar nach dem Abblühen, Blätter oder ganzes Kraut bei Bedarf auch vor der Blüte.

Küchenwürze
Die Blätter – gehackt oder gewiegt – sind eine stets willkommene Würze für Salate (besonders Gurken, Rote Beete, Tomaten), Gemüse (besonders Blumenkohl, Spargel) und Schmorbraten (besonders Hammel), Eierspeisen, Käsezubereitungen, Kräuterbutter und delikate Soßen (Dillsoße!), nicht zuletzt zu Schalentier- und Pilzgerichten. Frischen Dill nie kochen, sondern nur ziehen lassen, getrockneten am Stück kurz einweichen oder im Mörser fein zerreiben, ebenso wie Dillsaat. In Einlegebeizen (für Gemüse und Fisch) kann man das ganze Kraut mit Saat verwenden.

Heilkunde
Teeaufguß: 1 Teelöffel getrocknete

Blätter auf 1 Tasse; Tagesdosis 2 Tassen: bei Schlaf- und schmerzhaften Verdauungsstörungen (Blähung, Kolik u. a.), bei Menstruationsbeschwerden; äußerlich als Augenbad bei Entzündungen, Eiterungen (Augenarzt!) sowie als Einlauf bei Hämorrhoiden.
Dillsamen – trocken gekaut und vor dem Schlucken gut eingespeichelt – beseitigt schlechten Mundgeruch, wirkt schlaf- und auch verdauungsfördernd. Adamus Lonicerus (Kräuterbuch 1679): »Dill gegessen, stärket das Hirn und den Magen, ist gut fürs Wehetun der Adern« (Krampfadern). – Zuviel des Guten kann jedoch Brechreiz erzeugen.
Abkochung: 1/2 Liter Wein und 1/2 Liter Wasser mischen, darin 5 Teelöffel Dillsamen aufkochen; Tagesdosis 2 Tassen (2/4 Liter): gegen starke Blähungen (Leibschmerzen), Verstopfung und Harnverhaltung; auch altes Volksmittel stillender Mütter gegen Milchmangel und -versiegen.

Anthriscus cerefolium
Kerbel, Kerbelkraut, Gartenkerbel
Merkmale: Anthriscus, in etwa einem Dutzend Arten über Europa, Nordafrika und die gemäßigten Zonen Asiens verbreitet, erinnert im Erscheinungsbild an die – ebenfalls zur Doldengewächs-Familie gehörende – Gattung Chaerophyllum (Kälberkropf), bringt aber im Gegensatz zu dieser geschnäbelte Früchte hervor. Der wohlriechende Gartenkerbel wird an sonnigem Standort etwa halbmeterhoch, verwildert leicht am windgeschützten Süd-Ost-Rand von Hecken, Zäunen, Lauben. Stengel und Stiele sind weich behaart. Blätter wechselständig, doppelt bis dreifach fiederteilig bzw. gefiedert. Blüte (Mai/Juni) weiß, in Dolden und zusammengesetzter, endständiger Dolde.
Ernte-/Sammelgut: junge Blätter; ganzes Kraut vor und nach der Blüte; Kerbelsamen.

Küchenwürze
Die Blätter – frisch gehackt oder gewiegt, getrocknetes Gut im Mörser zerrieben – ergeben eine kräftige Würze von fenchelähnlichem Aroma besonders für Suppen, Soßen und Eintopfgerichte, aber auch für Salate, Gemüse, Geflügel, Fleisch und Fisch, Kräuterbutter, Käsezubereitungen und Eierspeisen sowie auf Pizza. Kerbelkraut aber nie mitkochen oder mitbacken! – Getrocknete Blätter und Kerbelsamen sind auch für Hausteemischungen geeignet.

Heilkunde
Die Kerbel-Droge (Kraut und Samen) wirkt blutreinigend, verdauungsfördernd, schweiß- und harntreibend, bei lymphatischen und gichtigen Knotenbildungen sowie Gewebswasseransammlungen allgemein zerteilend und auflösend.
Teeaufguß: 1 Teelöffel oder wenig mehr getrocknetes Kraut und/oder Kerbelsamen auf 1 Tasse; Tagesdosis 2 Tassen: bei Gicht, Wassersucht, Hautleiden im allgemeinen sowie Skrofulose (tuberkulöse Haut- und Lymphknotenerkrankung), auch von Kindern – wegen des fencheltee-ähnlichen Geschmacks – gern genommen.
Frischsaft: 2–4 Teelöffel am Tag als blutreinigende Frühjahrskur wie auch bei Asthma und Stockungsbeschwerden der Unterleibsorgane.
Abkochung: »Das Kraut gesotten,

macht schlafen. Getrunken, macht wohl harnen und bringt den Frauen ihre Zeit. Also genützt, benimmt es die Schmerzen in den Lenden und Blasen und bringt Winde ... Kerbelwurz mit Steinbrech, in Wein gesotten und getrunken, bricht den Stein der Blasen und macht wohl harnen.« (Adamus Lonicerus, Kräuterbuch 1679)

Gekochtes Kraut, zu grobem Brei gestoßen, verwendet man zu (möglichst heißen) Auflagen am Unterleib (bei Harnverhaltung, Menstruationszögern) sowie örtlich bei – auch schmerzhaften – Knotenbildungen wie bei Schilddrüsenschwellung, Schweißdrüsen-Abszeßbildung in den Achselhöhlen, Milchknoten der weiblichen Brust, Gicht, und bei Hämorrhoiden.

Anthriscus silvestris
Wild- oder Wiesenkerbel
Merkmale: Heimische Wildform des Gartenkerbels (Anthriscus cerefolium), von diesem unterschieden vor allem durch den höheren Wuchs (bis über 100 cm) des im Stammteil meist rauher behaarten Stengels, durch minder angenehmen Geruch sowie die arteigene Verbreitung in saftigen Grasfluren, auch in hochbegrasten Obstbaumgärten und -plantagen. Blüte (April–Juni) weiß in Dolden und – am Stengelende – vielstrahlig zusammengesetzter Dolde.
Sammelgut: Blätter nach Bedarf, immer die jüngsten.

Küchenwürze
Blätter – wie Gartenkerbel gehackt oder gewiegt – vornehmlich als Suppen- und Soßenwürze, weniger für Salate. Nur frisch verwenden, nicht zu reichlich (wegen des nicht allzu reizvollen Geruchs); nur ansieden, nicht kochen!

Apium graveolens
Echte Sellerie, Zellerich (Garten-/ Küchensellerie: Knollen- oder Wurzelsellerie und Bleichsellerie)
Merkmale: Zweijährige Doldengewächse, 40–100 cm hoch, als Wildform in Küstenstrichen der Nord- und Ostsee zu finden, auch auf Inseln; im Binnenland gelegentlich aus Kulturen verwilderte Abarten.
Meist straff ausgerichtetes Kraut mit kantig gefurchten Stengeln/Stielen. Blätter tiefgrün glänzend, unpaarig gefiedert bis dreizählig, unregelmäßig gesägt, besonders beim Zerreiben charakteristischen Selleriegeruch verströmend. Blüte (Juli–September) hüllenlos, in Dolden aus kurzgestielten, grünlich-weißen Köpfchen. Früchte klein, flach-oval, wellig gerippt. Die hauptsächlich in zwei Varietäten kultivierte Garten- oder Küchensellerie (Apium graveolens subspecies dulce) gleicht im oberirdischen Erscheinungsbild weitgehend der Wildform. Für beide Kulturabarten bringt man Setzlinge in der zweiten Maihälfte in nährstoffreichen, nicht zu trockenen Gartenboden ein:
A. g. ssp. d. *var. rapaceum* (Knollen-/ Wurzelsellerie) hat eine stark (bis Kindskopfgröße) verdickte, faserwurzelreiche Knollenwurzel mit gebräunter und schrumpelig zerfurchter Oberfläche und festem Wurzelfleisch.
A. g. ssp. d. *var. dulce* (Bleichsellerie) hat Wurzeln ohne ungewöhnliche Verdickung, jedoch besonders fleischige Blattstiele. Diese erlauben –

ähnlich wie Spargel – das »Vergeilen« (fachsprachlich: Etiolement): Man häufelt Erde um die Pflanzenschäfte auf, die unter solchem Lichtentzug ihr Chlorophyll ausbleichen und stärkeres Längenwachstum entwickeln (sie »schießen«). Bleichsellerie bildet auf diese Weise besonders lang und stark saftige, fahlweiße oder blaßrot angehauchte Schäfte aus.

Sammel-/Erntegut: Blätter, auch mit Stielen, von Frühling bis Herbst; Bleichsellerie nach Wunsch (Anhäufelhöhe und -zeit bestimmen die Masse des etiolierten Gutes); Knollen (bei Bleichsellerie uninteressant) im Oktober; Früchte nach Reife.

Küchenwürze

Selleriewurzel und -blätter sind feste Bestandteile sowohl frischen als auch getrockneten Suppengrüns, dienen zum Würzen von Soßen, Gemüsen, Eintopf- und Bratengerichten. Mitkochen mildert nur den – bei den Blättern sehr intensiven – Geschmacksreiz, ist deshalb nicht selten erwünscht.

Die Sellerieknolle, geschält und in Scheiben geschnitten, kann – roh, gekocht wie auch sauer oder süßsauer eingemacht – als Salat zubereitet werden, ergibt selbst eine köstliche Selleriecremesuppe und wirkt geschmacksveredelnd bei Cremesuppen auf anderer Grundlage (Spargel, Pilze u. a.). – Die etiolierten Blattschäfte der Bleichsellerie ergeben ein mild aromatisches Gemüse.

Grüne Sellerieblätter sind – gehackt oder feingewiegt, je nach der gewünschten Geschmacksdosierung – wie grüne Petersilie (Petroselinum) einzusetzen, im Gegensatz zu deren Grünteilen jedoch auch schadlos mitzukochen.

Knollen und Kraut können sowohl tiefgefroren als auch (die Knolle in Scheiben!) getrocknet werden. Das Trockengut läßt sich mahlen (harte Knollenstücke in der Muskatmühle) und im Mörser – ggf. mit Selleriesamen zusammen – zerreiben. Man erhält so eine hervorragende Streuwürze für alle Gerichte, in denen das Würzgut vor dem Verzehr noch (geschmacksaktivierend) Feuchtigkeit aufnehmen kann. Selleriesalz (als würziger Kochsalzersatz vielseitig verwendbar, auch in der Diätküche) gewinnt man, indem man Selleriesamen und -trockenkraut mit Meersalz im Mörser zusammenreibt.

Heilkunde

Sellerie enthält ätherisches Öl, Schleimstoff, Mineralsalze, Vitamine und andere Substanzen, die der Pflanzendroge blutreinigende und nervenstärkende, letztlich allgemein vitalisierende Wirkung verleihen. Besonders anzumerken ist der stimulierende Einfluß auf die Unterleibsorgane.

Knolle: Schon im 15. Jahrhundert galt die Sellerieknolle, roh gegessen, als potenzstärkendes Aphrodisiakum. Jüngere Erkenntnisse widerlegen solchen Effekt nicht, belegen freilich auch nicht eine spezifische Wirkung auf die männlichen Geschlechtsorgane, wohl aber allgemein organfunktionsstärkende und damit vitalitätssteigernde Ergebnisse bei nicht nur langfristig-gelegentlichem Genuß von Knollensellerie in möglichst frischer Form (roh oder als Salat). Ob Sellerie nun wirklich ein Aphrodisiakum ist oder nicht, bleibt damit vorerst wei-

Apium graveolens (Echter Sellerie)

terhin Geheimnis derer, die es ausprobieren. Schädliche Nebenwirkungen, auch bei hoher Dosierung und Dauergebrauch, sind nicht bekannt.
Teeaufguß: 1 Teelöffel Selleriesamen auf 1 Tasse; Tagesdosis 1–3 Tassen: bei verzögerter oder zu schwacher Menstruation. – Auch Kauen der Früchte/Samen empfehlenswert.
Abkochung: 1–2 Teelöffel Trockenblattgut (Kraut) oder 1 Teelöffel Trockenfrucht (Samen) auf 1 Tasse; Tagesdosis 2 Tassen, eßlöffelweise über den Tag verteilt: bei hartnäckiger Harnverhaltung, gewissen Blasenleiden (Arzt!) sowie gichtig-rheumatischen Beschwerden. Besonders angezeigt bei Disposition zur Harnstoff-Anlagerung mit Folgeleiden. – Auch das Kauen frischer Sellerieblätter und/oder Früchte/Samen ist empfehlenswert.

Armoracia lapathifolia (A. rusticana, Cochlearia armoracia)
Meerrettich, Mähr-Rettig (Pferderettich), Pferderadies, Bauernsenf, Rachenputzer, Kren
Merkmale: In Rußland heimische, ausdauernde Kreuzblütlerart, bis über meterhoch, bei uns meist kultiviert, aber auch verwildert an Wegrändern, Gewässern und Schutthalden zu finden.
Charakteristisch ist die weiß-gelblich-bräunliche, nicht selten mehrköpfige Pfahlwurzel. Sie erreicht 50 cm Länge

bei einem Umfang von Finger- bis Unterarmstärke und hat festes, weißes Wurzelfleisch. In frischem Zustand angeschnitten oder gerieben, verströmt dieses einen Geruch von brennender Schärfe, der Nies- und Tränenreiz bewirkt. – Zur Vermehrung schneidet man die Pfahlwurzel in Stücke (Fechser) und steckt diese einzeln (leicht schräg und stets mit dem dickeren Ende nach oben) etwa eine Handbreit tief in guten, humosen Boden. Abstand zwischen den Fechsern nicht unter 25 cm.

Stengel aufrecht, kantig, ästig. Blätter von herz- bis lanzettförmigem Umriß; die (gestielt) grundständigen Blätter bis über 30 cm lang, an den Seiten gewellt, mit gekerbtem Rand; Stengelblätter gelappt bis gefiedert, oben schmal-lanzettförmig. Blüte (Juni/Juli) in langen, aufrechten Trauben mit kleinen weißen Kreuzblüten, die nach und nach den Schötchenfrüchten weichen.

Sammel-/Erntegut: Wurzeln tief ausgraben, September/Oktober, gegebenenfalls auch noch bis Februar des Folgejahres; Blätter für Frischsaft oder Auflagen bei Bedarf (Heilkunde!) jederzeit.

Küchenwürze

Frisch geriebenen Meerrettich sollte man, zumindest wenn er nicht zum sofortigen Verzehr bestimmt ist, mit Zitronensaft beträufeln. Das verhindert die grau-bläuliche Verfärbung, die sonst (durch Oxydation) sehr bald Platz greift. – Nicht zum alsbaldigen Verbrauch bestimmtes Wurzelgut kann man, mehrfach längsgeteilt oder in dünne Scheibchen geschnitten, gründlich trocknen, dann im Mörser zerstoßen oder mahlen und – möglichst unter Luftabschluß – aufbewahren. Solches Trockengut sollte vor Gebrauch in etwa doppelt soviel Wasser eine halbe Stunde quellen.

Frisches Reibegut ist wegen seiner schleimhaut- und drüsenreizenden, erhitzenden und transpirationsfördernden Schärfe roh nur sehr maßvoll zu genießen. Trocknen oder Kochen mildern jedoch die Schärfe bei Erhaltung des angenehm süßlichen »Vorgeschmacks«. Dasselbe gilt für jegliche Verbindung mit Fetten und Ölen. Schon als Kartoffelsalatwürze und auf Butter- oder Schmalzbrot »brennt« roher Meerrettich nicht mehr ganz so roh – nur seine Ausdünstung kann einem noch peinlich in die Nase steigen. Um dem Meerrettich die vielfach unerwünschte, extreme Schärfe in Aroma und Geschmack zu nehmen, vermengt man das Reibegut meist mit Sahne, Mayonnaise, Butter (Meerrettichbutter als Brotaufstrich) oder geriebenem Apfel und erhält so eine vorzügliche Würzbeilage zu Fleisch- und Fischgerichten (hier vornehmlich Sahnemeerrettich), Würstchen, Schinken-, Wurst- und Eierspeisen. Frischer Meerrettich empfiehlt sich überdies als würzender Zusatz zu Kräuterbutter und sämigen Soßen – bis hin zur speziellen Meerrettichsoße, die vorzüglich auch zu manchen Gemüsen (Spargel, Blumenkohl) paßt.

Heilkunde

Meerrettich intensiviert (über Schleimhautreize) schon als Speisewürze die Verdauung auch sehr fettreicher Gerichte, vom Speichelfluß über blähungswidrige Magensaftsekretion bis zur Entwässerung. Diese

»Nebenwirkungen« der Würze lassen sich konsequent nutzen.

Geriebene Wurzel: 2–3mal täglich eine Messerspitze roh (möglichst etwas unter der Zunge halten) oder mit ein wenig Brot bei Verdauungsbeschwerden (auch Magensäuremangel, wie er nach starkem bzw. anhaltendem Alkoholgenuß auftritt), bei Bronchialkatarrh, Bleich- und Wassersucht, Harnverhaltung, bei Stoffwechselstörungen im allgemeinen, bei Leber- und Gallenleiden (Rat des Arztes beachten!) im besonderen.

Frisches Reibegut, mit braunem Zukker vermengt, empfiehlt sich (3–4 Teelöffel täglich) zur Einnahme bei Vitamin-C-Mangel und daraus resultierenden Skorbut-Erscheinungen wie Zahnfleischbluten, Hautbluten (Arzt!) sowie erhöhter Infektionsanfälligkeit. Meerrettichmilch (geriebenen Meerrettich im Verhältnis 1:5 eine Stunde oder länger in Milch ziehen lassen, abseihen, nur die Milch gebrauchen) tut gute Dienste als hautreinigendes und -belebendes Mittel: Äußerlich anwenden und, sobald Brennen auftreten sollte, sofort gründlich mit warmem Wasser abwaschen – und keinesfalls in die Augen bringen!

Auflage/Umschlag: Geriebene Meerrettichwurzel wirkt – als Auflage – juckreizmildernd und entgiftend bei Insektenstichen. Hierbei gilt jedoch, wie bei allen äußerlichen Anwendungen: Entfernen und abwaschen, sobald sich starkes Brennen einstellt! Unter Beachtung dieses Vorbehalts erweisen sich Meerrettich-Breiauflagen und -umschläge auf den betroffenen Zonen als segensreich bei Rheumatismus, Ischias, Gicht, bei neuralgischen Schmerzen (Stirn, Nacken, Kiefer), von der Wirbelsäule ausstrahlenden Rücken- und Kreuzschmerzen bis hin zu Lähmungserscheinungen (Arzt!), bei Blutandrang zum Kopf, Muskelverspannungen und Magenkrämpfen. Auch bei Schwindel-, Erstickungs- und Ohnmachtsanfällen empfehlen sich kurzzeitige Meerrettich-Breiauflagen (Stirn, Schläfen, Brust, Nacken), machen freilich die ärztliche Behandlung nicht entbehrlich.

Frischsaft, aus dem Meerrettichkraut gepreßt, wie auch Auflagen aus zerquetschten Blättern sanieren reizmildernd Brand- und Schnittwunden.

Aus dem Wurzel-Reibegut gepreßter Saft, »etliche Tag genommen, heilet die versehrte Lunge, ist die beste Arznei fürs Abnehmen. Ist gut wider die geschwollene Milz, mit ein wenig Essen vermischt«. (Adamus Lonicerus, Kräuterbuch 1679) »Der Saft der Wurzel ist gut für Geschwer in der Kehle, gegurgelt.«

Bei katarrhalischen Erkrankungen (Verschleimung) im Brustbereich hilft ein Sirup (4 Teelöffel oder mehr über den Tag verteilt): Rohzucker mit nicht zuviel Wasser einkochen und hernach gründlich mit Meerrettich-Wurzelsaft vermengen.

Kaltauszug: 50 bis maximal 80 Gramm kleingeschnittene oder geschabte Wurzel in 1 Liter hochprozentigem Alkohol (nur zu äußerlicher Anwendung!) oder Wein ansetzen, einige Tage ziehen lassen. Ein so gewonnener (durchaus auch geschmack-

Armoracia lapathifolia-
(Meerrettich-) Wurzeln

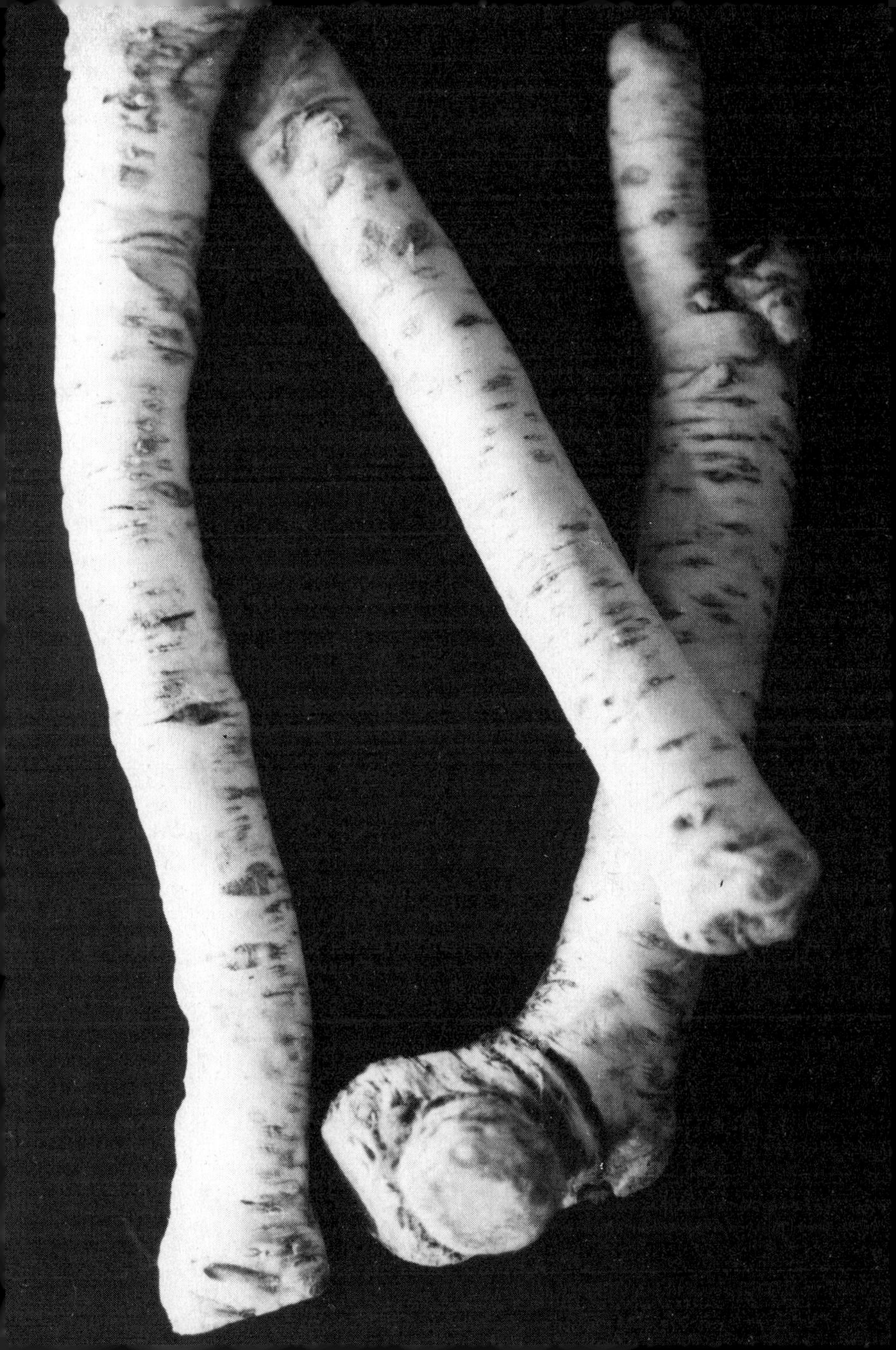

lich reizvoller, aber nur maßvoll – 1–2 Probiergläschen täglich – zu genießender) Meerrettichwein wirkt verdauungsfördernd, wassertreibend und auch schleimlösend. Der hochprozentige Alkoholauszug dient (ähnlich Franzbranntwein oder in der Apotheke erhältlichem Meerrettichessig) zu Einreibungen buchstäblich vom Kopf (Stirn, Schläfen, Wangen, Nacken) bis zu den Füßen bei Kopf- und Nervenschmerzen allgemein, Rheumatismus, Ischias, Gicht, Muskelverspannungen und -krämpfen. Ausbleichende und -zehrende Wirkung wurde auch bei Sommersprossen, Leberflecken und Warzen festgestellt.

Anmerkungen
Meerrettich ist (innerlich) gewiß nicht diätschonkosttauglich und nicht empfehlenswert bei akuten Durchfall- und Nachtschweiß-Beschwerden. Übermäßiger Roh-Genuß kann Harnbrennen bewirken.

Artemisia dracunculus
Estragon
Merkmale: In Nordamerika und Asien heimische, bei uns vielfach angebaute und aus Kulturen verwilderte, bis meterhohe Staude. Im Erscheinungsbild ein typisches Beifußgewächs (Artemisia), jedoch mit ungeteilten, spitzlinealen oder lang-lanzettförmigen Blättern. Vermehrung durch Rhizome bzw. Wurzelstock-Abschnitte.
Sammel-/Erntegut: Blätter und junge Triebe im Frühjahr und Sommer.

Küchenwürze
Frischgut feingewiegt, Trockengut (dicht verschlossen aufbewahren!) gemahlen als Salat-, Gemüse-, Suppen- und Soßenwürze, zu Hülsenfrüchten, Eintopf- und Fleischgerichten, in Kräuterbutter- und -käsezubereitungen sowie sauren Einlagen und Salzlaken. Gut abschmecken, da der leicht scharfe Nachgeschmack bei zu hoher Dosierung unangenehm werden kann.

Heilkunde
Estragon wirkt appetitanregend und wassertreibend, ist ansonsten jedoch heilkundlich bedeutungslos.

Oben und rechts:
Artemisia vulgaris (Wilder Wermut, Gewöhnlicher Beifuß)

Artemisia vulgaris
Gewöhnlicher Beifuß, Wilder Wermut, Stab- oder Besenkraut, Geißbart, St. Johanniskraut
Merkmale: Häufigste der 8 hierzulande vorkommenden Arten der Korbblütler-Gattung Artemisia (Beifuß). Winterharte Staude, bis über meterhoch wildwachsend auf Schutt, Ödland und Brachen sowie trockenem Terrain an Mauern, Zäunen, Wegrändern, Hanglagen und Hochufern. Für den Anbau empfiehlt sich mittelschwerer, kalkhaltiger Boden.
Stengel und Zweigansätze rötlichbraun angelaufen. Blätter vom oberen zum unteren Pflanzenteil zunehmend fiederteilig, tiefgrün mit weißfilziger Unterseite. Blütenrispen (Juli bis September) mit filzigen, blaßgelben bis braunrötlichen Köpfchen.
Sammel-/Erntegut: Knospenrispen vor dem Aufblühen (für Würzzwekke); blühende Triebspitzen mit wenig gefiederten Blättern (oberer Pflanzenteil) Juli/August; Wurzeln möglichst jung (April/Mai) oder nach dem Abblühen. Wurzeln gut waschen, abklopfen, im Schatten trocknen und erst bei Bedarf zerbrechen und zu Pulver mahlen.

Küchenwürze
Beifußknospen – herber als Estragon (Artemisia dracunculus), jedoch ohne dessen scharfen Nachgeschmack – dienen grün vor allem als Salat- und Suppenwürze (ganze Rispen mitkochen!). Ebenfalls die ganzen Rispen, grün oder getrocknet, setzt man Sauerbeizen (auch für Sauerbraten) zu. Trocken gerieben und/oder pulverisiert, empfiehlt sich Beifuß als ebenso geschmacklich attraktive wie auch der Verdauung zuträgliche Würze vor allem bei fetten Schweinefleisch- und Geflügel- (Ente, Gans) sowie Fischgerichten (Aal, Makrele), desgleichen für fette Brotaufstriche (Wurst, Schmalz).

Heilkunde
Beifuß ist ein sehr altes und durch neuere Erkenntnisse bestätigtes, therapeutisch wirksames Anregungsmittel für Appetit und Verdauung, Leber-, Nieren- und Blasentätigkeit. Es wirkt krampfstillend, schweißtreibend und wurmwidrig.
Teeaufguß/Abkochung: 1 Eßlöffel/1 Teelöffel Trockengut (Knospen, Blütentrieb mit Blättchen und/oder Wurzel) auf 1 Tasse als Tagesdosis, schluckweise trinken.
Wurzelpulver: 1 Teelöffel täglich, in Wasser oder Haustee. In diesen Verabreichungsformen empfiehlt sich Beifuß grundsätzlich bei Verdauungsstörungen und insbesondere bei akutem oder chronischem Magenkatarrh (auch Koliken, Magenkrämpfe bei Kindern), beständigem Brechreiz und Durchfallneigung. Ratsam auch bei allgemeinen Schwächezuständen und Nervenschmerzen. Ärztliche Anwendung findet Wurzelessenz in der Therapie von Menstruationsstörungen hysterischer Genese sowie epileptischen Erscheinungen.

Atriplex
Melde
Gattung der Gänsefußgewächse, hierzulande mit 11 von insgesamt rund 150 weltweit verbreiteten Arten vertreten; die bekanntesten:

Atriplex hastata
Spießmelde: wildwachsend, besonders auf Ödland und Schuttplätzen, an Müllhalden und Wegrändern; kennzeichnend sind die breit angesetzten, dreieckigen bzw. spießförmigen Blätter am unteren Pflanzenteil; Verwechslung mit Chenopodium bonushenricus (Guter Heinrich, im Gegensatz zur Melde in engständigen Ährensträußen blühend) möglich, aber angesichts gleichartiger Verwendung unbedenklich.

Atriplex hortensis
Gartenmelde: in Mittelasien heimisch, bei uns vielfach als Zier- und Gemüsepflanze angebaut und aus Kulturen leicht verwildernd; erreicht 1,50 m Wuchshöhe.

Atriplex patula
Gemeine Melde, Rutenmelde: wildwachsend wie Spießmelde, vielfach auch als Garten- oder Ackerunkraut; kennzeichnend sind die am unteren Pflanzenteil mehrfach gelappten und doppelt gezähnten, zur Triebspitze hin weniger und schließlich ungeteilten, ganzrandigen Blätter.
Die Blüten der Melden (Juli–September) sind stets unscheinbar, meist grünlich, einzeln gestielt oder in Blütenständen; auch hierin erinnert Atriplex stark an Chenopodium (siehe dort!).
Sammel-/Erntegut: Junge Blätter und die Triebspitzen von Frühjahr bis Herbst.

Küchenwürze
Grüne Melde dient als Salat- (auch Beigabe in Kartoffel-, Ei-, Wurstsalat u. a.), Gemüse- und Suppenwürze (grün oder getrocknet mitkochen!). Man kann damit überdies – merkbar geschmacksveredelnd, nicht nur für Kinder – Gartenspinat »strecken« oder aus Meldenblättern und -trieben allein einen schmackhaften Wildspinat bereiten.

Barbarea vulgaris
Echtes Barbarakraut, Barbenkraut, Winterkresse
Merkmale: Zweijähriges, bis annähernd meterhohes Wildkraut auf fetten Wiesen und Weiden (wertvolles Viehfutter!), auf feuchten Flur- und Uferböden. Stengel im oberen Teil verzweigt, mit stengelumfassenden, wenig oder ungeteilten Blättern; untere Stengelblätter leierförmig fiederschnittig. Goldgelbe Kreuzblüten (April–Juli) in traubigen Ständen, Schotenfrüchte bildend.
Zu gleicher Verwendung im Garten kultivierbar ist auch die Art Barbarea verna.
Sammel-/Erntegut: junge Blätter ganzjährig.

Küchenwürze
Frische Blätter vom Barbarakraut können als Salat- und (kochfähige) Gemüse-, insbesondere Spinatwürze gebraucht, aber auch als »Barbarasalat« nach Kresseart zubereitet werden: im Volksmund »Winterkresse« genannt, weil frisches Barbaragrün auch in der kalten Jahreszeit gesammelt/geerntet werden kann.

Borago officinalis
Bor(r)etsch, Gurkenkraut, Wohlgemuth, Himmelsstern, Augenzier
Merkmale: Fleischig-steifborstiges,

Atriplex patula (Spreizende Melde)

Borago officinalis
(Garten-Borretsch)

selten über 70 cm hoch werdendes Kraut mediterraner Herkunft, in nördlicheren Breiten früh als Würz- und Heilpflanze kultiviert sowie als nektarreiche Bienenweide geschätzt. Auf gutem, kalkhaltigem, bevorzugt lehmig-sandigem Boden sät sich der einjährige Bor(r)etsch problemlos selbst aus, verwildert auch gern auf Schuttgrund.

Stengel hohl, saftig, borstig behaart. Blätter zungenförmig, blasig gerunzelt, ebenfalls rauhbehaart. Blaue, seltener rötlich-lilafarbene oder weiße Sternblüten (Mai–September), nikkend gestielt. Charakteristisch für die grünen Pflanzenteile sind gurkenähnlicher Geruch und Geschmack.

Sammel-/Erntegut: Blüten, Blätter oder ganzes Kraut Mai–August (vor völligem Abblühen). Auf Papier oder Spanhorden ausgebreitet, langsam – bei nicht über 35 ° Wärme – an schattigem Platz trocknen; hernach unbedingt trocken und lichtgeschützt (z. B. braunes Glas) aufbewahren!

Küchenwürze

Sehr junge, nur zart behaarte (nicht borstige!) Blätter geben einen sehr wohlschmeckenden Salat ab. Ganze Blätter und Blüten, frisch oder getrocknet, würzen Sauerbeizen. Frisches, kleingehacktes Sammelgut empfiehlt sich als würzende Zutat zu allen Salaten und Kohlgemüsen, zu Kräuterbutter- und -käsezubereitungen sowie nichtsüßende Yoghurtspeisen. Als Suppen- und Soßengewürz dient auch geriebenes/gemahlenes Trockengut, das mitgekocht wird.

Heilkunde

In P. A. Mattiolis 1563 erstaufgelegtem Kräuterbuch liest man: »Die holdselige Borragenblumen mögen in der Speis und Trank fröhlich genützet werden, denn sie stärken das Herz und Hirn, erwecken die verzagten, traurigen, melancholischen Menschen zur Freud und Leichtsinnigkeit, läutern das Geblüt (läutern das Blut – d. Red.), nützen in aller Schwachheit, sonderlich in hitzigen Fiebern. Das Kraut gekocht und gessen, ist gut zu der blöden Lebern.«

In der Tat wirkt die Borretsch-Droge als eine Art Breitband-Tonikum verdauungsfördernd und allgemein stoffwechsel-anregend, harn- und schweißtreibend, entzündungswidrig, schmerzlindernd und nervenberuhigend. Sie wird – ärztliche Behandlung unterstützend – in Frühstadien bzw. leichten Fällen von Gelenkrheumatismus, Rippen- und Bauchfellentzündung ebenso empfohlen wie als das allgemeine Wohlbefinden hebendes Mittel gegen hypochondrisches Abgleiten in eingebildetes Unwohlbefinden.

Teeaufguß: 1–2 Teelöffel Trockenblüten oder 2–3 Teelöffel Trockenkraut auf 1 Tasse; 2 Tassen als Tagesdosis, vornehmlich zur Blutreinigung.

Abkochung: Ein starker Absud des ganzen Krautes wirkt harn- und schweißtreibend, schleim- und krampflösend. Abkochung in Weißwein dient (nicht im Übermaß genossen!) speziell der Herz- und Nervenstärkung. (Borretsch-Medizinalwein verursacht zunächst ein Gefühl der Ab- und Auskühlung, daher die althergebrachte Anwendung bei fiebrigen Erkrankungen.)

Äußerliche Anwendung: Als Auflage/ Umschlag zur Bedeckung schwer heilender Wunden oder geschwüriger Hautausschläge Mull mit Borretsch-Frischsaft oder -kaltwasserauszug (ganze Pflanze in nicht zuviel Wasser etwa 1 Tag ziehen lassen!) tränken.

Anmerkungen

Vorsicht bei erstmaligem Umgang mit Borretsch: Die borstigen Drüsenhaare können allergische Hautreizungen und -entzündungen hervorrufen! Bei entsprechender Empfindlichkeit, zumal auch an den Lippen, sind frisches Grün und ungemahlenes Trockengut als Würze unbedingt zu meiden, ebenso alles Hantieren damit. Die heilkundlichen Anwendungen dagegen sind unbedenklich.

Brassica nigra

Schwarzer Senf, Senfkohl

Merkmale: Einjähriges, hochwüchsiges (bis 1,50 m) Kraut der Kreuzblütler-Gattung Kohl (Brassica), vielenorts als Nutzpflanze angebaut, verwildert vor allem auf feuchtem Ufer- und Kiesgrund.

Das Grün der Pflanze ist teils glatt, teils borstig behaart in unregelmäßiger Verteilung. Stengel bläulich angelaufen. Blätter am unteren Pflanzenteil leierförmig lappig, mit wachsender Höhe ganzrandig lanzettförmig. Aus goldgelben Kreuzblüten (Juni–August) gehen dünne stengelanliegende, etwa 2 cm lange Schoten hervor. Sie enthalten den dunkelrotbraunen bis schwärzlichen Samen.

Sammel-/Erntegut: Samen im August/September.

Küchenwürze

Die Würze des Senfkohlsamens ist schärfer als die des Weißen Senfs (Sinapis alba), was bei der Dosierung zu berücksichtigen ist. Hiervon abgese-

hen, sind beide Senfsamenarten, obwohl Pflanzen verschiedener Gattungen entstammend, für den würzenden Gebrauch in der Küche als gleichwertig anzusehen.
Das Mahlgut (Senfmehl) beider Samenarten dient zur Herstellung von Tafelsenf, dessen handelsübliche Geschmacksvarianten durch unterschiedliche Rezepturen mit anderen Ingredienzien erzielt werden. Aus den Grundbestandteilen des Mostrichs kann man mit einigem Geschick auch seinen eigenen Haussenf bereiten (harmonisierendes Abschmecken ist dabei das Wichtigste): Frisch gemahlenes Senfmehl von Brassica-nigra- und/oder Sinapis-alba-Samen in Weinessig anteigen und, zusammen mit Getreidemehl (-schrot für grobere Senfkonsistenz) als Verdickungsmittel in kochenden (weißen) Weinmost einrühren; weitere Zutaten aus dem Gewürzschrank nach Geschmack. Mostrich ist als Würzmittel nach Belieben zu gebrauchen, vom Brotaufstrich bis zur Soßengrundlage. Mit Senf bestrichenes Fleisch wird beim Braten, Grillen oder Kochen zarter und leichter verdaulich.
Ganze Senfkörner dienen als Einlegewürze in Beizen, Laken, Marinaden; auf dem Teller willkommen sind sie vor allem in Mischsalaten, bei Sauerbraten, Wild- und Fischgerichten.

Heilkunde
Brassica-nigra-Samen enthalten ätherisches (scharf riechendes) Senföl sowie neben dem Glukosid Sinigrin u. a. auch das Ferment Myrosin, das aus jenem mit Hilfe von Wasser zusätzlich Allyl-Senföl abspaltet.
Senföl – in jeder Senfsamen-Gebrauchsform enthalten – wirkt äußerlich wie innerlich keimtötend (antibiotisch) und haut- bzw. schleimhautreizend, mithin durchblutungsfördernd auch im Magen-Darm-Trakt. Daher der Appetit und Verdauung stimulierende Effekt von Tafelsenf/Mostrich. Im übrigen dämpft ätherisches Senföl als Riechmittel Zahn- und Kopfschmerzempfinden und vermag Ohnmächtige zu wecken.
Senfteig: Getrocknete Senfkörner erst unmittelbar vor Gebrauch zu Senfmehl mahlen und dieses mit lauwarmem Wasser dick anteigen, den Brei auf einen Leinenlappen streichen. Vor Auflegen dieses Senfteigpflasters die betreffende Körperstelle (Brust, Rükken, Gelenke u. a.) mit nasser Gaze abdecken, um den Eintritt des Hautbrennens zu verzögern und somit die Einwirkungszeit zu verlängern. Es stellt sich zunächst ein prickelndes, dann ein zunehmendes Wärmegefühl ein; sobald dieses in schmerzhaftes Brennen überzugehen beginnt, muß die Auflage abgenommen werden; die Haut darf sich nicht erst feurig röten oder gar Blasen bilden!
Senfpflaster oder -wickel sind hilfreich und heilwirksam bei katarrhalischen Erkrankungen der Atemwege, akuten Entzündungen (Rippenfell, Lunge, Gelenke u. a.), Muskelverkrampfungen und Nervenschmerzen, Ischias und Rheumatismus sowie Lähmungserscheinungen und Ohnmachtsanfällen. Als besonders günstig zu vermerken sind schmerzlindernde Sofort- und stoffwechselanregende Tiefenwirkung.
Senfbäder sind als Vollbäder nur nach ärztlicher Anweisung zu nehmen und dürfen keinesfalls mit frei ins Wasser

gegebenem Senfmehl bereitet werden, da dieses nicht in Körperöffnungen und Augen gelangen darf. Senfmehl ist allenfalls für Fußbäder zu vertreten, aber auch hierfür empfiehlt sich eher das »Senfsäckchen«: Man schrote oder zerstoße Senfsamen (etwa 100 g für ein Fußbad) im Mörser und fülle das Bruchgut in ein Leinensäckchen (gut abbinden!) als Badeinlage. So kann die Droge optimal ausgezogen werden, ohne daß sich das Badewasser mit Schwebeteilchen sättigt. Solche Senf-Fußbäder sind wohltuend heilwirksam vor allem bei Fußkälte, Blutandrang zum Kopf sowie in Frühstadien fiebriger Erkältungskrankheiten.

Anmerkungen
Wegen der extrem hautreizenden Eigenschaften der Senfdrogen ist besondere Vorsicht im Umgang mit stäubendem Senfmehl (Gefährdung der Augen!) geboten, und Übertreibungen (bis zur Hautverbrennung!) sind strikt zu meiden. Speziell bei Senf-Vollbädern sowie Senfteig-Anwendungen auf größeren Hautpartien oder über längere Zeit sind ärztliche Anweisung und Kontrolle unerläßlich.

Weitere Senfanwendungen: siehe unter Sinapis alba.

Caltha palustris
Sumpfdotterblume, Butterblume, Kuhblume
Merkmale: Bis in arktische Randregionen bekanntes, ausdauerndes Hahnenfußgewächs, bis halbmeterhoch auf fetten Wiesen und Weiden, feuchtgrundigen Waldlichtungen und -schneisen, in Bach- und Flurgraben-

Brassica nigra (Schwarzer Senf)
Rechts: Cardamine amara (Bitteres Schaumkraut), leicht mit der Brunnenkresse zu verwechseln, schmeckt aber bitterer.

nähe sowie sumpfigem Terrain weit verbreitet.
Stengel kahl, hohl, ästig. Blätter glanzgrün, herz- bis nierenförmig mit gekerbtem Rand. Blüten (April–Mai) mit fünf leuchtend eidotter-/buttergelben, weit ausgebreiteten und schon bei geringer Berührung abfallenden Kelchblättern.
Sammelgut: Knospen vor dem Aufblühen März/April.

Küchenwürze
Butterblumenknospen in Estragonessig einlegen und hernach wie Kapern (in salziger Essiglösung konservierte Knospen des mediterranen Kapernstrauchs Capparis spinosa) verwenden.

Anmerkungen
Blätter der Sumpfdotterblume enthalten giftige Inhaltsstoffe (Anemonol u. a.) und sind mithin für den Würzgebrauch tabu!

Cardamine
Schaumkraut
Gattung schotenfrüchtiger Kreuzblütler mit einer Besonderheit: Eine Zikadenart hinterläßt auf ihren Grünteilen nicht selten Klümpchen eines schaumigen Sekrets.

Cardamine amara
Bitteres Schaumkraut, Bitterkresse: wildwachsend auf feuchtem Gelände, vor allem im unmittelbaren Uferbereich ökologisch gesunder, fließender Gewässer; kennzeichnend im der Brunnenkresse (Nasturtium officinale) ähnelnden Pflanzenbild sind die weißen Kreuzblüten mit violetten Staubbeuteln in lockeren Trauben.

Cardamine pratensis
Wiesen-Schaumkraut: auf feuchtem Wiesen- und Laubwaldboden oft üppig flächig verbreitete, bis 40 cm hohe Staude. Stengel hohl. Blätter unpaarig gefiedert, mit glattrandigen Fiederblättchen. Blüte (April–Juni) in Trauben, blaßlila/weißlich mit gelben Staubbeuteln. Gefülltblühende Zierformen von Cardamine pratensis werden vor allem als Steingartenpflanzen kultiviert.
Sammel-/Erntegut: junges Grün beider Arten, auch Stengelenden mit Knospen, im Frühjahr.

Küchenwürze
Frisches Grün empfiehlt sich als würzende Zugabe zu allen grünen sowie Kartoffel- und Mischsalaten; bevorzugt auch zur Streckung von Garten- und Brunnenkresse (Lepidium sativum, Nasturtium officinale) oder als – wie Kresse zuzubereitender – Schaumkrautsalat. – Cardamine amara enthält einen appetitanregenden Bitterstoff.

Cardaria draba
Pfeilkresse, Türkische Kresse – Siehe: Lepidium draba

Carum carvi
Echter Kümmel, Wiesenkümmel, Kümmich, Kimm, Köhm, Karbe
Merkmale: In Mittel- und Nordeuropa heimisches, zweijähriges Doldengewächs, bis meterhoch wildwachsend auf Wiesen, Weiden und an Ackerrainen. Zum Anbau sät man Kümmel zur Zeit der Samenreife fingertief in Reihen mit wenigstens eineinhalb Handbreit Abstand.
Stengel längsgerieft, ästig. Blätter

oben einfach fiederteilig, spitzlineal; unten doppelt fiederteilig mit der Besonderheit, daß die ersten Teilblättchen der jeweils untersten Blattfiedern kreuzweise gestellt sind. Blüte (Mai/Juni) weiß, gelegentlich auch rosafarben, hüllenlos, in zusammengesetzen Dolden. Spaltfrüchte, länglich eiförmig, fünffach längsgerippt (Teilfrüchte: Kümmelkörner). Die ganze Pflanze verbreitet einen charakteristischen Kümmelgeruch.
Sammel-/Erntegut: braune Früchte im Juni/Juli.

Küchenwürze
Kümmelsamen wird für den Hausgebrauch selten gemahlen, da das Mehl rasch an Aroma verliert. Problemlos getrocknet, würzt er mit seiner angenehmen Schärfe Backwaren (in Kümmelbrotteig eingemischt oder auf Kümmelstangen u. ä. mit Salzlauge fixiert), Käsezubereitungen, Kartoffel-, Kraut- und fette Fleischgerichte. Kümmelöl wird als Aromaspender auch in der Branntwein- und Likörherstellung gebraucht.

Heilkunde
Ätherisches Kümmelöl mit seinem hohen Carvon-Anteil (50–60%) wirkt appetitanregend und verdauungsfördernd, blähungslösend und krampfstillend, verbessert mithin schon als Bestandteil der Kümmelwürze die Verträglichkeit schwer aufschließbarer Speisen (z. B. Kohl, fettes Fleisch). Als heilwirksames Hautmittel ist es im übrigen nur in zwei Anwendungsformen zu empfehlen:
Abkochung: 1 Teelöffel Kümmelsamen auf 1 Tasse; 1–2 Tassen als Tagesdosis, warm zu trinken. Indikationen: Beschwerden im Magen-Darm-Trakt (Verdauungsschwierigkeiten, Blähungen, Koliken), Funktionsstörungen der Leber, auch bei Menstruations- und Milchschwäche.
Reines Kümmelöl (Apotheke!): nur äußerlich zu Einreibungen bei rheumatischen Erkrankungen, Gelenkleiden; auch als Massageöl bei Muskelverspannungen im Nacken-, Rücken-, Kreuzbereich, Armen und Beinen.

Chaerophyllum bulbosum
Rüben- oder Knollenkälberkropf, Knollenkerbel
Merkmale: Im Erscheinungsbild an Kerbel (Anthriscus) erinnerndes, jedoch bis mannshoch werdendes, zweijähriges Doldengewächs im feuchten Uferbereich.
Stengel kantig gerieft, mit Verdickungen unterhalb der Blattknoten; im unteren Pflanzenteil steif behaart und rot gefleckt. Blätter 3–4fach gefiedert, Einzelblättchen spitzlineal. Blüte (Juni–August) weiß, in zusammengesetzten Dolden. Wurzel rübenförmig verdickt.
Sammel-/Erntegut: Wurzelrüben von etwa ein Jahr alten Pflanzen.

Küchenwürze
Kälberkropf-Rübenwurzeln können, wie Kartoffeln geschnitten, als geschmackbereichernde Zutat Salaten (z. B. Kartoffel-, Sellerie-, Mischsalate) zugesetzt sowie in Gemüsen (z. B. Blumenkohl, Kohlrabi, Spargel) oder Eintopfgerichten mitgekocht werden. Sie ergeben aber auch allein – als Salat, Gemüse oder wie Bratkartoffeln geröstet – eine schmackhafte Abwechslung bei Tisch.

Carum carvi (Kümmel) blühend

Anmerkungen

Beim Sammeln nicht mit dem giftigen Hecken- oder Taumelkälberkropf (Chaerophyllum temulum) verwechseln! Dieser wächst wild als Rainpflanze an Zäunen, Hecken, Schutthalden, hat auch im oberen Pflanzenteil steif behaarte und rotfleckige Stengel, doppelt fiederteilige Blätter und – als untrügliches Unterscheidungsmerkmal – spindelförmige Wurzeln.

Chamaenerion angustifolium

Schmalblättriges Weidenröschen, Waldschotenweiderich – Siehe: Epilobium angustifolium

Chenopodium

Gänsefuß

Namengebende Gattung der auch die Melden (siehe unter Atriplex) umfassenden Familie der Gänsefußgewächse. Von weltweit über 200 – meist in gemäßigten Zonen gedeihenden – Chenopodium-Arten sind hier zwei von besonderem Nutz-Interesse:

Chenopodium album

Weißer Gänsefuß: einjähriges, auf Schutt- und Ödland gedeihendes, formenreiches Unkraut mit in der Regel ei-lanzettförmigen, weißbestäubten Blättern.

Chenopodium bonus-henricus

Guter Heinrich, Wilder Spinat: ausdauernde Staude, bis 60 cm hoch wildwachsend auf Schutt- und Ödland, in trockenen Kulturrandzonen wie auch in engeren Gehöft- und Dorfbereichen. Stengel gerieft. Blätter dreieckig/spießförmig, graugrün; junge Blättchen nicht selten schwach

Chamaenerion angustifolium
(Schmalblättriges Weidenröschen,
Stauden-Feuerkraut)

bestäubt. Blüte (Juni–August) unscheinbar grünlich, in endständigem Ährenstrauß (Scheinrispe).
Sammelgut: junge Blätter und Triebspitzen beider Arten von Frühjahr bis Herbst.

Küchenwürze
Junges Grün dient wie Melde (Atriplex) als Salat- oder (trocken- und kochfähige) Gemüse- und Suppenwürze sowie zur geschmacksaufwertenden »Streckung« von Gartenspinat.

Cichorium intybus
Gemeine Wegwarte, Wilde Zichorie, Wilde Endivie, Blaue Sonnenwende, Sonnenwirbel
Merkmale: Ausdauerndes Kraut aus der Familie der Korbblütler, bis über meterhoch wildwachsend an Wegrändern, Feldrainen, auf jedem Grasgrund sowie Brachland.
Stengel grobkantig, rauh behaart, hohl, milchsaftführend, sparrig-ästig. Blätter der Grundrosette grob gesägt, von zugespitzt keilförmigem Umriß; Stengelblätter fast ganzrandig lanzettförmig, ungestielt. Korbblüten (Juli–September) himmelblau, seltener weiß oder hellrot, in behaarter Hülle; die Blüten öffnen sich nur bei guter Witterung morgens für etwa sechs Stunden. Achänenfrüchte (nußartig, jedoch mit vereinter Samenschale und Fruchtwand). Pfahlwurzel gelblich, spindelförmig.
Sammelgut: junge Blätter im Frühjahr (für den Küchengebrauch); Blüten oder blühendes Kraut (ohne sparrige Stengel) Juli–September; Wurzeln März/April oder September/Oktober. – Daß die Blüten beim Lufttrocknen die Farbe verlieren, hat keinen nachteiligen Einfluß auf den Wert der Droge. Die Wurzeln vertragen künstliche Trockenwärme bis 50° C.

Küchenwürze
Junge Blätter dienen als (leicht bitter) würzender Zusatz zu Grünsalaten oder lassen sich selbst als Wildendiviensalat zubereiten. (Siehe auch Anmerkungen!)

Heilkunde
Die Wirkstoffe der Wegwarte erwiesen sich als magenstärkend, entsprechend verdauungsfördernd wie auch allgemein stoffwechselanregend, insbesondere funktionsverbessernd für Leber, Milz, Galle und Nieren, nützlich auch bei nervösen Erschöpfungserscheinungen. Trotz charakteristischen Bitterstoffgehalts (Inulin in der Wurzel sowie Intybin) sind die Drogen der Wegwarte selbst bei Magen- und Zwölffingerdarmgeschwüren unbedenklich zu gebrauchen und werden auch in der Therapie von Diabetikern eingesetzt.
Grünsalat aus Wegwartekraut (zu therapeutischen Zwecken nicht allein das junge, zarte Grün), mit Essig oder Zitronensaft zubereitet, wirkt Eingeweidewürmern und Nierensteinbildung entgegen.
Frischsaft: vornehmlich aus der Wurzel zu pressen: 3mal täglich 1 Eßlöffel (vor dem Schlucken möglichst eine Weile unter der Zunge halten!) ungelöst oder in Haustee einnehmen bei Verdauungsschwäche, Magen-Darm-Katarrh, Gelbsucht, Milzbeschwerden.
Teeaufguß: 1 Eßlöffel Trockengut (Blüten, Blätter und Stengelteile) auf

1 Tasse; 2 Tassen als Tagesdosis. Wirkung wie Wurzelsaft, insbesondere auch leberstärkend und galletreibend.
Abkochung: 1 Teelöffel (Trockenkraut und -wurzel) auf 1 Tasse; 2 Tassen täglich zur Reinigung und Funktionsverbesserung des Magens. – Adamus Lonicerus (Kräuterbuch 1679): »Eine Handvoll Wegwart, in Wasser gesotten, führet die Gallen und weißen Schleim durch den Stuhlgang aus, öffnet Leber und Milz.«
Äußerliche Anwendung: zur Unterstützung der Therapie innerer Entzündungen (auch bei Leberschäden) Wegwartekraut mit kochendem Wasser knapp (!) anbrühen, abseihen und in Leinenumschlag an der betroffenen Körperstelle bis zum Erkalten auflegen. Dies mehrmals täglich wiederholen (auch mit demselben, neu – und stets nur ganz kurz – überbrühten Kraut).

Anmerkungen
Wegwarte ist auch anbaubar, zur Heilanwendung (insbesondere der Wurzel) ist jedoch der Wildwuchs vorzuziehen. – Die engen Verwandten der Wegwarte sind bekannte Kulturpflanzen:
Cichorium endivia var. crispum (Winterendivie, Endiviensalat) mit krausen Blättern, die durch Zusammenbinden der grundständigen Rosette zu Bleichwuchs veranlaßt werden können.
Cichorium endivia var. latifolium (Breitblättrige Endivie, Eskariol), eine fast ganzrandige, schon den alten Ägyptern bekannte und heute vornehmlich in Italien angebaute Salatpflanze.
Cichorium intybus var. foliosum (Salat-Zichorie, Chicoree), in der bekannten Handelsform etioliert (vergeilt, d. h. durch Anhäufeln von Erde um die Blattrosette ausgebleicht); vor allem in den Benelux-Ländern – auch als Gemüsepflanze – in großem Stil kultiviert.

Cochlearia armoracia
Meerrettich, Kren – Siehe: Armoracia lapathifolia

Corandrum sativum
Koriander, Gartenkoriander, Wanzendill
Merkmale: Einjähriges, bis meterhohes Doldengewächs, im Mittelmeerraum vielfach (in 2 Arten) Garten- und Ackerunkraut, nördlich der Alpen als Gewürzpflanze kultiviert, als Bienenweide geschätzt und nur selten verwildert. Koriander (im Frühjahr in Reihen zu säen) gedeiht vor allem auf kalkhaltigen Böden, braucht im Frühling viel Wasser, im Sommer viel Licht, Stengel verzweigt, mit ein- bis dreifach unpaarig gefiederten Blättern. Blüten (Juni/Juli) weiß-rosa in langgestielten Dolden, diese wiederum in doldiger Gruppierung. Kugelige Spaltfrüchte (Doppelachänen). Die blühende Pflanze verströmt unangenehmen Wanzengeruch, der sich erst mit zunehmender Fruchtreifung zum wohlaromatischen Korianderduft wandelt.
Sammel-/Erntegut: reife Früchte Juli –September. – Da vollreifer Koriandersamen sofort ausfällt, empfiehlt es sich, das ganze Kraut frühzeitig zu schneiden und zur Nachreifung der Früchte zugluftsicher auf Papier auszulegen.

Küchenwürze
Getrockneter Koriandersamen läßt sich wie Kümmel (siehe Carum carvi) gebrauchen, wird jedoch meist im Mörser zerstoßen oder gemahlen. Besonders empfehlenswert für Würzgebäck und Wurstbereitung, süßsaure Beizen, Rote Beete und Pflaumenmus

Heilkunde
Die appetit- und verdauungsanregende Koriander-Droge empfiehlt sich bei Verstimmungen im Magen-Darm-Trakt (Verdauungsstörungen, Blähungen, Koliken), wirkt wurmwidrig und nervenstärkend.

Anmerkungen
Nur getrocknete Samen verwenden! Grüngut wirkt übelerregend.

Epilobium angustifolium (Chamaenerion angustifolium)
Schmalblättriges Weidenröschen, Waldweidenröschen, Waldschotenweiderich
Merkmale: In Mittel- und Nordeuropa bis über den Polarkreis hinaus verbreitete, bis zu 1,50 m hohe Wildstaude auf Heide- und Brachland, Kahlschlägen und Brandblößen, an Wald-, Weg- und Ufersäumen; ein Nachtkerzengewächs.
Stengel aufrecht. Blätter lanzettförmig, gewellt, an der Unterseite graugrün. Blüten (Juli/August) ansehnlich, mit je 4 rosaroten bis hell lilafarbenen Kronblättern, in lockeren, endständigen Trauben. Lange Kapselfrüchte.
Sammelgut: junge Blätter ganzjährig.

Küchenwürze
Das junge, frische Grün kann (feingehackt) Grün- und Mischsalaten, vor allem aber Blattgemüsen beigegeben oder als Wildspinat zubereitet werden. Getrocknete Blätter dienen zu Hausteemischungen.

Cichorium intybus (Gemeine Wegwarte, Wilde Zichorie)

Ficaria verna
Feigwurz, Scharbockskraut – Siehe: Ranunculus ficaria

Foeniculum vulgare
Fenchel, Garten- oder Frauenfenchel, Fenis, Fenkel, Fenikel, Brotsamen
Merkmale: Zweijähriges bis ausdauerndes Doldengewächs, in verschiedenen Zuchtformen halbmeter- bis mannshoch gedeihend auf locker-humosen, nicht allzu feuchten Böden in sonnenoffener, jedoch möglichst windgeschützter Lage (Aussaat März/April; Frost- und Fraßschutz über Winter wichtig!). Fenchel – auch als Bienenweide sehr geschätzt – verwildert nur in wintermilden Lagen, vornehmlich in Gartenrandzonen, an Wegrändern und Rebhängen.
Stengel rund, gerieft, oft bläulich oder tief gerötet. Blätter mehrfach fiederteilig, fadenförmig, mit lang niederhängenden Zipfeln, an das Erscheinungsbild von Trauerweide oder Hängebirke gemahnend. Blüten (Juli–September) gelb, hüllenlos, in zusammengesetzten Dolden. Spaltfrüchte (Doppelachänen) länglichrund, längsgerippt, in grau-bräunlichen, mattierten Grün- oder Gelbtönen, Pfahlwurzel fleischig. Insbesondere die Samenfrüchte verströmen anisartig-süßlichen Wohlgeruch.
Ernte-/Sammelgut: junge Fadenblätter für Würzzwecke jederzeit; Wurzeln im Oktober (möglichst im zweiten Vegetationsjahr der Pflanze); Samenfrüchte ab September je nach Reife: Für Pharma-Drogen schneidet man makellose, frühgereifte Dolden aus dem stehenden Kraut und kämmt die Samenfrüchte mit einem kamm- oder rechenartigen Utensil aus (Kammfenchel). Zur Gewinnung der nachreifenden Samenfrüchte (Strohfenchel) für Würzzwecke schneidet man später das ganze Kraut und hängt es in Garben zum Trocknen auf. Der ausgekämmte, ausgedroschene oder von Hand ausgekrümelte Samen muß noch etwas nachtrocknen.

Küchenwürze
Zarte junge Blätter geben (kleingeschnitten) eine feine Salatwürze ab. Fenchelsamen wird (ganz oder gemahlen) in der Würz- und Brotbäckerei wie Anis bzw. Kümmel verwendet (das nordafrikanische »Khobb's« z. B. ist als Fenchelbrot zum täglichen Verzehr nicht minder appetitanregend als unser Kümmelbrot); man würzt damit Salate, Würzbeizen und Cremes, italienische Suppen sowie Fischgerichte. Fenchel-Zuchtsorten mit verbreiterten und geschwollenen Basen der grundständigen Blätter liefern den Gemüsefenchel (Römischer Fenchel, Finocchio).

Heilkunde
Fenchel hat grundsätzlich harmonisierenden Einfluß auf das gesamte Verdauungsgeschehen und reinigt die Atemwege, wirkt erwärmend, schleimlösend und auswurffördernd, drüsenanregend und krampfstillend. »Kurpfarrer« Sebastian Kneipp (1821–1897) empfahl Fenchel insbesondere bei Keuchhusten, Bronchialasthma und Lungenleiden sowie bei in Verdauungsstörungen begründeter Migräne. Die moderne Homöopathie gebraucht Fenchelauszüge auch in der Augenheilkunde.
Fenchelgrün und frischer Samen wirken besonders rasch und stark erwärmend und wassertreibend.
Getrockneter Samen – Bestandteil vieler blähungslösender und abführender Kräuterteemischungen – ist ein

Hausmittel mit Sofortwirkung speziell gegen Blähungsstau: Den ganzen Samen gründlich kauen und einspeicheln oder (gerieben/gemahlen) über den küchenüblichen Würzgebrauch hinaus mit Speisen zu sich nehmen.

Teeaufguß: 1 Teelöffel Trockensamen auf 1 Tasse; 2–3 Tassen als Tagesdosis bei Magenverstimmungen und Erkrankungen der Atemwege.

In sparsamer Dosierung (insgesamt 1 Tasse oder wenig mehr über den Tag verteilt, teelöffelweise) ist Fencheltee auch in der Säuglings- und Kleinkinderbetreuung von großer Bedeutung: bei Verdauungsstörungen (auch Blähungen, Krämpfe), Husten sowie als schadlos zu verabreichendes Beruhigungsmittel.

Empfehlenswert sind hier auch Fencheltee-Milch-Mischung oder Fenchel-Abkochung in Milch (diese Zubereitungsform empfiehlt sich übrigens auch bei Jodvergiftung!). – Adamus Lonicerus (Kräuterbuch 1679): »Fenchelsaft mit warmer Milch vermischt, das den säugenden Kindern zu trinken gegeben, ist ihnen gut zu dem schweren Atmen und keichen (Keuchen – d. Red.). Stärkt den Magen und macht wohl dauen (verdauen – d. Red.).

Fenchelöl (Apotheke!), wie es Spirituosen-, Parfüm- und Süßwarenindustrie zu Aromatisierung und Geschmacksveredelung ihrer Produkte gebrauchen, empfiehlt sich als wirksames Hausmittel gegen Husten, Heiserkeit und Halsschmerzen: einige Tropfen auf Zucker (zum Einnehmen, mehrmals täglich) oder ins Mundspül- bzw. Gurgelwasser. Stillende Mütter nehmen Fenchelöl in Haustee oder Milch zur Anregung der Brustdrüsen. Außerdem empfiehlt sich Fenchelöl zu intensiver Einreibung/Einknetung (auch als Zusatz zu reinen Massage-Gleitölen) in Muskelverspannungs-, Nervenschmerz- (auch Stirn, Schläfen, Wangen) und Rheumazonen.

Fenchelhonig nennt man landläufig geschmackstypisch (anteilig) aus Fenchelblüten gewonnenen Bienenhonig. – Zur Beschwerdelinderung und Heilung vor allem katarrhalischer Erkrankungen im Magen-Darm-Trakt wie auch »auf der Brust« nimmt man 1 Tropfen reines Fenchelöl in 1 Eßlöffel Bienenhonig (gleich welcher Herkunft) 3mal täglich oder nach Bedarf ein. Fenchelhonig-Auflagen (Pflaster, Packungen) auf der weiblichen Brust verbessern den Milch- und den Lymphabfluß, wirken zystenwidrig.

Augenbad/Augendampf bei Überanstrengung der Augen, leicht entzündlichen oder altersbedingten Beschwerden und Schwächen: Abkochung (Grundmaß: 1 Eßlöffel Fenchelsamen-Mahlgut auf $^1/_2$ Liter Wasser; durch reines Leinen seihen!) für täglich mehrere, wohltemperierte Augenspülungen (Augenwanne!). Für Augendämpfe 1–2 Eßlöffel Samen oder wenige Tropfen Fenchelöl in eine nicht zu große Schüssel kochendes Wasser geben, den Kopf darüberbeugen und mit einem Umschlagtuch verhängen: Augen und Lider während 10–20 Minuten im aufsteigenden Dampf bewegen (gleichzeitiges Inhalieren des Dampfes reinigt die Bronchien). Nach Fenchelbehandlungen der Augen sollte man gut eine Stunde verstreichen lassen, ehe man wieder ins Freie (mit im Sommer möglicherweise zu trockener, im Winter zu kühler Luft) geht.

Galinsoga
Knopfkraut, Franzosenkraut
Gattung in Mittel- und Südamerika heimischer Korbblütler. Zwei von sechs dort bekannten Arten verwilderten im 19. Jahrhundert aus botanischen Gärten Europas und breiteten sich als einjährige, bis 80 cm hohe Feldunkräuter über den ganzen Kontinent aus. Man findet sie auf Wiesen, Weiden, landwirtschaftlich genutztem Gelände (Kartoffeläcker bevorzugt), an Weg- und Straßenrändern.

Galinsoga ciliata
Behaartes Knopf- oder Franzosenkraut: Stengel reich verzweigt, im oberen Pflanzenteil weiß-zottig behaart. Blätter gegenständig, spitzeiförmig. Blüte (Juni–Oktober) in Köpfchen mit röhrigen Scheiben- und meist weißen Strahlenblüten; die endständigen Blüten bilden lockere Scheindolden.

Galinsoga parviflora
Kleinblütiges Knopf-, Franzosen- oder Andenkraut (indianischer Wildsalat): hierzulande häufiger als Galinsoga ciliata, diesem sehr ähnlich, jedoch ohne Stengelbehaarung und mit kleineren Blütenköpfchen.
Sammelgut: Junge Blätter und (unbehaarte) Triebspitzen beider Arten von Frühjahr bis Herbst. – Vorsicht beim Sammeln auf landwirtschaftlichem Kulturland, da das Knopfkraut mit Vertilgungsmitteln bekämpft wird, also chemisch verdorben sein kann!

Küchenwürze
Junges Grün eignet sich als geschmacksbereichernde (auch kochfähige) Zutat zu Grün- und Mischsalaten, Eintopfgerichten, Suppen. Es kann auch eigenständig als exotischer »Indianersalat« zubereitet werden.

Glechoma hederacea
Gundermann, Gundel- oder Dornerrebe, Erdefeu, Soldatenpetersilie
Merkmale: Ausdauerndes, am Boden rankendes und nur in den blühenden Trieben bis etwa halbmeterhoch aufgerichtetes Lippenblütler-Kraut. Der Gundermann ist in Mitteleuropa und in gemäßigten Zonen Asiens verbreitet in Feld, (Laub-)Wald und Wiesen, im Schatten von Gebüsch, Böschungen und Umfassungen.
Stengel vierkantig, stoppelhaarig, kriechend, selbstwurzelnde Ausläufer und aufragende Blühtriebe bildend. Blätter gegenständig, nieren- bis herzförmig mit gekerbtem Rand. Lippenblüten (April bis September) blattachselständig, blau-violett, seltener rötlich oder weiß.
Das Kraut hat einen schwachen, eigenartig-aromatischen Geruch, nicht zu verwechseln mit dem durchaus unappetitlich-abstoßenden Odeur der stattlicher blühenden, für Würzzwekke jedoch unbrauchbaren Unterart Glechoma hederacea ssp. hirsuta.
Sammelgut: jung begrüntes oder blühendes Kraut (ohne Wurzeln!) in den Frühlings- und Sommermonaten. – Fleckige oder »angefressene« Blätter vor dem Lufttrocknen (nicht über 35°) entfernen!

Küchenwürze
Das junge Kraut dient (kleingehackt) als Salat- oder Gemüsewürze und kann auch selbst als typisches Frühlings-Wildgemüse zubereitet werden.

Glechoma hederacea (Gundermann)

Mit Blüten getrocknet und im Mörser zerstoßen, ist Gundermann ein traditionsreiches, heute leider fast vergessenes Gewürz für Gemüse- und Eintopfgerichte, Suppen, Soßen und Wurstbereitung.

Heilkunde

Gundelrebe enthält vor allem entzündungswidrige, sekretionsfördernde (auch magensäurebildende, stopfende) sowie schmerzlindernde Wirkstoffe. Sie liefert damit eine bei katarrhalisch-entzündlichen Schleimhaut-Erkrankungen der Luft- wie auch der Verdauungs- und Harnwege gleichermaßen einzusetzende Droge. Sie entschleimt die Brustorgane, stärkt die Leber, normalisiert den Urinfluß bei Erwachsenen (Harnschmerz) und Kindern (Bettnässen) und vermag – kurmäßig über längere Zeit (innerlich und äußerlich) angewandt – hysterisch-neurasthenische Zustände (psychosomatische Nervenschwäche), auch Frigidität/Impotenz revitalisierend zu beheben.

Heracleum sphondylium (Wiesen-Bärenklau)

Teeaufguß: 1 Teelöffel Trockenkraut mit Blüten auf 1 Tasse; 2 Tassen als Tagesdosis (ersatzweise 2–3mal 1 Teelöffel Saft vom frisch ausgepreßten Kraut): bei obengenannten Leiden und Beschwerden, insbesondere Katarrhen der Luft-, Verdauungs- und/oder Harnorgane sowie als Kuranwendung über Wochen.

Spülungen: Gundermann-Tee als

Gurgelwasser und zu Nasenspülungen (durch Mund oder Nase aufnehmen, durch die Nase ausschniefen!) bei Katarrhen der oberen Luftwege; auch zu Ohrspülungen: mit Pipette lauwarm einträufeln, kurz bewegen, dann bei seitwärts geneigtem Kopf wieder ausfließen lassen!
Waschungen/Auflagen/Umschläge (mit Gundermann-Teeaufguß getränkter Mull!) bei Akne, entzündlichen Hautleiden und bei Geschwüren.
Gundermann-Bad: mild durch Zugabe stark angesetzten Gundermann-Tees ins Badewasser; kräftiger durch sprudelndes Überbrühen einiger Handvoll Kraut (zweckmäßigerweise in einem Gazesack) mit scharfstrahlender Brause beim Wasser-Einlassen in die Wanne. Man läßt das Kraut ziehen, bis das Wasser in der Wanne auf Badetemperatur abgekühlt ist, und steigt dann in das Bad, das bei Kreuz- und Lendenschmerzen Linderung schafft, bei Gicht, Grieß- und Steinleiden auflösend sowie allgemein stoffwechselanregend wirkt. – Bei Adamus Lonicerus (Kräuterbuch aus dem Jahr 1679) heißt es, das Gundelrebenbad »verzehret den Schleim in der Blasen, Magen und Lungen und macht den Menschen gesund, öffnet die Verstopfung der Leber und Milz, bringt den Frauen ihre Zeit und macht wohl harnen«.

Heracleum sphondylium
Wiesen-Bärenklau
Merkmale: Eurasisches Doldengewächs; bis über meterhohe Staude auf saftigen Wiesen, in (laub-)waldigen Auen und an Wegrainen; als »Zeigerpflanze« nährstoffreichen Humus oder überdüngten Grund verratend.
Stengel ästig, kantig gefurcht, borstig behaart, mit aufgeblähten Blattscheiden. Blätter großlappig, unpaarig gefiedert bzw. fiederschnittig. Blüte (Juni bis Oktober) vorherrschend weiß (auch gelb-grünlich, rötlich), in ansehnlichen zusammengesetzten Dolden.
Sammelgut: junge Blätter jederzeit. Trocknen lohnt nicht!

Küchenwürze
Frisches Grün vom Wiesen-Bärenklau eignet sich – gehackt oder gewiegt – vornehmlich als Mischsalatgewürz. Gemüsen und Suppen möglichst spät zugeben: nur ansieden, nicht kochen!

Juniperus communis
Gemeiner oder Heide-Wacholder, Machandel, Reck- oder Quickholder, Holler-, Krammets- oder Kronawitterstrauch, Kranewitbaum, Kaddik
Merkmale: Zweihäusiges Nadelholz aus einer Unterfamilie (Juniperoideae) der Zypressengewächse; meist schon an der Basis niederhängend verzweigte Sträucher von säulenartigem Wuchs, seltener Bäume bis 10 m Höhe an sonnigen Berghängen, in lockeren Kieferwaldungen und anderen lichten Forsten, Charakterpflanze von Heidelandschaften (z. B. Lüneburger Heide). Als Garten-Ziergehölz gedeiht Wacholder bestens in sandigem (gegebenenfalls entsprechend aufbereitetem) Boden an sonnigem, trockenem Standort; nur vor Wintereinbruch sollte es nicht an Feuchtigkeit mangeln.
Holz leicht, weich, aromatisch duftend, Rinde grau. Blätter spitznadelig, steif, grau bereift, 3-zählig quirlstän-

dig von den Zweigen abgespreizt. Blüte (April/Mai): männlich gelb, in blattachselständigen Ährchen; weiblich in Form kurzgestielter grünlicher Kätzchen. Früchte beerenförmig, botanisch jedoch aus 3 Schuppen gebildete Zapfen mit über zweijähriger Reifezeit: So kommt es, daß sich im Herbst an einunddemselben Wacholderstrauch oder -baum gleichzeitig grüne (junge, »heurige«), rote bis violette (einjährige) und braun-schwarze, blaubereifte (reife) »Beeren« finden lassen, die – wie das ganze Gehölz – einen starken Würzgeruch verbreiten. An reifen Wacholderbeeren (Krammetsbeeren) tun sich vor allem Wacholderdrosseln (Krammetsvögel) gütlich und sorgen so für die Samenverbreitung.

Sammel-/Erntegut: nur reife Früchte September/Oktober (abschütteln und verlesen!); junge Triebe vornehmlich Mai/Juni (nach der Blüte!); Holz (im allgemeinen von kräftigen Zweigen, bei Rodung auch von Stamm und Wurzeln) fast ganzjährig (nur nicht in der Blütezeit). – Das Holz wird geschält und kleingeschnitten/gespalten. Die »Beeren« werden zunächst luft-, dann (nicht über 35° C) künstlich nachgetrocknet. – Vorsicht vor Verwechslungen mit Juniperus sabina – siehe Anmerkungen!

Küchenwürze

Getrocknete Wacholderbeeren dienen vornehmlich als Einlegegewürz für Gemüse (Sauerkraut, saure Bohnen, Gurken), Fleisch (Sauerbraten, Wild) und Fisch-Marinaden sowie Sud-Soßen. Weniger gebräuchlich ist Mahlgut-Zusatz in Salatsoßen bzw. -mayonnaisen. Geschmackscharakter: vordergründig süßlich-würzig, mit bitter-herbem Nachgeschmack.

Heilkunde

Das Kauen getrockneter Wacholderbeeren beseitigt unguten Mundgeruch, mach Appetit und zeitigt als weitere Sofortwirkung eine deutliche Funktionsbelebung der organischen Selbstreinigung: Die Droge wirkt mäßig erwärmend, schleim-, blähung- und damit zugleich auch krampf- und koliklösend sowie schweiß- und insbesondere harntreibend (auch harndesinfizierend). Magenstärkung und »Blutwäsche« sind die Folgen. Die Wacholderdroge findet bei katarrhalischen Erkrankungen der Atmungsorgane (z. B. Bronchialleiden, Schleimfluß der Lunge) ebenso Anwendung wie bei Wassersucht, Gelenkerkrankungen (Arthrosen), Gicht und chronischem Rheumatismus. Streng gewarnt werden muß jedoch vor jeder innerlichen Anwendung (ohne ärztliche Rezeptur) bei akuten und insbesondere entzündlichen Nierenerkrankungen sowie während der Schwangerschaft, da Wacholderbeeren stark nieren- und uterusreizende Inhaltsstoffe besitzen.

Von welch entscheidender Bedeutung der sachkundige Umgang mit Wacholder ist, mag ein Beispiel erhellen: Bei Darmträgheit regt Wacholder-Teeaufguß die Darmmuskulatur zu vermehrter Tätigkeit an. Bei allzu turbulenter Darmmotorik dämpft Wacholder-Abkochung (ebenso wie ätherisches Wacholderöl) die übernervöse Tätigkeit der Darmmuskulatur.

Wacholderkur ist spätestens seit Pfarrer Kneipp (1821–1897) ein auch in der modernen Heilkunde wohlverstandener und anerkannter Begriff für eine problemlos von jedermann anzuwendende (und gegebenenfalls nach vierwöchigem Aussetzen zu wiederholende) Drei-Wochen-Kur bei Magenschwäche, Verdauungsstörungen sowie Neigung zu Wasseransammlungen mit hierin begründeten Folgeleiden. Sebastian Kneipps Rezeptur: »Den ersten Tag sollten sie 4 Beeren nehmen, den zweiten mit 5 Beeren fortsetzen, den dritten sollten sie 6 Beeren kauen und so mit Beeren und Tagen bis auf 12 Tage und 15 Beeren aufund dann wieder auf 5 Beeren heruntersteigen, beim Absteigen jeden Tag eine Beere auslassend.« Einnahme sinnvollerweise vor der täglichen (warmen) Hauptmahlzeit, mittags oder abends.

Wacholderöl (Apotheke!), aus dem Samen gewonnen, wirkt nicht zuletzt keimtötend und fettlösend. Es empfiehlt sich für ganz verschiedene Anwendungsformen: Zur Funktionsstärkung von Magen, Galle und Blase nimmt man 1–2mal täglich wenige Tropfen auf Zucker oder in Wein. Bei Katarrhen der Luftwege, Keuchhusten sowie entzündlichen Erkrankungen im Mund-, Rachen- und Halsbereich gibt man zur Inhalation 10–15 Tropfen Öl in ein nicht zu großes Gefäß kochendes Wasser und atmet den aufsteigenden Dampf unter einem geeigneten Kopf-Überwurf ein. Als Einreibemittel dient Wacholderöl vornehmlich bei Gelenkleiden, erweist sich aber auch als entwässernd bei Zystenbildungen in der weiblichen Brust: Sowohl die betroffene Brustregion direkt einreiben als auch täglich wenigstens einmal 5–10 Tropfen Wacholderöl während 5 Minuten sanft, aber dennoch gründlich in die Ellbogenbeuge der entsprechenden Brustseite einmassieren. – Adamus Lonicerus (Kräuterbuch 1679) über das Öl von Wacholderholz: Es »ist gut für das Gegicht im Leibe, damit den Rückgrat eingeschmiert, hat manchem Menschen geholfen. Ist auch gut denjenigen für die fallenden Siechtage (altersbedingter Abnutzungserscheinungen – d. Red.), den Rücken damit geschmiert. Dienet zu allen Krankheiten im Leibe, so von Kälte entspringen.«

Wacholdersaft (Apotheke!) kann in Haustee, Wein und anderen Darreichungsformen genommen werden (Gebrauchsvorschriften; ärztliche Rezeptur!). Im Hausgebrauch dient er vor allem zur Herstellung von Sirup.

Sirup: 5 Tropfen (für Kinder eher weniger, für Erwachsene eher wenig mehr) Wacholdersaft auf 1 Eßlöffel Bienenhonig (oder dick eingekochte Zuckerlösung), für Kinder/Erwachsene 1–3 Teelöffel/Eßlöffel täglich zur Appetit- und allgemeinen Stoffwechselanregung (auch Bereinigung ungesunder Fäulnis- bzw. Gärungsvorgänge im Verdauungstrakt), Entzündungshemmung, Entgiftung und Stärkung der körpereigenen Abwehrkräfte – nicht zuletzt auch bei Lungentuberkulose.

Teeaufguß aus getrockneten (im Mörser zerstoßenen) Beeren und/oder jungen (auch getrockneten) Wacholdertrieben: 2 Eßlöffel Ansatzgut auf 1 Tasse; 2 Tassen als Tagesdosis. Besonders bei Haut- und/oder Bauchwassersucht sowie zur Anregung der Darmmuskulatur geeignet.

Abkochung: 1 Eßlöffel Rohgut wie zum Teeaufguß oder gleiche Menge Sirup oder Wacholderbeermus auf 1

Juniperus communis (Gemeiner oder Heide-Wacholder, Machandel)

Tasse; 2 Tassen als Tagesdosis (recht heiß zu trinken und entsprechend schweißtreibend): besonders bei Wassersucht, Harnbeschwerden, »nervöser Verdauung« (überregter Darmmuskeltätigkeit), gichtigen und rheumatischen Beschwerden. Als besonders harntreibend und blutreinigend gilt ein aus Jungtrieben und Wacholderholz bereiteter Absud.

Tinktur: 1 Teil Wacholderbeeren in 4 Teilen hochprozentigem Alkohol (Weingeist) ansetzen, 14 Tage im Warmen ziehen lassen; 2 bis 3 Teelöffel der fertigen Tinktur als Tagesdosis speziell zu vermehrter Wasserausscheidung mittels Harn und Schweiß.

Wacholderspiritus (Apotheke!) ist ein optimal durchblutungsförderndes (nicht zuletzt auch die Hautdrüsen aktivierendes) Einreibmittel bei Gelenkleiden, Rheumatismus, Ischias und anderen Nervenschmerz-Zuständen, auch im Zusammenhang mit Muskelverspannungen. (Nicht zu verwechseln mit wacholderdestillathaltigen Branntweinen wie Steinhäger, Gin, Genever.)

Wacholderwein – ein wohlschmekkend-appetitanregendes und wassertreibendes Getränk – läßt sich in jedem kühlen Keller bereiten: Man setze z. B. 10 Liter getrocknete Wacholderbeeren in der doppelten Menge Wasser an, gebe eine halbe Handvoll Wermutkraut (Artemisia absinthium) hinzu und lasse das Ganze gut einen Monat gären. Hiernach zieht man den »Wein« auf Flaschen (wegen der

Nachgärung nicht zu fest verkorken!) und kann mit derselben Wacholdermaische und ebensoviel Wasser wie zuvor (gegebenenfalls unter Zusatz weiterer Kräuter) die Gärungs-Prozedur noch einmal wiederholen.

Wacholderteer (Oleum Cadinum, in Apotheken erhältlich) wird bei der Destillation aus Wacholderholz gewonnen. Er erweist sich – sanft auf die Haut aufgetragen – als heilwirksam bei Schuppenflechten und anderen Hauterkrankungen.

Wacholderrauch hat in unserem Kulturbereich seit altersher eine an Myrrhen und Weihrauch des Orients gemahnende Funktion: Nach ansteckender Krankheit und/oder Todesfall reinigt (desinfiziert) man Luft und Linnen der betreffenden Räumlichkeiten von unguten Dünsten (Miasmen), indem man eine Handvoll Wacholder (Beeren, Sprosse, Holz-Gehäcksel) auf einem kleinen Holzkohlefeuer stark rauchbildend verschmoren läßt.

Anmerkungen

Beim Wacholder-Sammeln nichts nehmen vom ähnlich busch- und baumförmig wachsenden, in Gebirgsgegenden vom Alpenvorland an nach Süden verbreiteten

Beerenförmige, biologisch gesehen aus drei Schuppen gebildete Früchte des Juniperus communis (Gemeiner oder Heide-Wacholder). Die helle Färbung zeigt, daß es sich um »heurige« Früchte handelt, die erst im folgenden Jahr zur Reife gelangen.

Juniperus sabina

Sade- oder Sevenbaum, Stinkwacholder: Er riecht schon unangenehm und bildet nur seine Jugendblätter nadelförmig, die Folgeblätter schuppenförmig aus. Alle seine Pflanzenteile – und insbesondere die Beerenfrüchte – sind hochgiftig!

Lathyrus tuberosus

Erdeichel, Knollen- oder Erdnuß-Platterbse

Merkmale: Wickenähnliches Rankengewächs aus der Familie der Schmetterlingsblütler; selten über meterhoch gedeihende Staude auf Ödland und Schuttboden, an Wegrainen, Hecken und Zäunen sowie in (Winter-)Getreidefeldern.

Stengel kantig, ästig, rankenbildend. Blätter einpaarig gefiedert; an den Stengelknoten schmetterlingsförmige Blattpaarungen. Blüte (Juni–August) sehr ansehnlich, rot bis lilafarben, in traubiger Anordnung von 2–5 duftenden Schmetterlingsblüten.

Sammelgut: die haselnußgroßen Wurzelknollen (Erdeicheln) ganzjährig.

Küchenwürze

Wurzelknollen der Erdnuß-Platterbse können (gewaschen, nicht unbedingt geschält, geschnitten) als würzende Beigabe Mischsalaten und Gemüsen zugesetzt, in Eintopfgerichten mitgekocht, mit Bratkartoffeln u. ä. geröstet oder auch als eigenständiges Koch-, Schmor- oder Röstgemüse zubereitet werden.

Lepidium draba (Cardaria draba)

Pfeilkresse, Türkische Kresse

Merkmale: Tief wurzelnde, bis 50 cm hohe Kreuzblütler-Staude, eng ver-

wandt mit der als Salatpflanze gern angebauten, rasch keimenden und schnellwüchsigen Gartenkresse (Lepidium sativum). Pfeilkresse wächst als Unkraut auf Kultur- und Ödland, an Wegen, Umfassungen, Böschungen, in ländlichen Siedlungen.
Stengel verzweigt. Blätter pfeilförmig, grau behaart, am Grund gestielt, sonst mit den »Widerhaken« der »Pfeilspitze« stengelumfassend. Blüte (Mai–Juli) in doldigen Rispen mit zahlreichen kleinen, weißen Kreuzblüten, aus welchen Schötchenfrüchte hervorgehen.
Sammelgut: junge Blätter im Frühling; Schötchenfrüchte im Sommer.

Küchenwürze
Junge Blätter werden kleingeschnitten und (sparsam) als würzende Zutat zu Grün- und Mischsalaten, Blattgemüsen (Spinat), Suppen, Eintopf- und Kartoffelgerichten verwendet. Der getrocknete Samen hat einen pfefferähnlichen Geschmack und kann – wie bis in jüngere Zeit in manchen ländlichen Gebieten üblich – anstelle von Pfeffer gebraucht werden.

Levisticum officinale
Liebstöckel, Leberstockkraut, Badekraut, Maggikraut
Merkmale: Einzige Art einer in Gebirgslandschaften Südeuropas und Vorderasiens (in 3 Unterarten) heimischen Gattung der Doldengewächs-Familie. Die bis 2 m hohe Staude wird da und dort als Würz- und Heilpflanze gewerblich angebaut, findet sich gelegentlich (vor allem in höheren Lagen) verwildert, gedeiht als Nutzpflanze in Gärten an nicht allzu sonnigem, aber auch nicht vollschattigem Standort auf tiefgründig-humosem, ausreichend feuchtem Boden. Vermehrung durch Samen oder Fechser (Wurzelteilstükke). Liebstöckel ist eine sehr gute Bienenweide, wird aber auch leicht von Pflanzenschädlingen befallen.
Stengel aufrecht, hohl, nur im oberen Teil verzweigt. Blätter in grundständiger Rosette und am oberen Stengelteil: derb, glänzend dunkelgrün, mehrfach gefiedert bzw. fiederteilig, an den Enden finger- oder flammenförmig eingeschnitten. Blüten (Juni–August) blaßgelb, in zusammengesetzten Dolden. Gelbbraune Spaltfrüchte (Schizokarp) zerfallen im Reifezustand in je zwei einsamige Teilfrüchte (Merikarp). Wurzelstock (Rhizom) vielköpfig, vollfleischig. Die ganze Pflanze (einschließlich Rhizom) verströmt einen markanten Geruch nach Suppenwürze: daher der volkstümliche Name Maggikraut – obwohl Liebstöckel in Maggiwürze nicht enthalten ist.
Ernte-/Sammelgut: junges Grün (Blätter und blühende Triebe) Juni–August; Früchte August/September; Wurzeln (auch Wurzelteile) älterer Pflanzen im März/April oder September/Oktober. – Trocknungswärme nicht über 35 °C. Drogen licht- und luftdicht lagern!

Küchenwürze
Frisches Grün kann (kleingeschnitten oder feingewiegt) sofort als Küchenwürze gebraucht oder im Ganzen getrocknet und dann im Mörser zerstoßen werden; getrocknete Früchte und Wurzelteile sollten gemahlen werden. Feingehacktes Grün eignet sich vorzüglich als Salat- und Quarkwürze sowie als (erst unmittelbar vor dem Verzehr aufzustreuende) Zugabe zu Pell-,

Majorana hortensis (Echter Majoran, Gartenmajoran), weiß blühend

Salz- oder Bratkartoffeln, Spiegelei u. a. Nur grob zerkleinertes Trockengut aller Pflanzenteile dient als (sparsam zu verwendende) Einlegewürze in Gemüse-, Fleisch- und Fischbeizen; gerieben bzw. gemahlen ist Liebstökkel ein stets willkommenes Gewürz für Suppen und Soßen, Gemüse, Eintopf, Fleisch- und Fischgerichte sowie Pizza.

Heilkunde

Medizinisch gebräuchliche Liebstökkel-Drogen sind Folia (Blätter), Fructus (Früchte), Herba (Kraut) und Radix Levistici (Liebstöckelwurzel). Ihnen allen kommen harntreibende, schleim- und krampflösende, verdauungs- und auswurffördernde, stoffwechselanregende und herzstärkende

Eigenschaften zu. Sie wirken nicht zuletzt auch entgiftend bei bzw. nach übermäßigem Nikotin- und Alkoholgenuß.
Teeaufguß: 2 Teelöffel Trockengut auf 1 Tasse; 3 Tassen als Tagesdosis, in 6 oder mehr Quanten über den Tag verteilt zu nehmen: bei Verschleimungen der Atemwege, Gewebswasserstau (Ödeme) sowie bestimmten Nieren- und Blasenleiden (Arzt!). Liebstöckelwurzel ist Bestandteil von vielen harntreibenden Teemischungen.
Abkochung: 1 Teelöffel Trockengut (insbesondere der Wurzel) auf 1 Tasse; 3 Tassen als Tagesdosis, schluckweise zu nehmen: bei katarrhalischen Erkrankungen der Atmungs- und Verdauungsorgane, Wassersucht und hieraus resultierenden Herzbeschwerden sowie bei verzögerter bzw. zu schwacher Menstruation. – Adamus Lonicerus empfiehlt in seinem »Kreuterbuch« (1679) – bisher unwidersprochen – eine Liebstöckel-Samen- und -Wurzelabkochung in Wein als hilfreichen Trank gegen Gelbsucht und Depressionen.
Bad: 10 g Trockengut auf 1 Liter Wasser als Badezusatz; diesen sinnvollerweise in einem Leinensäckchen unter den Strahl des heiß einzulassenden Badewassers legen und bis zu dessen Abkühlung auf Badetemperatur ziehen lassen oder auch noch länger in der Wanne behalten. Dieses Liebstöckelbad hat tiefenwirksam entgiftenden und entkrampfenden Einfluß auf das Körpergeschehen sowohl bei krankhaft-übermäßiger Schweißabsonderung und geschwürigen Hautleiden als auch bei Blähungskolik, Harnverhaltung und anderen Unterleibsbeschwerden – bis hin zu hysterisch bedingten Verkrampfungserscheinungen, auch im Bereich der Keimdrüsen/ Sexualorgane.
Auflagen von mit heißem Wasser angebrühtem Kraut auf eiternde Wunden begünstigen die Ausheilung. Lonicerus führt hier insbesondere auch den Liebstöckel-Samen an: »Er zerbricht das Geschwer und macht auf, daraufgelegt, treibt die Geburt gewaltig aus.« – In der Tat wirkt Liebstöckel – insbesondere in Form von Bädern und Auflagen – vitalisierend im gesamten Unterleibsbereich, und dies nicht nur bei werdenden Müttern.

Anmerkungen
Längerfristiges Hantieren mit der Wurzeldroge kann Übelkeit erregen und Schwindelgefühl verursachen!

Majorana hortensis (Origanum hortensis, O. majorana)

Echter oder Garten-Majoran, Mairan, Wurstkraut

Merkmale: Im östlichen Mittelmeerraum wildwachsendes und ausdauerndes, bei uns einjährig kultiviertes, bis 50 cm hohes Heil- und Würzkraut. Seine Frostempfindlichkeit macht Vorkultur in Treibhaus oder Warmbeet erforderlich; die Setzlinge pflanzt man im Mai in gut humosen Boden an sonnigem und windgeschütztem Platz. – Die Gattung Majorana (Majoran) wird in der Literatur bisweilen mit der Gattung Origanum (Dost) zusammengelegt; beide gehören zur Pflanzenfamilie der Lippenblütler.
Stengel rotbraun, samthaarig, ästig. Blätter eiförmig bis elliptisch, ganzrandig, beiderseits grau behaart. Kleine, weiße oder gerötete Lippenblüten (Juli–September), von breiten Hoch-

blättern fast verdeckt, in eiförmigen Scheinähren. Die ganze Pflanze hat einen stark aromatischen Geruch und leicht bitteren Geschmack.
Erntegut: blühendes Kraut ohne Wurzeln Juli–September (mehrmalige Ernte möglich).

Küchenwürze
Das grüne Kraut dient (kleingeschnitten, gehackt) als Salatwürze und gibt auch eine vorzügliche Würze für Butter-, Schmalz-, Käse- und Wurstbrote sowie nichtsüße Quarkzubereitungen ab. Es taugt nicht zum Kochen, kann aber als Grüngewürz tiefgekühlt werden. – Getrockneter Majoran wird im Mörser zerstoßen und/oder gemahlen und behält seine Würzkraft dann nur in luftdichtem Gefäß, ist aber nun kochfähig. Majoran ist traditionell unentbehrlich bei der Wurstbereitung und populär als Küchengewürz für Suppen, Soßen, Gemüse, Eintopf- und Fleischgerichte (auch Geflügel, Wild). – Seiner starken Würzeigenschaft entsprechend sollte Majoran grundsätzlich nicht im Übermaß gebraucht werden, da er bei extrem hoher Dosierung Kopfschmerzen verursachen kann.

Heilkunde
Die Majoran-Droge wirkt allgemein als krampf- und schleimlösend, harn- und auch schweißtreibend, erwärmend und kreislaufanregend. Da sie die Blutzirkulation deutlich beschleunigt, ist sie bei zu hohem Blutdruck kontraindiziert, d. h. Menschen mit zu niedrigem Blutdruck sind Majoran-Anwendungen besonders anzuraten, unter Bluthochdruck Leidende dagegen sollten sie völlig meiden.

Teeaufguß: 1 Teelöffel Trockengut auf eine Tasse ergibt einen milden, auch bei Darmkoliken von Kindern bewährten Heiltee (1–2 Tassen täglich). Er ist im übrigen empfehlenswert bei allen Erkältungskrankheiten, Asthma, Krampfhusten und bei Magenkrämpfen, Blähungsbeschwerden und Lähmungserscheinungen sowie Gelbsucht. Dabei ist – für Erwachsene – das Trinken einer größeren Menge des Tees (auch 3–5 Tassen am Tag) einem höherprozentigen Aufguß-Ansatz vorzuziehen. – Das Süßen mit Honig verstärkt die schleimlösende und auswurffördernde Eigenschaft des Majorantees.
Abkochung: 1–2 (3) Teelöffel auf eine Tasse; 2 Tassen als Tagesdosis für Erwachsene, wie Tee. Majoran-Abkochung in Weißwein wirkt besonders entwässernd (bei Harnstau, Haut- und Gewebswassersucht), in Rotwein – zusammen mit Spitzwegerich (Plantago lanceolata) – besonders stopfend (bei Durchfall).
Bad: Für nervenstärkende und vor allem im Unterleibsbereich (Gebärmutter) schmerzstillende Majoranbäder gebrauche man einen sehr starken (nicht innerlich anzuwendenden) Majoran-Absud als Badezusatz oder man gebe einige Handvoll grünes Kraut (frei oder im Leinensäckchen) zum Ausziehen ins heiß einzulassende Badewasser.
Frischsaft, aus blühendem Majorankraut gepreßt, tut als Gurgelmittel bei Rachenkatarrh sowie als schleim- und sogar eiterlösendes Nasenspülmittel bei Stockschnupfen und Stirnhöhlenkatarrh (bzw. beginnender oder chronischer Stirnhöhlenvereiterung) gute Dienste. – »Der Saft, in die Nase ge-

tan, stärket das Hirn, macht niesen.« So Lonicerus (Kräuterbuch 1679).
Majoranöl (Apotheke) bringt – mit einer Pipette in den Gehörgang geträufelt – rasche Linderung bei Ohrenschmerzen und ist ein vorzügliches Einreibmittel bei rheumatischen Beschwerden sowie insbesondere von der Wirbelsäule ausstrahlenden Rükken- bzw. Kreuzschmerzen.
Salbenzubereitung: Majoranöl mit einem schmierfähigen Fett verschmelzen, zu Einreibungen bei Schnupfen (Brustbereich) und Schwellungen/Geschwülsten. Als nervenstärkendes Einreib- und Massagemittel empfiehlt sich auch eine Aufkochung der Säfte/Öle von Majoran, Salbei (Salvia officinalis) und Krausminze (Mentha spicata var. crispata) in reinem Schweinefett oder Gänseschmalz.
Auflage: gebrühtes Majorankraut im Leinensäckchen möglichst heiß aufbringen, bei Katarrhen im Brustbereich, bei Rückenbeschwerden und Unterleibsschmerzen.

Anmerkungen
Wilder Majoran und Winter-Majoran siehe unter Origanum vulgare.

Mentha arvensis
Acker- oder Feldminze
Merkmale: Als Ackerunkraut und Wegraingewächs, auch auf Feuchtwiesen und an Gewässern weitverbreitete Verwandte der populären Pfefferminze (Mentha piperita); meist allenfalls annähernd halbmeterhoch werdende Lippenblütler-Staude.
Stengel vierkantig, unstreng (oft gekrümmt) aufrecht. Blätter eiförmig und drüsenhaarig, kreuzweise gegenständig, am Stengelende schopfbildend. Blüten (Juli–September) rotviolett, in Scheinquirlen an den Blattansätzen. Die ganze Pflanze riecht unaufdringlich aromatisch.
Sammelgut: junge Blätter jederzeit.

Küchenwürze
Frische, wohlriechende Blätter dienen (kleingeschnitten) als Grünwürze für Salate, Gemüse und Suppen. Getrocknet und im Mörser zerrieben kann man sie – in sparsamen Prisen – Suppen und Soßen zusetzen, vor allem aber zu Hausteemischungen gebrauchen.

Nasturtium officinale (Rorippa nasturtium-aquaticum)
Echte Brunnenkresse, Bach- oder Wasserkresse, Bachminze
Merkmale: Krautige, bis halbmeterhohe Kreuzblütler-Art, besonders in klarem, fließendem Wasser in Quell-Seichten, an Bächen und Flurgräben gesellig wildwachsend, unter ähnlichen Bedingungen auch kultivierbar.
Stengel hohl, ästig, vielfach niederliegend, aus vom Wasser überspülten Blattachseln wurzeltreibend. Blätter rundlich-lappig, unpaarig gefiedert. Kreuzblüten (Juni–September) klein, weiß, in doldigen Trauben; Schotenfrüchte.
Sammel-/Erntegut: für Heilzwecke junges Grün, am günstigsten März–Mai; für die Küche Blätter ganzjährig. (Die über Wasser befindlichen Blätter verderben über den Winter nur, wenn das Gewässer zufriert.)

Küchenwürze
Bei geringer Sammelausbeute setzt man die scharfbitterlich schmeckenden Blätter der Brunnenkresse vor-

Nasturtium officinale (Brunnenkresse)

nehmlich Grünsalaten zu. Sehr würzig ist ein Kresse-Mischsalat aus Brunnen-, Pfeil- (Lepidium draba) und Gartenkresse (Lepidium sativum). Bei ausreichender Sammelausbeute empfiehlt sich reiner Brunnenkressesalat, nur mit Essig (oder Zitronensaft) und Öl angemacht.

Heilkunde
Brunnenkressesalat ist, da sehr reich an Vitamin C, ein Wintersalat von hohem Gesundheitswert und überdies zur stoffwechselanregenden, blutreinigenden Frühjahrskur geeignet, besonders zu empfehlen auch Nieren- und Lungenkranken. Er wirkt galle- und harntreibend, schleimlösend und auswurffördernd, mild abführend, antibiotisch, wurmfeindlich.
Teeaufguß/Abkochung: 2 Teelöffel/2 Eßlöffel getrocknete Blätter und Triebe auf 1 Tasse; 3 Tassen als Tagesdosis bei akuten Erkältungen, zur blutreinigenden Frühjahrskur sowie bei chronischen Hautausschlägen.
Frischsaft muß grundsätzlich mit mindestens der 5fachen (bis 10fachen) Menge Wasser verdünnt werden, da reiner Brunnenkressesaft Hals- und Magenschleimhäute angreift. 3–4mal täglich 1 Schnapsgläschen des verdünnten Saftes statt Tee (weil wirksamer als dieser) bei katarrhalischen Erkrankungen der Atmungs- oder Verdauungsorgane. In der modernen Homöopathie werden Verdünnungen von Brunnenkressesaft auch bei Nervenschmerzen therapeutisch eingesetzt.

Anmerkungen
Bei Kropfleiden und Fettsucht sollten Heilanwendungen von Brunnenkresse nur unter ärztlicher Aufsicht erfolgen. Grundsätzlich muß vor Überdosierungen gewarnt werden, und während der Schwangerschaft ist Brunnenkresse weitgehend zu meiden (unbedenklich nur als Salatwürze).

Ocimum basilicum
Basilikum, Basilienkraut
Merkmale: Wahrscheinlich aus Indien stammendes, in Vorderasien früh als Würz- und Zierpflanze kultiviertes, von Kreuzrittern nach Europa gebrachtes und hier seit dem 12. Jahrhundert (zunächst als Topfpflanze) eingebürgertes, einjähriges Lippenblütler-Gewächs. Man zieht (März/April) im Treibhaus oder Frühbeet Setzlinge, die man in lockerer Gruppierung (April/Mai) an sonnigem Standort in leichten, nährstoffreichen, leidlich feuchten Boden auspflanzt. Die Pflänzchen sind recht schädlingsanfällig, erreichen aber unter günstigen Voraussetzungen strauchartigen Wuchs bis etwa Halbmeterhöhe; an sonnigen Standorten verwildernd.
Stengel vierkantig, brüchig, strauchig verzweigt. Blätter länglich-eiförmig bis lanzettförmig. Lippenblüten (Juni–September) weiß, gelblich oder rötlich, in quirlig-traubiger Anordnung an den Blattachseln.
Ernte-/Sammelgut: aufblühendes Kraut ab Juni etwa 10 cm über Bodenniveau abschneiden; dies ist – infolge neuen Nachtreibens – mehrmals möglich; erst ab September völlig (mit Wurzeln) ausreißen. – Trocknen (einschließlich der gründlich zu waschenden Wurzeln) nicht über 35° Wärme, da sich sonst ätherisches Öl verflüchtigt. Aufbewahrung unter Licht- und Feuchtigkeitsabschluß.

Küchenwürze
Basilikum-Grün dient (gehackt, feingewiegt) als pikant-süßliche Würze für Salate (Gurken, Tomaten), mannigfaltige Rohkost- sowie Quarkspeisen und Meeresfrüchte-Cocktails (Hummer, Krabben etc.). Getrocknet und im Mörser zerstoßen würzt es Soßen, Fleisch- und Fischgerichte aller Art.

Heilkunde
Basilienkraut wirkt allgemein krampflösend und beruhigend, blähung- und schweißtreibend sowie stuhlregulierend.
Teeaufguß: 2–3 Teelöffel Trockengut auf 1 Tasse; 2–3 Tassen als Tagesdosis.
Abkochung von Basilien- und Hirtentäschelkraut (Capsella bursa-pastoris) – anfangs wie Tee, später kräftiger anzusetzen – für Waschungen bei entzündlichen Hautleiden (z. B. Wundsein, Wolf bzw. Intertrigo).

Oenothera biennis
Gemeine Nachtkerze
Merkmale: Namengebende Vertreterin einer eigenen, aus Amerika in Europa eingebürgerten Gattung der Nachtkerzengewächse (Oenotheraceae, Onagraceae). Zweijährige, bis meterhohe Wildpflanze auf Ödland und Schuttgrund, an Böschungen, Halden und Bahndämmen, bevorzugt auch auf Industriegeländen wachsend und auf sandig-kiesigem Boden kultivierbar. – Enge Verwandte: Chicago-Nachtkerze (Oenothera chicaginensis), Kleinblütige Nachtkerze (Oenothera parviflora) und andere Arten und Formen.
Stengel aufrecht, kantig. Blätter eilanzettförmig, mit allenfalls sparsamer Zähnung. Blüte (Juni–August) gelb, mit langer Röhre und vor allem nachts (Bestäubung durch Nachtfalter) weit spreizenden Kronblättern, in endständigen Blütenähren.
Sammel-/Erntegut: die rübenartig verdickte Oenothera-Wurzel, am besten im Frühling des zweiten Jahres.

Küchenwürze
Gewaschene und geschabte Nachtkerzenwurzel kann man (in feingeschnittenen Scheibchen) Mischsalaten zugeben, mit frischem Meerrettich (dessen Schärfe mildernd) reiben, vor allem aber in Gemüsen mitdünsten oder selbst wie Schwarzwurzel (Scorzonera hispanica) zubereiten.

Origanum hortensis (O. majorana)
Echter oder Garten-Majoran, Wurstkraut – Siehe: Majorana hortensis

Origanum vulgare
Gemeiner Dost, Dosten, Dorant, Oregano, Wilder Majoran, Maran, Mutterkraut, Costenz
Merkmale: Einzige mitteleuropäische Art einer vor allem im östlichen Mittelmeerraum und im westlichen Asien verbreiteten, dem Majoran (Majorana hortensis) eng verwandten Lippenblütler-Gattung. Dost wächst als krautige, mit einem verholzenden Wurzelstock überwinternde Staude bis etwa 60 cm hoch wild auf trockenem Grasland (Wiesen, Weiden, Böschungen), sonnigen Hängen und Rainen sowie in lichten Gehölzen (Gebüsch und Wald), ist als gute Bienenweide geschätzt und in klimagünstigen Lagen auf überwiegend trockenen Böden auch leicht zu kultivieren.

Stengel meist steif aufgerichtet, samtig behaart, im oberen Pflanzenteil rötlich-braun gefärbt. Blätter gekreuzt gegenständig, spitz-eiförmig mit glattem Rand, dunkelgrün, schwach behaart. Blüten (Juni–September) creme- bis purpurrot, selten weiß, in kugeligen Doldenrispen. Rundpyramidenförmig ist der Blütenstand bei der vor allem in Süddeutschland als »Wintermajoran« kultivierten Unterart Origanum vulgare ssp. prismaticum. – Oregano-Pflanzen (sowohl »Wilder« als auch »Winter-Majoran«) verströmen einen stark aromatischen, an Majoran (Majorana hortensis) erinnernden Duft und schmecken herb-würzig.
Sammel-/Erntegut: blühendes Kraut ohne Wurzeln Juni–September. – Beim Auslegen oder Bündeln zum Lufttrocknen (nicht über 35° C) entferne man harte Stengelteile älterer Pflanzen sowie durch Schädlingsbefall gezeichnete (deformierte) Pflanzenteile. – Für Heilzwecke dürfen Drogen von Dost (Origanum) und Majoran (Majorana) nicht willkürlich vermischt werden!

Küchenwürze
Der – handelsüblich meist als Oregano bezeichnete – Dost läßt sich als Küchenwürze weitgehend wie Majoran gebrauchen, ist jedoch noch etwas kräftiger im Aroma und Geschmack und entsprechend mäßiger zu dosieren. Ansonsten gelten dieselben Regeln: Das grüne Kraut (kleingeschnitten, gehackt) als Salat- oder Aufstrichwürze für Fett-, Käse- und Wurstbrote sowie nichtsüße Quarkzubereitungen, nicht zuletzt in Verbindung mit Kartoffeln. Auch grüner Oregano taugt nicht zum Kochen, kann aber als Grüngewürz tiefgekühlt werden. – Im Mörser zerriebenes, gegebenenfalls auch gemahlenes Trokkengut ist ein traditionelles Wurst- und sehr beliebtes Pizza-Gewürz sowie zur Geschmacksveredelung und Garnierung von Suppen, Soßen, Gemüsen, Eintopf- und Fleischgerichten (einschließlich Wild und Geflügel) bestens geeignet.

Oenothera biennis (Nachtkerze)

Heilkunde
Die Dost-Droge wirkt allgemein krampf- und schleimlösend, blähung- und wassertreibend, gallefördernd, stoffwechselanregend und fäulniswidrig. Sie ist Bestandteil zahlreicher Kräuterteemischungen und pharmazeutischer Präparate, hat ihren festen Stellenwert nicht zuletzt in der Chemie der Hustenmittel.
Teeaufguß: 1 Teelöffel Trockengut (knapp zu bemessen) auf 1 Tasse; 2 Tassen als Tagesdosis, zu empfehlen bei bronchialkatarrhalischen und -asthmatischen Zuständen, Krampfhusten und Verdauungskrämpfen bzw. prophylaktisch bei leichteren Störungen im Verdauungstrakt sowie zur Stärkung der Beckenorgane.
Dostenöl: Man läßt eine gute Handvoll Kraut während wenigstens zwei Wochen in $^1/_2$ Liter reinem Pflanzenöl (Lein-, Oliven-, Distelöl o. a.) an sommerwarmem, jedoch dunklem Ort (keinesfalls in der Sonne!) »kalt ausziehen«, seiht dann an und preßt den Rückstand aus. Das so angereicherte Öl kann (mehrmals täglich einige Tropfen in einem geeigneten Getränk, z. B. Haustee, eingenommen) den Dost-Teetrank ersetzen, bei gleichen Indikationen.
Dostenöl wirkt intensiv krampflösend und nervenstärkend – darf aber nicht überdosiert werden. Empfehlenswert: ein paar Tropfen Öl ins Gurgelwasser bei Verschleimungen der Atemwege. Auch Inhalationen mit Dost-Dämpfen bei Asthma, Keuch- und Krampfhusten: Einige Tropfen Dostenöl in ein Gefäß mit kochendem Wasser geben, den Kopf darüberbeugen, mit einem rings überhängenden Tuch verhängen und die Dämpfe einatmen.

Origanum vulgare (Echter Dost, Wilder Majoran), Blüte Juli–Oktober

Schließlich dient das Dostenöl auch zu Einreibungen bei rheumatischen Beschwerden, Nervenschmerzen u. a.
Auflagen/Umschläge: Bei Ohren-, Zahn-, Hals- und Leibschmerzen bzw. Magenkrämpfen Dostkraut und andere Kräuter (siehe Anmerkungen!) kurz überbrühen und als Kräuterkissen im Leinensäckchen recht warm auflegen. – Kräuterkissen mit Dost für Waschungen und Bäder vor allem bei juckenden Ausschlägen und Ekzemen, auch der Kopfhaut, in heiß eingelassenem Wasser bis zur Abkühlung auf körperverträgliche Temperatur ziehen lassen.

Anmerkungen
Zur Kräuterkissen-Bereitung eignen sich ergänzend vornehmlich: Andorn (Marrubium), Kamille (Matricaria), Nelkenwurz (Geum), Salbei (Salvia), Schachtelhalm (Equisetum), Taubnessel (Lamium) und Thymian (Thymus).

Oxalis
Sauerklee
Artenreichste von 8 Gattungen der Sauerkleegewächse, die als botanische Familie zur Ordnung der Storchschnabelpflanzen gehören. Davon die wichtigsten hierzulande anzutreffenden Wildkräuter:

Oxalis acetosella
Wald-Sauerklee: niederwüchsiges Kraut in Laub- und Mischwäldern, aus kriechendem Wurzelstock in mäßig saurem Humus unmittelbar (langgestielt) blatt- und blütetreibend. Blätter endständig, klee-typisch klappherzförmig, dreizählig. Blüten (April/Mai) endständig, weiß, rötlich geädert.

Oxalis dillenii bzw. Oxalis europaea
Gelb- bzw. kleinblütiger Steifer Sauerklee, als Unkraut auf Kulturland weitverbreitet.
Sammelgut: stets die jungen Blätter.

Küchenwürze
Sauerklee gibt, sehr sparsam angewandt, eine reizvolle Würze für Grün- und Mischsalate, Kartoffel- und Quarkspeisen sowie fette Brotaufstriche (Butter, Schmalz) ab. Jedoch immer nur wenig Blätter (gehackt/feingewiegt) gebrauchen, da Sauerklee in höherer Dosierung nierenschädliche Oxalsäure enthält!

Pastinaca sativa
Gemeiner Pastinak, auch Pasternak
Merkmale: Zweijähriges Doldengewächs, bis meterhoch wildwachsend auf nicht zu feuchtem Feld- und Wiesenterrain, an Wegen und Böschungen sowie in Steinbrüchen. In Zuchtformen mit besonders fleischigen Wurzeln angebaut.
Stengel aufrecht, längsgerieft bis -rillig. Blätter gefiedert/fiederschnittig. Blüte (Juli–September) gelb, hüllenlos, mit vielen kleinen Köpfchen in gestielten sowie stengelendständigen, locker zusammengesetzten Dolden. Früchte breitelliptisch, linsenähnlich abgeflacht mit schmal geflügeltem Rand.
Sammel-/Erntegut: junge Blätter und Triebe bis Juli; die rübenartig verdickte Wurzel am besten im Frühling des zweiten Wachstumsjahres.

Küchenwürze
Mit jungem Pastinak-Grün würzt man vornehmlich »ungrüne« Salate (Kartoffel, Sellerie, Rettich u. a.) sowie Kräutersuppen. Die Wurzeln – früher speziell als Gemüse gezogen – können Gemüse-Salaten beigegeben oder eigenständig entsprechend zubereitet werden.

Petroselinum crispum
(P. hortense, P. sativum)
Echte oder Garten-Petersilie, Peterling, Eppich, Bittersilche, Steinsilge, Silk
Merkmale: Schon im klassischen Altertum als Würzpflanze geschätztes Doldengewächs; meist zweijähriges Kraut oder ausdauernde, bis 90 cm hohe Staude, in verschiedenen Zuchtformen kultiviert oder aus Anpflan-

zungen verwildert. Petersilie ist recht anspruchslos, gedeiht jedoch am besten im Halbschatten auf sandig-humosem Boden. Man sät, wenn möglich, schon im Februar (wegen recht langer Keimzeit), beläßt die Wurzeln auch während der kalten Jahreszeit im Erdreich oder packt sie zum schadlosen Überwintern im Keller in Sand. Stengel kantig, stark ästig. Blätter glatt, glänzend (Blattpetersilie) oder stark gekraust (Kraus- oder Schnittpetersilie), 3fach gefiedert. Blüten (Juni–August) zahlreich, klein, in flacher Dolde, gelblich (bei der selteneren Wildart Petroselinum segetum weiß). Samenfrüchte flach-rundlich, grau getönt. Pfahlwurzel weiß, dünn, spindelförmig oder gelblich und rübenförmig verdickt (Wurzelpetersilie). Die ganze Pflanze strömt einen mildaromatischen Würzduft aus.

Ernte-/Sammelgut: als Küchenwürze grünes Kraut jederzeit; Wurzel am besten März/April und September/Oktober; für Heilzwecke Kraut mit Blüten und/oder Früchten Juni bis August/September; Samenfrüchte August/September. – Vorsicht vor Verwechslung mit der hochgiftigen Hundspetersilie(Aethusa cynapium), siehe Anmerkungen!

Küchenwürze

Zu Würzzwecken dienen Blätter und Wurzeln der Petersilie, nicht jedoch die Samenfrüchte. Petersilienwurzel ist von altersher Bestandteil des zum Mitkochen bestimmten Suppengrüns – im Gegensatz zum grünen Blattgut, das nicht gekocht werden darf, wohl aber zu allzeitiger Verfügung tiefgekühlt werden kann. Die glattblättrige Petersilie ist geschmacksintensiver als die krausblättrige, der jedoch zum – zugleich würzenden – Garnieren von Fleisch- und Fisch-, Kartoffel- und Reisgerichten, Aufläufen, Eierspeisen und Kalten Platten meist der Vorzug gegeben wird. Feingehackt (oder auch getrocknet und im Mörser zerstoßen) eignet sich Petersiliengrün (wie auch getrocknete und gemahlene Wurzel) als vielseitig verwendbare Salat- und Gemüse-, Suppen- und Soßenwürze, für Eintopf- und Teigwarengerichte, Käsezubereitungen und Kräuterbutter (Trockengut muß weichen können!), frisch auch als leckere Auflage bei fetten Brotaufstrichen. Petersilienwurzel kann auch pur als schmackhafte Rohkost gegessen oder als Wurzelsalat zubereitet werden.

Heilkunde

Grüne Petersilie enthält viel Vitamin C, wirkt appetitanregend, verdauungsfördernd, blutbildend, krampfstillend, blähung- und wassertreibend. In P. A. Mattiolis Kräuterbuch von 1563 ist zu lesen: »Alle Geschlecht des Eppichs treiben den Harn, Stein und Frauenzeit (Menstruation – d. Red.). Öffnen die innerliche Verstopfung, dienen derhalben wider die Geelsucht und Wassersucht . . . Petersilien Wurzel und Kraut sind insonderheit nutz und gut in aller Speis, denn sie drukken nieder die Aufblähung des Magens . . .« Die derart als »eröffnende« Droge gepriesene Petersilie wurde auch durch jüngere Erkenntnisse als solche bestätigt. Als besonders wirksam erwiesen sich die Samenfrüchte, deren Verwendung jedoch nur sehr sparsam und insbesondere bei Nierenleiden nicht ohne ärztliche Aufsicht erfolgen sollte.

Oxalis acetosella (Sauerklee), eine ausgesprochene Schattenpflanze; bei starker Besonnung schließen sich die Blüten. Schwach giftig.

In den Samen der Pflanze ist der Anteil an ätherischem Öl besonders hoch, und dieses enthält die giftige Substanz Apiol. Sie hat Einfluß auf das Sexualnervensystem und wirkt insbesondere uteruserregend; daher war sie früher, von Kräuterkundigen extrahiert, als Aphrodisiakum wie auch als Abortivum (Abtreibungsmittel) in Gebrauch. In hoher Dosierung ruft sie – ähnlich den aus Indischem Hanf (Cannabis indica) oder Schlafmohn (Papaver somniferum) gewonnenen Drogen – Rauschzustände hervor.

Teeaufguß bereite man möglichst aus dem frischen Kraut (auch mit Blüten, aber allenfalls wenigen Samenfrüchten) und kleingeschnittener Wurzel: 10 g auf 1 Tasse als wirksame und ausreichende Tagesdosis (schluckweise einnehmen) bei Verdauungsschwäche, Wasseransammlungen (dicke Füße, Beine, Bauchwassersucht etc.), Blähungen, Blasen- und Leberbeschwerden, Gelbsucht, Unterleibskrämpfen (Arzt!) und Menstruationsschwäche.

Abkochung: 10 g Frisch- oder 1 Eßlöffel Trockengut (jedoch höchstens 1 Teelöffel Samenfrüchte) auf 1 Tasse; 2 Tassen als Tagesdosis, wie Tee zu gebrauchen oder in Fleischbrühe zu trinken. – Zu äußerlicher Anwendung empfiehlt sich Petersilienabsud als wohltuendes und heilwirksames Augenbad bei entzündeten Augen und allen zum (nicht ratsamen) Augenreiben verleitenden Beschwerden.

Gequetschtes Kraut als (mehrfach zu erneuernde) Auflage wirkt lindernd und abschwellend bei Insektenstichen, Drüsenschwellungen, Prellungen, Quetschungen, Zahn- und Ohrenschmerzen.

Frischsaft, aus Kraut und Wurzel gepreßt, nimmt man (3–4 Teelöffel täglich) unverdünnt oder in Fleischbrühe ein. Ein mit Saft getränktes Leinenläppchen oder Mull als Auflage tut denselben Dienst wie gequetschtes Kraut.

Tinktur, aus Frischsaft und der gleichen Menge Weingeist oder klarem Branntwein bereitet, dient zum Einnehmen (3–4mal täglich 10 Tropfen) sowie äußerlich zum beschwerdelindernden (kühlenden) Bepinseln von Insektenstichen, geschwollenen Wangen (Zahnschmerzen) u. a.

Petersilienwasser (Apotheke) kann eßlöffelweise eingenommen werden, mehrmals täglich, jedoch nicht im Übermaß.

Petersilienöl (Apotheke), aus den Samen gewonnen, ist äußerst sparsam zu gebrauchen: 3mal täglich 3–5 Tropfen auf Zucker oder Brotwürfel, oder nach ärztlicher Vorschrift. Es ist ein bewährtes Mittel bei Entzündungen der Harnwege, der Prostata, bei Menstruationsstörungen und anderen Unterleibsbeschwerden (Frauenleiden).

Anmerkungen

Bei der Gartenpetersilie sollten Früchte bzw. Samen grundsätzlich nicht gegessen werden. Bei der im Erscheinungsbild ähnlichen Hundspetersilie (Aethusa cynapium) ist die ganze Pflanze stark giftig! Da sie auch als Acker- und Gartenunkraut auftritt, ist beim Petersilienernten und -sammeln Vorsicht vor Verwechslungen geboten. Die Hundspetersilie hat (wie Petroselinum segetum, jedoch im Gegensatz zur Gartenpetersilie) weiße Blüten, wie Blattpetersilie glatte, glänzende (niemals gekrauste) Blätter, die jedoch beim – dies dient als Erkennungsmerkmal – Reiben einen ausgesprochen unangenehmen Geruch verbreiten.

Phyteuma spicatum
Weiße oder Ährige Teufelskralle, Ährige Rapunzel, Waldrapunzel
Merkmale: Teufelskralle, eine in Mittel- und Südeuropa heimische Gattung bis 80 cm hoher, ausdauernder Kräuter aus der Familie der Glockenblumengewächse, verdankt ihren Namen ihren meist krallenartig gebogenen Blütenknospen. Von den 7 bei uns wildwachsenden Arten ist Phyteuma spicatum die – außer in Nordwestdeutschland – am weitesten verbreitete; wir finden die Weiße oder Ährige Teufelskralle vornehmlich in Laub- und lichten Nadelwäldern sowie auf Wiesen und Weiden.
Stengel streng aufgerichtet. Grundblätter langgestielt, groß, herzförmig, oft mit dunklen Flecken; Stengelblätter stiellos wechselständig, vergleichsweise klein, lang-lanzettförmig. Blüten (Mai–Juli) gelblichweiß, in dichtbesetzten, ei- bis lang-walzenförmigen Ähren. Wurzeln kräftig, fleischig.

Phyteuma nigrum
Schwarze Teufelskralle, Schwarze Rapunzel: eine vor allem in den Mittelgebirgen heimische Art von fast identischem Erscheinungsbild, ist gekennzeichnet durch dunkel blauviolett bis schwarzblau gefärbte Blüten in etwas gedrungeneren Ähren.
Sammelgut von beiden Arten: junge Blütenähren im Frühling; Wurzeln im Herbst (und zwar möglichst nicht vor dem – die Neusaat sicherstellenden – Aufspringen der Kapselfrüchte).

Küchenwürze
Die jungen Blütenstände der Teufelskralle dienen als (kochfähiger) würzender Zusatz sowohl zu Grün- und Mischsalaten als auch zu Gemüsen (Spinat) und Gemüse- und Kräutersuppen. Bei reichlicher Sammelausbeute lohnt es sich, als schmackhafte Abwechslung bei Tisch, die Rapunzel-Ähren wie Blumenkohl als eigenständiges Gemüse zuzubereiten. Die Wurzeln geben ein ausgezeichnetes Wurzelgemüse ab.

Anmerkungen
Als Rapunzel bezeichnet wird auch Campanula rapunculus, eine auf Grasland und als Ackerunkraut weit verbreitete Art der Gattung Glockenblume (Campanula) mit fünfspaltiger, tatsächlich glockenförmiger Blütenkrone. Die Wurzeln dieser Rapunzel-Glockenblume sind ebenfalls als Wurzelgemüse zu nutzen.

Pimpinella anisum
Echter Anis
Merkmale: Im Vorderen Orient heimische, wahrscheinlich bereits im Alten Ägypten als Gewürzpflanze kultivierte und von den Römern in Mitteleuropa verbreitete Art der Doldengewächsgattung Pimpinella. Anis wächst bei uns gelegentlich wild, bis annähernd meterhoch, an der Südseite bzw. im Windschatten von Umfassungen sowie auf gut besonnten Wiesen, wird jedoch überwiegend angebaut, nicht zuletzt auch als attraktive Bienenweide: Aussaat des einjährigen Krautes Ende März/April in recht locker-humosen, bevorzugt sandiglehmigen (kalkhaltigen) Boden in klimagünstiger Lage; dabei ist auf etwa

10 cm Rundum-Abstand zwischen den – sehr langsam keimenden – Pflanzen zu achten.
Stengel hohl, aufrecht, ästig, leicht gerillt und weich behaart. Blätter in für die Anispflanze charakteristischer, dreifacher Stufung: Die langgestielt grundständigen Blätter (deren Rosette zeitlich vor dem Stengel erscheint) sind ungeteilt rundlich, gezähnt; darauf folgen in der Höhe zunächst ebenfalls langgestielte, gefiederte und schließlich kurzgestielte Stengelblätter mit lanzettförmigen Teilblättern. Blüten (Juni–August) klein, weiß, in großen, flachen, locker zusammengesetzten Dolden. Die grün- bis gelbbraunen Spaltfrüchte (Doppelachänen) sind eirund, schwach längsgerillt und weich anliegend behaart. Die Aniswurzel ist spindelförmig. Das ganze Kraut verbreitet angenehm süßlichen, charakteristischen Anisduft.
Ernte-/Sammelgut: reife Früchte Juli–September. Da die Früchte aber bei Vollreife sehr rasch abfallen, empfiehlt es sich, schon das soeben abgeblühte Kraut im Ganzen zu schneiden und zur Nachreifung der Früchte in Büscheln über Papier aufzuhängen. Die ausfallenden und die restlich auszuklopfenden Samenfrüchte sind nicht über 35° zu trocknen und sodann unter Licht- und Luftabschluß aufzubewahren.

Küchenwürze
Die getrockneten Früchte der Anispflanze sind ein traditionsreiches Backgewürz (Anisplätzchen, Kräutergebäck, Früchtebrot), willkommen auch in – meist süßsauer zubereiteten – Gemüsen und Misch- bzw. Obstsalaten, Pflaumenmus sowie mannigfaltigen Süßspeisen und in Milchmixgetränken. Hierfür mahle man die Anis-Achänen – soweit Pulverisierung erwünscht ist – möglichst erst unmittelbar vor Gebrauch und in nicht zu großen Mengen, da gemahlener Anis Aroma und Würzkraft sehr bald einbüßt. Was den Anis in Duft und Geschmack – nur scheinbar unverwechselbar – charakterisiert, ist die im ätherischen Öl dieser wie auch einiger anderer Pflanzen (z. B. Fenchel, siehe Foeniculum vulgare) enthaltene Substanz Anethol. Sie findet sich in hoher Konzentration auch in dem zur botanischen Ordnung der Magnolienpflanzen (Magnoliales) gerechneten, im süd- und indochinesischen Raum heimischen Bäumchen Illicium verum (Echter Sternanis). Dessen – heute im Plantagenanbau – gewonnene Früchte (Sternanis) ersetzen in Backwarenindustrie, Branntwein- und Likörherstellung, aber auch schon in den Haushalten hierzulande zunehmend den einheimischen Echten Anis.

Heilkunde
Die Samendroge des Echten Anis wirkt stark krampfstillend, schleimlösend und -auflösend, auswurffördernd, blähungstreibend, Appetit und Verdauung anregend, dabei allgemein wohlig wärmend und letztlich nervenberuhigend. Anis ist Bestandteil vieler Brust- und Lungen-, Blutreinigungs- und (galletreibender) Entfettungs-Kräutertees.
Samen pur – abends, gut eine Viertelstunde vor dem Zubettgehen – zu kauen, ist dem Ein- und Durchschlafen nützlich. Und durchaus ernstzunehmen ist, was schon Adamus Lonicerus in seinem »Kreuterbuch« anno

1679 schrieb: »Enіß (Anis – d. Red.) und Fenchelsamen brigen den Frauen viel Milch. Eniß gegessen, ist gut der verstopften Leber und macht wohl harnen ... Eröffnet die verstopfte Niere und Blase, vertreibt die Winde, welche die Därme blähen und den Magen beschweren.« Und, nicht zu unterschlagen: Anis »bringt den Frauen und Männern eine Begierde zum Beischlaf und mehret den Samen, in der Speis genossen«.

Teeaufguß: 1 Teelöffel Samen auf 1 Tasse; 1–2 Tassen als Tagesdosis bei Husten, Asthma, Katarrhen der Atem- und/oder Verdauungswege, Eingeweidekrämpfen (Blähungen). Anistee – unter möglichst langem Luftanhalten in möglichst vielen kleinen Schlucken zu trinken – ist auch ein altes Volksheilmittel gegen Schluckauf.

Abkochung: für Kinder 1 Teelöffel (Erwachsene 1 Eßlöffel) Anissamen auf 1 Tasse Milch; gut 5 Minuten kochen und warm (nicht zu heiß) trinken gegen Leibweh/Bauchgrimmen. Für kleine Kinder 1–2 Teelöffel der Abkochung (in Milch oder Wasser) in die übliche Nahrungsmenge mischen, um sowohl Verdauungsbeschwerden als auch Wurmbefall vorzubeugen oder in akuten Fällen (mit etwas höherer Dosierung) zu begegnen.

Anisöl (Apotheke) ist innerlich nur tropfenweise (mehrmals täglich auf Zucker oder Brotwürfel) anzuwenden, vor allem bei Lungen-, Bronchial- und Darmleiden sowie zur Anregung der Brustdrüsen stillender Mütter. Zu Mund- und Rachenspülungen gibt man ein paar Tropfen davon ins Mundwasser. Zur Gehörgangspülung bei Ohrenbeschwerden empfiehlt sich eine mit der Pipette einzuträufelnde Mischung mit Rosenöl. Örtliche Einreibungen mit Anisöl sind gut bei Katarrhen (auch Stirnhöhlenkatarrh) und Verkrampfungen sowie gegen Läuse (der Kopfhaut, z. B. in öffentlichen Sandkästen spielender Kinder).

Zum Inhalieren (bei Verschleimungen der Atemwege) und zugleich als porenreinigendes Gesichts-Dampfbad gebe man 10–15 Tropfen Anisöl auf kochendes Wasser in einem geeigneten Gefäß (von nicht zu großer Oberfläche) und beuge den Kopf, mit einem überhängenden Tuch bedeckt, darüber. – Adamus Lonicerus: »Eniß ist gut zu dem aufgeblasenen oder aufgetriebenen Antlitz, ein Rauch davon gemacht und in die Nase gelassen.«

Sirup: 1–2 Tropfen Anisöl auf 1 Eßlöffel Bienenhonig oder Zuckermelasse; 2–3mal täglich 1 Eßlöffel zur Sanierung von Atem- und Verdauungswegen.

Tinktur: Je 15 g im Mörser zerstoßenen Anis- und Fenchelsamen (Foeniculum vulgare) mit 3 Eßlöffeln Zucker und etwa 1/4 der Schale einer mittelgroßen Zitrone in 1/2 Liter Weingeist bzw. Branntwein ansetzen, mindestens 24 Stunden an dunklem, warmem Ort ziehen lassen; abseihen. Von dieser Tinktur nimmt man täglich 1–2 Schnapsgläschen voll bei Appetitlosigkeit, motorischer Unruhe, Verschleimungen und Blähungen.

Pimpinella major

Große Bibernelle, Pimpinelle, Pimpernell, Roßbibernelle, Bockspetersilie, Pfefferwurz

Merkmale: Sehr viel weniger populär als der Echte Anis (Pimpinella ani-

sum), obwohl derselben Doldengewächs-Gattung zugehörend und gleichfalls sowohl in der Küche als auch in der Heilkunde nutzbar, sind die Echten Bibernellen: ausdauernde, kalkhaltige Böden bevorzugende Wild- bzw. Wiesenkräuter mit im Rohzustand nicht allzu angenehm riechender Wurzel, deren Fleisch beißend scharf (wie Pfeffer) schmeckt. – Pimpinella major, die Große Bibernelle, erreicht Meterhöhe auf Fettwiesen und -weiden, insbesondere in sonnigen Hanglagen höherer Regionen.
Stengel hohl, kantig gefurcht, in ganzer Höhe blatttragend. Blätter gestielt, einfach-unpaarig gefiedert, mit ungestielt sitzenden, eiförmigen, zahnrandigen Fiederblättern. Blüten (Juni–September) gelblich-, rötlich- oder reinweiß, in locker zusammengesetzten Dolden. Braune Spaltfrüchte. Wurzel kräftig, fleischig, meist spindelförmig, ästig, mit brauner Rinde und weißem Fleisch.
Sammelgut: Wurzeln älterer Stauden März–Mai, jüngerer Pflanzen September/Oktober. Die Wurzeln so weitgehend wie möglich trocken reinigen und nur kurz unter fließendem Wasser abbürsten, da sie für den Küchengebrauch nicht vorzeitig – und für die Trocknung zu Heilzwecken schon gar kein – Wasser aufnehmen bzw. ätherisches Öl abgeben sollen. Zum Trocknen gründlich abschütteln oder mit einem sauberen Leinenlappen abdrükken und an warm-luftigem, schattigem Ort auf Spanhorden o. ä. ausbreiten. Das Trockengut ist licht- und luft(feuchtigkeits)sicher aufzubewahren.

Küchenwürze und Heilkunde
Pimpinella major ist ebenso zu gebrauchen wie die Kleine Bibernelle (Pimpinella saxifraga – siehe dort!).

Anmerkungen
Das Hantieren mit Bibernellenwurzeln kann bei entsprechender (allergischer) Disposition Hauterkrankungen (Photodermatosen) hervorrufen, wenn ihr (scharf schmeckender) Inhaltsstoff Furocumarin photosynthetisch mit Sonnenlicht reagieren kann. – Furocumarin ist auch z. B. in Apium graveolens (Sellerie), Heracleum sphondylium (Bärenklau), Levisticum officinale (Liebstöckel), Pastinaca sativa (Pastinak) und Petroselinum crispum (Petersilie) enthalten. Beim Verzehr zubereiteter Speisen sowie in heilkundlichen Anwendungsformen bleibt diese Substanz ohne nachteilige Wirkung.
Bei dem volkstümlich als »Bibernell« bezeichneten Würzkraut handelt es sich nicht um das Doldengewächs Bibernelle, sondern um den einer Gattung der Rosenartigen (Familie Rosaceae) zuzurechnenden Kleinen Wiesenknopf (siehe Sanguisorba minor).

Pimpinella saxifraga
Kleine Bibernelle, Pimpernell, Stein- oder Roßbibernelle, Steinpeterlein, Bockspetersilie, Pfefferwurz
Merkmale: Die kleine Schwester der Großen Bibernelle (Pimpinella major) wird kaum halbmeterhoch auf mageren Wiesen und Weiden, an Böschungen und Wegrändern sowie in lichten Gehölzen.
Stengel ästig, stielrund, schwach gerillt und weich behaart, im oberen Pflanzenteil weitgehend kahl. Blätter gestielt, einfach-unpaarig gefiedert, mit ungestielt sitzenden, eiförmigen, ge-

zähnten Fiederblättchen. Blüten (Juni–September) gelblich-, rötlich- oder reinweiß, in locker zusammengesetzten, oft paarig stehenden Dolden. Braune Spaltfrüchte. Wurzel dick walzen- oder spindelförmig, weiß-fleischig mit starkem, nicht eigentlich angenehmen Geruch und beißend scharfem Geschmack.

Sammelgut: Wurzeln nicht allzu junger Stauden März–Mai. Behandlung wie Pimpinella major.

Küchenwürze

Die Wurzeln der Großen und der Kleinen Bibernelle wurden früher häufig als Wildgemüse gesammelt, denn Kochen, Dünsten oder Braten verbessern ihr Aroma und mildern ihre Schärfe. Bibernellenwurzel ist mithin als Rohkost nicht empfehlenswert, eignet sich jedoch – in Scheiben geschnitten, gewürfelt oder grob geraspelt – als pikant würzender Zusatz zu Gemüsen und Gemüsesuppen, Bohnen- und Kartoffelgerichten etc. Und man kann sie auch – etwa nach Art von Sellerie- oder Schwarzwurzel – zu eigenständigen Gerichten zubereiten.

Heilkunde

Bibernellwurzel regt die Sekretion von Haut- und Schleimhautdrüsen sowie die Harnausscheidung an, wirkt sowohl appetitanregend und verdauungsfördernd als auch schleimlösend und entzündungswidrig. – In Adamus Lonicerus' »Kreuterbuch« von 1679 steht geschrieben: »Die Wurzel der Bibinell in Wein gesotten, den getrunken, treibt das vergiftete Geblüt vom Herzen ab und stillet auch das Hauptwehe (Kopfschmerz – d. Red.). So ein Mensch bis in die Hirnschale verwundet ist, der tropfe Bibinellsaft hinein, er heilet ohne Schaden, ferner auch das Geschwer und andere Wunden. Bibinell mit Senfsamen und Essig gemischt, macht schwitzen und zieht Gift und böse Feuchtigkeit heraus. In Wein gesotten und getrunken, vertreibt die Lendensucht (Wassersucht – d. Red.). Ist gut für den bösen Husten und räumet die Pest, bricht den Stein in Nieren und Blase. Ist auch gut gegen den Kaltseich, hilft gut wider die Verstopfung von Milz und Leber, macht harnen.«

Teeaufguß: 1–2 Teelöffel getrockneter und zerstoßener Wurzel auf 1 Tasse; 2–3 Tassen als Tagesdosis (schluckweise trinken), vornehmlich bei Husten und Heiserkeit sowie Schwäche der Harn- und Verdauungsorgane (Durchfall).

Bis zu 5 Teelöffel Wurzeldroge auf 1 Tasse, Aufguß vor dem Abseihen 1 Stunde nachziehen lassen; alle 2 Stunden 1 Eßlöffel hiervon einnehmen bei Entzündungen und starken Verschleimungen im Atembereich, grippalen Infekten (auch Darmgrippe), Angina sowie Rheuma- und Gichtleiden.

Abkochung: 1–2 Teelöffel Trockengut je Tasse kalt ansetzen, während mehrerer Stunden ziehen lassen und erst dann aufkochen; 1–2 Tassen als Tagesdosis (schluckweise, nicht in einem Zug trinken) wie Tee.

Pulver: Feingemahlene Bibernellwurzel kann (1 Teelöffel je Tasse) auch in (Mineral-)Wasser, Haustee oder Kaffee eingerührt bzw. kurz aufgekocht und so 2–4mal täglich eingenommen werden. Als stark nierenreinigendes Mittel empfiehlt sich die Mischung (Aufkochung) der Pulverdrogen von Bibernelle, Tausendgüldenkraut

(Centaurium umbellatum) und Edel-Salbei (Salvia officinalis) in Weißwein.
Tinktur: 75–100 g Bibernelldroge in 500 g Weingeist oder klarem Branntwein ansetzen und während einer Woche an dunklem, warmem Ort ausziehen lassen. 1–2mal täglich 10–15 Tropfen der Tinktur auf Zucker, Brotwürfel oder in etwas Wasser einnehmen: vor allem bei chronischen Katarrhen der Atem- und/oder Verdauungswege (Durchfall), nervösem Herzklopfen und rheumatischen Beschwerden; weitere Indikationen wie Teeaufguß.
Gegen (entzündliche) Erkrankungen im Mund-Rachen-Halsbereich (z. B. Zähne/Zahnfleisch, Rachenmandeln, Zäpfchen u. a.), insbesondere Schluckbeschwerden, bereitet man aus 1 Teil Bibernell-Tinktur und 10 Teilen Wasser ein wirksames Gurgelwasser.

Anmerkungen
Vorsicht bei der erstmaligen Handhabung von Bibernellenwurzeln, wegen möglicher allergischer Reaktionen! – Siehe Anmerkungen zu Pimpinella major!

Polygonum hydropiper
Scharfer Knöterich, Wasserpfeffer
Merkmale: Einjähriges Kraut einer – in den gemäßigten Klimagürteln – rund um die Erde verbreiteten Gattung der Knöterichgewächse (Polygonaceae). Der Wasserpfeffer ist – selten über halbmeterhoch – fast überall auf feuchtem Grund zu finden: in Quellseichten und Uferschlamm, auf feuchten Wiesen, an Flurgräben und tiefliegenden Waldwegen.
Stengel streng aufrecht, knotig, blattreich. Blätter lang-lanzettförmig, krautig. Blüten (Juli bis September) klein, weiß-grünlich-rötlich, in dünnbesetzten, blattachsel- und endständigen, meist nickenden Scheinähren.
Sammelgut: junge Blättchen im Frühling und Frühsommer.

Küchenwürze
Die ganze Pflanze enthält ein pfefferscharfes ätherisches Öl, das in den jungen Blättchen gegenüber anderen, teils giftigen Inhaltsstoffen überwiegt. Feingeschnitten und – allein schon der Schärfe angemessen – sparsam gebraucht, ist das frische Wasserpfeffergrün als pikantes Salat-, Gemüse-, Suppen-, Soßen- und Pizzagewürz ebenso vertretbar wie empfehlenswert. Nur vor Überdosierung oder längerfristigem Dauergebrauch ist zu warnen.

Anmerkungen
Eng verwandt ist Polygonum amphibium (Wasserknöterich, Wasserflohkraut), das jedoch vor allem in stark versumpften Wiesen (mit überstehendem Wasser) sowie Uferbereichen stiller Gewässer (Weiher, Teiche, Tümpel) vorkommt. Seine Stengel und Blätter tendieren zur Schwimmlage, so daß bisweilen nur die Blütenstände aufragen. Junge Blätter dieses »unscharfen« Wasserknöterichs geben für sich ein leckeres Wildgemüse ab.

Portulaca oleracea
Gelber oder Gemüse-Portulak
Merkmale: In Europa heimisches, heute weltweit verbreitetes, einjähriges Portulakgewächs. Das niederliegende, kaum über 20 cm aufragende

Schutt- und Wegeunkraut ist besonders häufig auch in Kleingartenkolonien und Weinbergen zu finden sowie auf alten Fabrikgeländen und an Bahndämmen.

Stengel stark ästig, vielfach rötlich angelaufen. Blätter sukkulent (fleischig verdickt, wasserspeichernd), keilförmig, in schraubiger Anordnung (an eine Schiffsschraube erinnernd). Blüten (Juni–September) leuchtend gelb, ungestielt in den Blattgabeln sitzend.

Sammelgut: vollsaftige Blätter während des ganzen Vegetationsjahres.

Küchenwürze

Die sukkulenten Blätter des Portulak dienen als frischwürzende Zugabe zu

Portulaca oleracea

Grün- und Mischsalaten, Grün- und Wurzelgemüsen, Gemüse- und Kräutersuppen sowie Eintopfgerichten.

Anmerkungen

Eine sowohl in tropischen Regionen als auch in unseren gemäßigten Breiten – auf sandigem Boden an sonnigen Plätzen – speziell als ergiebige Würz- und Gemüsepflanze kultivierbare Unterart ist Portulaca oleracea var. sativa.

Pteridium aquilinum
Adlerfarn
Merkmale: Einzige Art der botanisch zu den Tüpfelfarnen (Filicales) zählenden Adlerfarn-Gattung (Pteridium). Die blütenlose Sporenpflanze ist von ebenso robuster Natur – gänzlich unbekannt lediglich in extremen Kälte- und Wärmezonen der Erde – wie von stattlichem Wuchs: Sie erreicht auch hierzulande bis 2 m Höhe, vornehmlich in lichten Wäldern (Eichen und Kiefern bevorzugt), Rodungen und Schonungen, aber auch (weniger hochwüchsig) auf Heiden und Weiden (wo sie als Futterpflanze für Jungrinder gefährlich werden kann, von »gestandenem Vieh« gemieden wird).
Der tiefliegende Wurzelstock dieses Erdfarns treibt alljährlich nur einen neuen, 2–3fach gefiederten Blattwedel aus. An der Unterseite der Fiederblätter erscheinen – im Schutz der nach unten gebogenen Blattränder, deren Linienführung dicht-punktuell nachzeichnend – die braunen Sporenhäufchen (Sporangien). Seinen Namen hat der Adlerfarn vom Querschnitt seines Blattwedel-Stiels: Schneidet man diesen mit einem scharfen Messer durch, so zeigt sich als Gefäßbündel-Muster das Wappenbild des Doppeladlers.
Sammelgut: die jungen, noch schneckenartig eingerollten (!) Blattspitzentriebe im Mai (auch wenig früher oder später).

Küchenwürze
Die »Farnschnecken« werden zunächst gewaschen (wobei ein Entfernen der Sporenklümpchen nicht erforderlich ist), dann kurz mit kochendem Wasser angebrüht. Hiernach kann man sie als vorzügliches Wildgemüse (Wildspinat) zubereiten oder – kleingeschnitten/gehackt – Blatt- und Wurzelgemüsen sowie Mischsalaten als würzenden Zusatz beimengen.

Anmerkungen
Um – im Zweifelsfall – sicher zu sein, daß es sich um Adlerfarn handelt, empfiehlt sich beim Sammeln unbedingt die Querschnittprobe (Adlerbild) am Stiel eines größeren Blattwedels derselben Pflanze. Deren ältere Teile sind jedoch als giftig anzusehen, so daß wirklich nur die jeweils jüngsten, noch eingerollten Teile, nicht jedoch bereits ausgebreiteten Fiederblätter genommen werden sollen.

Ranunculus ficaria
(Ficaria verna)
Feigwurz, Scharbockskraut
Merkmale: Kaum handhohe, nach Art bodenbedeckender Pflanzen niederliegende Hahnenfuß-Staude, auf nassem Grasland, unter Auengebüsch, in Obstgärten und Laubmischwäldern vielfach flächig verbreitet.
Stengel stielrund. Blätter gestielt, nieren- bis rundlich-herzförmig, von fettigem Glanz. Blüten (März–Mai) goldgelb, mit dreiblättrigem Kelch und mindestens 8 Kronblättern.
Botanisch namengebend sind die feigenförmigen Wurzelknollen, welche – im Verein mit in den Blattachseln sitzenden Brutknöllchen – die Art kennzeichnen. Dies ist sehr wichtig, da die Gattung Hahnenfuß (Ranunculus) – ebenso wie die ganze Familie der Hahnenfußgewächse (Ranunculaceae) – zahlreiche, zum Teil extrem giftige Arten umfaßt. Auch die Feig-

wurz ist nicht im Ganzen ungiftig, wohl aber im Detail unbedenklich genießbar.
Sammelgut: junge (!) Blätter ganzjährig; Brutknöllchen aus den Blattachseln abgeblühter Pflanzen.

Küchenwürze
Junge Feigwurzblättchen dienen (nicht im Übermaß gebrauchen!) als würzender Zusatz zu Blattsalaten und -gemüsen. Ihr hoher Vitamin-C-Gehalt erklärt ihre einstige Bedeutung im Kampf gegen die Vitaminmangelkrankheit Skorbut; daher der Name Scharbockskraut (Scharbock = Skorbut).
Die Brutknöllchen der Feigwurz dienen – ebenso wie Knospen von Gänseblümchen (Bellis perennis), Löwenzahn (Taraxacum officinale) u. a. – zur Bereitung »unechter Kapern« nach Art der Blütenknospen des mediterranen Echten oder Dornigen Kapernstrauchs (Capparis spinosa). Die Brutknöllchen von Ranunculus ficaria läßt man während 24 Stunden in einer starken Salzwasserlösung ziehen und legt sie dann – bevorzugt auch zusammen mit anderen »deutschen Kapern« – in Estragonessig ein.

Anmerkungen
Die großen, älteren Blätter des Scharbockskrautes und insbesondere die Wurzelknollen sind giftig, dürfen also keinesfalls verwendet werden!

Raphanus raphanistrum
Acker- oder Wildrettich, Hederich
Merkmale: Wildwüchsiges, einjähriges Kreuzblütler-Kraut aus der engen Verwandtschaft von Gartenrettich (Raphanus sativus) und Radieschen (Raphanus sativus ssp. sativus). Der heute als hartnäckiges Ackerunkraut bekämpfte Wildrettich kam wahrscheinlich im Zuge der griechisch-römischen Kultivierung des aus Asien stammenden Gartenrettichs (mit dessen Samen) nach Südeuropa und spätestens zur Zeit Karls des Großen (8./9. Jahrhundert) auch in nördlichere Zonen unseres Kontinents. Heute finden wir das gut halbmeterhoch werdende Kraut allenthalben auf Kultur-, Brach- und Ödland, an Müllkippen und Schutthalden, Wegen und Wällen. Es bevorzugt stets mageren Grund und gilt – etwa als Gartenunkraut sich ausbreitend – als »Zeigerpflanze« für zunehmende Versäuerung des Bodens.
Stengel aufrecht, stielrund, rauhborstig behaart. Blätter unten leierförmig-fiederschnittig, im oberen Pflanzenteil lanzettförmig, meist ebenfalls leicht (kurz)behaart. Kreuzblüten (Mai/Juni) weiß(-bläulich) oder hellgelb, mit streng anliegenden Kelchblättern. Gliederschotenfrüchte.
Sammelgut: junge Blätter und Stengelabschnitte mit Knospen oder Blüten.

Küchenwürze
Junges Grün – auch mit Blüten – eignet sich sehr gut als würzender Zusatz zu Salaten jeder Art (nicht zuletzt: Rettich-/Radieschen-Salat), Blatt- und Mischgemüsen, Suppen (Gemüse, Hülsenfrüchte u. a.) sowie Eintopf- und Kartoffel-/Quarkgerichten. – Die Wurzel des Wildrettichs ist dagegen unbrauchbar.

Rorippa nasturtium-aquaticum
Echte Brunnenkresse, Bachminze –
Siehe: Nasturtium officinale

Rosmarinus officinalis
Rosmarin, Antons- oder Kranzenkraut, Hochzeitsblümchen, Meertau
Merkmale: Einzige Art einer im Mittelmeerraum heimischen Lippenblütler-Gattung. Die dort über mannshoch wachsende, immergrüne Charakterpflanze mediterraner Macchia (Strauchheide) wurde schon im klassischen Altertum auch als – nur wenig über halbmeterhoch werdende – Topfpflanze kultiviert. Ziergewächs und raumluftverbessernder Aromaspender zugleich, gelangte diese kleinwüchsige Form wohl als erste auch in nördlichere, der sehr frostempfindlichen Pflanze klimatisch weniger zuträgliche Regionen Mitteleuropas, wo sie sich in vielen Generationen teilakklimatisierte. Wir kennen Rosmarin heute noch vorwiegend als buschigstrauchige Zimmerpflanze, finden sie aber gelegentlich verwildert an warmen, windgeschützten, jedoch nicht prallsonnigen Standplätzen, vor allem auf und an Felsen und alten Gemäuern. An entsprechend günstigen Stellen mit leidlich trockenem, kalkhaltighumosem Boden läßt sich Rosmarin – etwa in Steingartenanlagen – anbauen und durch Stecklinge vermehren. Diese zieht man ab Frühsommer im Warmbeet heran; und über Winter schützt man Rosmarinpflanzen – im Topf oder in Sand eingeschlagen – in frostfreien, aber gut belüfteten Keller- oder ebenerdigen Abstellräumen vor dem Verderben.
Das stark verästelte Gewächs hat vierkantige, graurindige Zweige. Blätter ungestielt, lineal-lanzettförmig, lederig, mit leicht nach unten gerolltem Rand; an der Oberseite tiefgrün, an der Unterseite silbrig-weiß filzbehaart. Blüten (März–Juni) zweilippig, violett-bläulich, selten reinweiß, in den Blattachseln Scheinquirle oder -trauben bildend. Die ganze Pflanze verbreitet einen wohlaromatischen, leicht kampferähnlichen Geruch.
Sammel-/Erntegut: junge Triebe mit frischgrünen (noch nicht verholzenden) Zweigenden, Blättern und Knospen/Blüten zeitig im Frühjahr bis Vorsommer; Blätter für Heilzwecke bis August (nicht über 35 °Celsius trocknen); Wurzeln nach dem Abblühen. Vorsicht vor Verwechslung mit Rosmarinheide – siehe Anmerkungen!

Küchenwürze
Junge Rosmarin-Triebe können grün (kleingeschnitten, gehackt) oder getrocknet (im Mörser zerrieben, gemahlen) ihre herbe Würze beisteuern zu wohlmundendem Gelingen sowohl von Salaten und Eierspeisen, Pilz-, Kartoffel- und Eintopfgerichten wie auch von Fisch- und Wildzubereitungen. Rosmarinwürze ist in Suppen (Tomatensuppe) und Soßen willkommen, bei manchen Fleischgerichten (nicht zuletzt Gänse- oder Hammelbraten) sehr erwünscht und in der Wurstbereitung kaum entbehrlich.

Heilkunde
Rosmarin wirkt leicht galle-, harn- und blähungstreibend, krampflösend und nervenstärkend (sowohl anregend als auch beruhigend), regulierend bei Verdauungs- und Kreislaufstörungen (besonders ratsam bei zu niedrigem Blutdruck). Innerliche Anwendung muß jedoch stets sparsam erfolgen, da sonst unerwünschte Nebenwirkungen

(Vergiftungserscheinungen) nicht ausgeschlossen sind.

Teeaufguß: 1 Teelöffel frischer (kleingehackter) oder getrockneter (im Mörser zerriebener) Rosmarin-Triebe (Blätter, Blüten/Knospen, Zweigteile) auf 1 Tasse kochend darüberzugießendes Wasser; 2 Tassen als Tagesdosis, schluckweise einzunehmen: bei Appetitmangel, Verdauungsschwächen, Blähungen und Koliken, bei Leberstauungen und Durchblutungsstörungen, Nervenschmerzen (neuralgisch, rheumatisch), Schwindelgefühlen, Blutandrang zum Kopf und »Herzflattern«, sowohl allgemein bei Erschlaffungs- und Erschöpfungszuständen, vornehmlich infolge psychischer Streß-Beanspruchung, auch bei Menstruationsschwäche.

Rosmarinwein: 2–3 Eßlöffel Trockengut (Rosmarinblätter und/oder Blütentriebe, getrocknet) in 1 Liter Weißwein 1–2 Tage an warmem, schattigem (dunklem) Platz gut abgedeckt ziehen lassen, dann abseihen. Morgens und abends ein Schnapsgläschen hiervon getrunken, saniert die Verdauung, ist heilsam bei Harnverhaltung der Männer und »Weißfluß« der Frauen, beruhigt die Nerven (bei Ein- und Durchschlafstörungen) und insbesondere das »Altersherz«. Pfarrer Sebastian Kneipp (1821 bis 1897) verordnete Rosmarinwein zur mehrmonatigen Kuranwendung gegen nervöse Herzstörungen und Herzwassersucht.

Bei »rauhem Hals« gurgle man mit Rosmarinwein oder gebe wenigstens 2–3 Teelöffel davon ins Mundspülwasser. Gegen katarrhalische und andere Beschwerden im Brustbereich vermenge man in Wein gekochte Rosmarinblätter mit Bienenhonig und nehme davon 2–3 Teelöffel täglich ein.

Abkochung des Krautes: 1 Teelöffel Frisch- oder Trockengut (wie zum Teeaufguß) je Tasse, in einer Mischung aus 2 Teilen Wasser und 1 Teil Weißwein zu kochen; 2 Tassen als Tagesdosis, schluckweise zu trinken bei Nierenentzündung (Arzt!). – Waschungen mit diesem Absud werden bei Hautunreinheiten sowie großporig-überfetter Haut empfohlen.

Abkochung der Wurzel in Essig; »die Füß damit gewaschen, vertreibet Ge-

Rosmarinus officinalis (Echter Rosmarin), links eine Blüte.

schwulst samt Podagra« (Fußgicht), so heißt es in Adamus Lonicerus' »Kreuterbuch« (1679).

Rosmarinöl (Apotheke), aus den Blättern gewonnen, darf nur tropfenweise (auf Zucker oder Brotwürfel) eingenommen werden. Richtig dosiert (Arzt), regt es Leber- und Gallenfunktion an, wirkt gefäßerweiternd und demgemäß durchblutungsfördernd. Überdosiert kann es unliebsame und gefährliche Entzündungen hervorrufen. – Zu äußerlichen Einreibungen empfiehlt sich Rosmarinöl bei Hautausschlägen und außerdem rheumatischen Schmerzzuständen zuzuordnende Hautzonen (Schultern, Rücken, Kreuz, Glieder-Gelenke).

Bäder: Spätestens seit Pfarrer Kneipp wird Rosmarinöl auch als Badezusatz – bei Hautleiden und Nervenschmerzen wie auch zur Beruhigung – empfohlen. Oft wird Rosmarin auch in Mischungen mit anderen Kräutern (Kräuterkissen) für Auflagen und Bäder gebraucht. Man kann für ein zugleich hautpflegendes und nervenstärkendes Bad aber auch einfach ein paar Handvoll Rosmarinkraut (frisch oder getrocknet), auch mit Wurzel, in die Wanne geben und darüber das Badewasser recht heiß einlaufen lassen.

Rosmarin-Spiritus und -Salbe (Apotheke) empfehlen sich zu Einreibungen der schmerzenden Zonen bei Muskelverkrampfungen, Rheuma und Ischias ebenso wie bei neuralgischen Beschwerden im Stirn-Schläfen-Nakkenbereich, bei geschwollenen Füßen (Podagra) und bei Organschwächen (Blase) in der Leistengegend.

Gegen Haarausfall sind Einreibungen der Kopfhaut mit Rosmarin-Spiritus, -Salbe oder -Tinktur sowie Kopfwaschungen mit Rosmarinwein (vor der eigentlichen Haarwäsche, gründlich einwirken lassen!) hilfreich.

Tinktur: Rosmarinblätter, in Weingeist oder klarem Branntwein angesetzt, ergeben ein wohltuend nervenstärkendes und tiefenwirksam schmerzdämmendes Einreibmittel.

Auflagen: Frische oder getrocknete Rosmarinblätter dienen zu heilwirksamen Auflagen vornehmlich bei nässenden Hautleiden, Geschwüren etc. »Rosmarinwurzel, mit Honig gestoßen und auf Geschwer gelegt, erweichet sehr wohl.« (Lonicerus)

Anmerkungen

Rosmarin (Rosmarinus officinalis) ist keinesfalls identisch mit Rosmarinheide (Andromeda polifolia; Poleiblättrige Gränke) und darf unter keinen Umständen mit diesem hochgiftigen Heidekrautgewächs verwechselt werden. Rosmarinheide bekam diesen Namen gerade wegen ihrer mit Rosmarin verwechselbaren Blätter und wohl auch angesichts des in Größe und Gestalt sehr ähnlichen Wuchses, gedeiht aber vor allem in Hochmooren und blüht maiglöckchenähnlich, mit kleinen weißen oder rötlichen, nickenden Glockenblüten in doldiger Anordnung.

Ebenfalls namens- und bedingt wuchsähnlich, in der Blattform (weidenähnlich langoval) jedoch kaum mit Rosmarin verwechselbar ist die Rosmarinweide (Itea virginica), ein wahrscheinlich im Bereich des US-Bundesstaates Virginia heimisches, bei uns wenig bekanntes Steinbrechgewächs.

Rumex

Ampfer

Gattung mit etwa 200 Arten in den gemäßigten Klimazonen nördlicher und südlicher Breiten heimischer Knöterichgewächse. Im hier gegebenen Zusammenhang sind drei Arten von besonderem Interesse:

Rumex acetosa

Großer oder Wiesen-Sauerampfer: in Uferbereichen, auf feuchten Wiesen und fetten Weiden bis meterhoch werdendes (als Viehfutter bedenkliches) Unkraut. Stengel aufrecht, gerieft, oft rötlich angelaufen. Blätter pfeilförmig, krautig, im unteren Pflanzenteil gestielt, oben sitzend. Blüten (Mai–Juli) unscheinbar grün oder rotbräunlich, Scheinquirle in traubenähnlicher Anordnung bildend. Samenfrüchte dreikantig, mit enganliegenden, flügelbildenden inneren Blütenblättern. – Stengel und Blätter des Sauerampfers schmecken infolge hohen Kleesalz-Gehalts stark sauer.

Rumex acetosella

Kleiner Sauerampfer: nur etwa halbmeterhoch wachsende, kalkarmen Grund bevorzugende Art mit schmaleren, pfeil- bis spießförmigen Blättern von ebenfalls charakteristisch saurem Geschmack.

Rumex patientia
Gartenampfer, Englischer oder Ewiger Spinat: als Gemüsepflanze anbaubar, das ganze Jahr über (ausdauernd, »ewig«) frische – große, zartsaftige und nicht übermäßig sauer schmekkende – Blätter nachtreibende Art.
Sammel-/Erntegut: junge Sauerampferblätter, am besten während der Blütezeit; Gartenampferblätter ganzjährig.

Küchenwürze
Frisches Grün von Großem und Kleinem Sauerampfer eignet sich als geschmacklich ausgesprochen reizvoller Zusatz zu Grün- und Mischsalaten, Blattgemüsen (Spinat), Gemüse- und Kräutersuppen sowie Eintopfgerichten. Dabei sollte man freilich stets nur einige wenige Blätter (kleingeschnitten) verwenden. Sehr viel großzügiger kann man mit Gartenampfer-Grün als Würzzusatz verfahren; außerdem geben die Blätter von Rumex patientia ein wohlschmeckendes, spinatähnliches Gemüse ab.

Heilkunde
Hier ist der angebaute Gartenampfer vor allem als Vitamin-C-Träger – zur Stärkung körpereigener Abwehrkräfte – im Winter von Bedeutung. Wildwachsender Sauerampfer (vornehmlich Rumex acetosa) empfiehlt sich – bei vernünftiger Dosierung (ohne Übermaß) – als Appetit und Verdauung anregendes, ausscheidungsförderndes und wurmwidriges (Spulwürmer austreibendes) Hausmittel sowie zur blutreinigenden Frühjahrskur.
Frischgrün vom Sauerampfer: als Kur während 2 bis höchstens 3 Wochen täglich einige junge Blätter roh kauen oder als Salat zubereitet essen.
Frischsaft vom Sauerampfer: während 2 (3) Wochen täglich 2 (1) Teelöffel voll pur oder in Haustee einnehmen.
Teeaufguß: 1 Teelöffel getrockneter (zerstoßener) Sauerampferblätter auf 1 Tasse als Tagesdosis, eßlöffelweise über den Tag verteilt – ebenfalls nicht länger als 3 Wochen regelmäßig, dann pausieren.

Anmerkungen
Sauerampfer enthält – ebenso wie Sauerklee (Oxalis) – bei entsprechender Disposition Organsteinbildung fördernde Oxalsäure. Von deren Aufnahme ist vor allem bei Nierenleiden, Gicht wie auch bei akuter Durchfallneigung dringend abzuraten! – Obengenannte Einschränkungen gelten jedoch bei weitem nicht in vollem Umfang für den vergleichsweise säurearmen Gartenampfer (Rumex patienta).

Seite 116:
Rumex acetosa (Großer oder Wiesen-Sauerampfer), eine der etwa 200 Ampfer-Arten.

Seite 117:
Salvia pratensis (Wiesensalbei)

Salicornia europaea (S. herbacea)
Queller, Glasschmalz
Merkmale: Einjähriges Kraut aus einer nur auf salzhaltigen Böden weltweit gedeihenden Gattung der Gänsefußgewächse. Der selten über 30 cm hohe Queller findet sich – flächig verbreitet – vor allem in Schlamm und Schlick der Nordseeküste, auf Inseln wie auch im unteren Mündungsbereich der großen Zuflüsse (Ems, Weser, Elbe), dagegen seltener am Strand der vergleichsweise salzarmen Ostsee (0,8% Salzgehalt); in Wattenmeer- bzw. Wattlandstrichen wird er, weil der Verlandung förderlich, nicht selten angebaut.
Stengel und Zweige knotig gegliedert, bläulich- oder rötlich-grün. Die Blätter sind zu durchscheinenden Hüllen um die Sproßabschnitte verwachsen, wodurch die zahlreichen aufstrebenden Triebe stets wässerig-glasig und kammerartig aufgequollen erscheinen. Blüten sehr klein, unauffällig grünlich gefärbt.
Sammelgut: das ganze Kraut ohne Wurzeln.

Küchenwürze
Vor allem die saftigen »Glasschmalz«-Triebe dienen (nur frisch!) als würzender Zusatz zu Salaten, Suppen (auch Fisch-) und Eintopfgerichten.

Salvia officinalis
Echter Salbei, Garten-, Edel-, Königs- oder Kreuz-Salbei, Salfat, Salser, Sophie, Muskatellerkraut
Merkmale: Als Würzkraut bekannteste und als Heilpflanze wichtigste Art einer vor allem in wärmeren und heißen Zonen der Erde verbreiteten Lippenblütler-Gattung. Der Echte Salbei ist ein reichverzweigt-buschig wachsender, selten über 70 cm Höhe erreichender Halbstrauch mediterraner Herkunft, der hierzulande nur an sehr wenigen Plätzen – sehr sonnigen, windgeschützten Stellen auf Felsgrund – wild gedeiht, aber in mehreren, vor allem durch die Blattbreite unterschiedenen Sorten gut angebaut werden kann. Man läßt den Samen im Gewächshaus oder Frühbeet keimen oder besorgt sich im Frühjahr, wenn kein Frost mehr zu erwarten ist, beim Gärtner 1–2 Setzlinge. Mehr bedarf es nicht für eine erfolgreiche Salbei-Anzucht im Garten – sofern man ein nach Süden offenes, leidlich windgeschütztes Plätzchen (z. B. an einer Wärme reflektierenden Mauer) mit recht trockenem, kalkhaltigem Boden zur Verfügung hat oder entsprechend herrichten kann. Den Winter über braucht der Salbei dann eine Strohbedeckung als Frostschutz und vor Beginn des neuen Vegetationsjahres einen gründlichen Rückschnitt, wobei man gleichzeitig Stecklinge zur vegetativen Vermehrung gewinnt.
Stengel ästig, verholzend, filzig behaart, Blätter gegenständig, ei-lanzettförmig, runzelig, weißgrün mit grauem Haarfilz, an der Unterseite netznervig. Lippenblüten (Juni–August) blau-violett, gelegentlich hellrosa-lila oder weiß, Scheinquirle in traubig-kerzenartiger Anordnung bildend. Frucht aus 4 Klausen. Die Pflanze verbreitet einen leicht kampferähnlichen Würzduft, der sich bei Sonnenbestrahlung sehr stark entfaltet, bei schlechtem Wetter dagegen kaum wahrnehmbar ist. Die frischen Blätter haben einen bitteren Geschmack.

Ernte-/Sammelgut: Blätter und junge Triebe vor (Mai/Juni) und nach der Blüte (August/September), jedoch grundsätzlich möglichst nur am späteren Nachmittag wolkenlossonniger Tage. Sonnenlicht verstärkt die (photosynthetische) Produktion des aromatischen, würz- und heilkräftigen ätherischen Öls, dessen Gehalt in den Salbeiblättern über Nacht wieder zurückgeht und bei trübem Tageshimmel nur spärlich ergänzt wird. – Das Lufttrocknen der – in dünner Schicht auf Spanhorden oder Papier auszubreitenden – Blätter sollen nicht in Gegenwart anderer Kräuter erfolgen, da der Salbei beim Trocknungsvorgang längerfristig einen sehr starken und anderes Trockengut penetrierenden Geruch verbreitet. Getrockneter Salbei sollte dann auch – um ihn nicht buchstäblich völlig verduften zu lassen – in absolut luftdicht schließenden Gefäßen aufbewahrt werden.

Küchenwürze
Im Mittelmeerraum gang und gäbe, bei uns noch weithin ungewöhnlich ist der Zusatz frisch geschnittener/gehackter oder ganzer Salbeiblätter zu Fisch- und Fleischgerichten, vor allem auch Innereien (Herz, Leber, Nieren) sowie zu südländischen – auch uns inzwischen wohlvertrauten – Spezialitäten wie z. B. Pasta asciutta, Pizza, Chilli con carne oder Couscous. Frischer Salbei entfaltet sein herbwürziges Aroma mit dem milden Muskatgeschmack freilich nicht minder reizvoll in bei uns bodenständigen Gemüse-, Hülsenfrüchte-, Kartoffel- und Eintopfgerichten und nicht zuletzt in würzigen Geflügel- und Wildzubereitungen. – Das (meist im Mörser zerriebene) Trockengut ist ebenso zu verwenden und bringt, wenn man es nur hinreichend Flüssigkeit aufsaugen läßt, sogar ein noch etwas stärkeres Aroma in Topf und Teller, als es das mit dem besonderen Reiz der Frische ausgezeichnete Kraut vermag.

Heilkunde
Die zusammenziehende Eigenschaft der Salbeidroge äußert sich vor allem in schweiß- und ausflußhemmenden sowie (keimfeindlich) wundschließenden Wirkungen. So vermag Salbei z. B. ebenso überstarke Milchproduktion der weiblichen Brustdrüsen zu drosseln und so das Abstillen zu erleichtern, wie auch Zahnfleischblutungen zu stillen oder Schleimfluß in den Verdauungswegen (Durchfall) einzudämmen. Dabei sind richtige Gebrauchsform und Dosierung von entscheidender Bedeutung. Denn ein zu schwacher Salbeitee z. B. wirkt eher schweißtreibend als -hemmend – und allzuviel des Guten kann Vergiftungserscheinungen zur Folge haben, da die Droge unter anderem die giftige Substanz Thujon enthält. – Ernstlich Nierenkranke und schwangere Frauen sollten Salbei nur äußerst zurückhaltend (d. h. nicht über den üblichen Küchengebrauch hinaus) bzw. strikt nach ärztlicher Anweisung gebrauchen.

Frischgrün – so schrieb schon Adamus Lonicerus (Kräuterbuch 1679) – »ist gut für Blutgang (Kreislauf – d. Red.), die Blätter in der Kost genossen, reinigt das Gedärm«. – Für Beschwerden lindernde und zugleich heilwirksame Auflagen auf juckende Insektenstiche oder nässende bzw. eiternde Wunden werden frische Salbeiblätter gewaschen und (gut im Mörser zu machen) leicht gequetscht.

Teeaufguß: 1 Teelöffel Blattgut (frisch oder getrocknet) auf 1 Tasse; 2 Tassen (erst erkalten lassen, dann trinken) als Tagesdosis. Indikationen: Katarrhe der oberen Luftwege, Husten (in den noch heißen Tee Honig einrühren);

Appetit- und Verdauungsschwäche (Magen-Darm-Verschleimung, Durchfall);

erhöhte Infektionsgefahr (nicht zuletzt in Zeiten epidemischer »Grippewellen«);

starke Nachtschweiß-Neigung (besonders ausgeprägt bei Lungenkranken sowie in Pubertät und Klimakterium). Gegen übermäßiges nächtliches Schwitzen findet sich in Ulsamers »Hausapotheke« aus dem vorigen Jahrhundert eine auch heute noch effektive Rezeptur: »Man übergieße 10 g Salbeiblätter mit $^1/_2$–$^3/_4$ Liter kochendem Wasser, lasse dies eine halbe Stunde lang stehen, setze dem kaltgewordenen Thee $^1/_4$ Liter guten französischen Rotwein zu und trinke davon alle zwei Stunden eine halbe Tasse oder ein Trinkglas voll.«

Ein anderes Rezept aus eines anderen – nämlich Sebastian Kneipps – Feder: »Salbei, den man wie Thee in Wasser und Wein absiedet und trinkt, reinigt Leber und Nieren. Kräftiger sind die genannten Wirkungen, wenn mit Salbei Wermut (Artemisia absinthium) halb und halb vermengt und die Mischung als Thee zubereitet wird.« Bleibt zu ergänzen, daß dieser – nicht erst erkaltet, sondern recht warm zu verabreichende – Salbeitrank intensiv erwärmend, daher eher schweißtreibend als -hemmend wirkt und mithin besonders empfehlenswert auch bei Erkältungskrankheiten und Grippe ist. (Dosierung wie Tee: 2 Tassen täglich, nicht mehr!)

Pulver (in Apotheken erhältlich oder aus Salbeiblättern zu mahlen) ist besonders einfach zu handhaben. Pfarrer Kneipp: »Das Pulver dieser Heilpflanze, wie Pfeffer, Zucker oder Zimmt auf Speisen gestreut, leistet bei den verzeichneten Leiden dieselben Dienste wie der Thee.« 2–3 Messerspitzen Salbeipulver täglich sind zugleich erforderlich wie auch völlig ausreichend, um optimale Wirkung – vor allem für bessere Magensekretion und Blutreinigung – zu erzielen.

Tinktur: Man setze eine Handvoll frischer, im Mörser leicht angeriebener/gequetschter Salbeiblätter in 1 Liter Weingeist an, lasse sie während gut einer Woche an warmem Ort ausziehen und filtre die fertige Tinktur dann durch Tuch oder Filterpapier. Dieser Alkohol-Auszug darf keinesfalls unverdünnt eingenommen werden! Für innerliche Anwendung 20 Tropfen Tinktur je Tasse Wasser oder Haustee; 2–3 Tassen als Tagesdosis. Für äußerliche Anwendung – als Mundspül- und Gurgelwasser – 1 Teelöffel Tinktur auf 1 Glas/Becher Wasser. Indikationen: Angina, Entzündungen im Hals-, Rachen- und Mundhöhlenbereich, Zahnfleischbluten, geschwürig-eiternde Herde (auch Wangenbiß, Schleimhautfraß u. a.). – Bei Halsschmerzen empfehlen sich auch Umschläge mit tinkturgesättigtem Mull.

Salbeibad, empfehlenswert nicht zuletzt bei nässenden/eiternden Hauterkrankungen sowie zu starker Menstruation: Eine starke Abkochung aus getrockneten Salbeiblättern als Bade-

zusatz eingießen oder das Wasser kochendheiß über ein starkes Bündel Salbeikraut einfließen lassen und das Kraut möglichst auch während des Badens noch (mit den Füßen treten!) in der Wanne behalten.
Zu guter Letzt sei noch vermerkt, daß gegen starken Raucherhusten und Alterskeuchen ein Pfeifchen voll Salbeiblättern statt Tabak (wie dieser zu rauchen) sein Gutes hat.

Anmerkungen
Der wildwachsende Wiesensalbei (Salvia pratensis) und der sehr viel seltenere Muskateller-Salbei (Salvia sclarea) haben zwar gleichartige, jedoch deutlich geringere Würzkraft und Heilwirkung. Gänzlich unbrauchbar für diese Zwecke ist der in Brasilien fast mannshoch werdende, hierzulande als allenfalls armhohes Ziergewächs in Balkonkästen und Rabatten kultivierte Zier- oder Scharlach-Salbei mit leuchtend orangeroten Blüten.

Sanguisorba minor
Kleiner Wiesenknopf, Bibernell(e)
Merkmale: Anders als die eigentlichen Bibernellen (Pimpinella major, P. saxifraga), bei welchen es sich um dem Anis (Pimpinella anisum) engverwandte Doldengewächse handelt, steht der volkstümlich als »Bibernelle« bezeichnete, das Küchengewürz »Bibernell« liefernde Kleine Wiesenknopf für eine Gattung der rosenartigen Gewächse (Rosaceae). Wir finden die auf kalkreichen Böden im Bergland heimische, kaum 40 cm hohe Wildstaude heute allenthalben auch im Flachland auf mageren Wiesen und Weiden, trockenen Brachen und sonnigen Böschungen, an Kalkgruben und Wegrändern. Traditionsreicher Anbau zu Würzzwecken hat die in jedem Gemüsegarten gedeihende Unterart Sanguisorba minor var. virescens (Garten-Bibernelle) hervorgebracht.
Stengel aus kriechender Wurzel aufstrebend, verästelt. Blätter handlang, unpaarig gefiedert, mit spitz-eiförmigen, gezähnten Fiederblättchen. Blüten (Mai–August) einzeln unscheinbar, grünlich, in dichten kugeligen Köpfchen mit weit heraushängenden Staubblättern.
Sammel-/Erntegut: junge Blatttriebe jederzeit; soeben sich entfaltende, noch nicht voll erblühte Köpfchen vornehmlich im Mai/Juni.

Küchenwürze
Junge Blatt- und Blütentriebe ergeben eine wohlaromatische und geschmacklich reizvolle Würze für Grün-, Misch- und Wurzelsalate, Grün- und Wurzelgemüse, Suppen (im Ganzen mitkochen oder kleingehackt aufstreuen), Kartoffelgerichte, Eierspeisen und Käsezubereitungen. Trockengut dient erstrangig als Suppenwürze.

Anmerkungen
Der seltenere Große Wiesenknopf (Sanguisorba officinalis) blüht dunkelrot in eher ei- bis walzenförmigen Köpfchen und erreicht annähernd Meterhöhe auf nassem Wiesengelände. Seine jungen Blättchen und noch nicht aufgeblühten Köpfchen sind ebenfalls brauchbar, jedoch von geringerer Würzkraft.

Satureja
Bohnenkraut
Eine Lippenblütler-Gattung mit ins-

gesamt weit über 100 wildwachsenden Arten (Kräuter, Stauden, Halbsträucher), deren Gros rund ums Mittelmeer – in Südeuropa, Nordafrika und Westasien – daheim ist. Für uns sind nur zwei, seit langer Zeit auch in unseren Breiten als aromatisch duftende Würz- und Heilpflanzen kultivierte Arten von Bedeutung. Beide gedeihen gut auf locker-humosem Grund in warmer Lage (sonnenoffen, windgeschützt):

Satureja hortensis
Bohnenkraut, Kölle: einjährige, bis 30 cm hohe Krautpflanze; im Frühjahr an Ort und Stelle zu säen. Stengel rauh behaart, stark ästig, locker beblättert. Blätter klein, schmallanzettförmig, drüsig punktiert. Lippenblüten (Juni–September) weiß, rötlichlila bis bläulich-violett, einzeln oder in Scheinquirlen blattachselständig. Frucht aus vier Klausen.

Satureja montana
Winter-Bohnenkraut, Bergminze: ausdauernde, halbstrauchige Staude, kaum höher als Satureja hortensis; aus Samen im Frühbeet heranzuziehen und durch Stecklinge von (im Freiland) überwinterten Pflanzen zu vermehren (als Steingarten-Zierpflanze beliebt). Stengel verholzend, ästig, dicht beblättert. Blätter breit-lanzettförmig, schwach punktiert. Lippenblüten (Juni–September) rötlich-lila bis bläulich-violett, seltener weiß, in scheinquirlig-ähriger Anordnung. Frucht aus vier Klausen.

Erntegut: soeben aufblühendes Kraut im Frühling (etwa handbreit überm Boden kappen) und gegebenenfalls nochmals im Herbst; Satureja hortensis möglichst vor, Satureja montana auch noch während der Blüte schneiden. Das Schnittgut – soweit es nicht gleich frisch Verwendung findet, zum Lufttrocknen gebündelt aufhängen oder auf Spanhorden locker ausbreiten, nicht jedoch die Blätter abstreifen! Korrekt getrocknetes Bohnenkraut behält Wuchsform (mit Blättern) und tiefgrüne Blattfärbung bei!

Küchenwürze
Bohnenkraut kocht man als würzende Zugabe (grün oder getrocknet) mit bei Hülsenfrüchten, Kohl, Hammelfleisch, in Eintopf-, Kartoffel- und Pilzgerichten, läßt das Kraut nach dem Kochen noch kurze Zeit ziehen, entfernt es dann aber (was, wenn die Blätter bei korrekter Handhabung am Stengel geblieben sind, leicht möglich ist). Am Stück verwendet man es auch als Einlegewürze in Sauerbeizen, vornehmlich für grüne Bohnen, aber auch für Sauerkraut, Gurken, Paprika und andere Salatgemüse. Kleingehacktes Grün taugt überdies zur Frischwürze für Blatt- und Mischsalate. Getrocknetes, im Mörser zerriebenes oder gemahlenes Bohnenkraut ist ein wohlaromatisches Auflauf- und Ragout-Gewürz und findet auch in der Wurstbereitung lohnende Verwendung.

Heilkunde
Die »würzbewußte« Küche nimmt hier schon einiges vorweg, indem sie beispielsweise das ausgesprochen blähungswidrige Bohnenkraut speziell zur Würzung an sich Blähungen verursachender Nahrungsmittel (Bohnen, Erbsen, Linsen, Kohl) einsetzt und damit praktisch vorbeugend agiert. Die Satureja-Droge (stärker noch das

aus ihr zu gewinnende ätherische Öl) wirkt magenstärkend und krampfstillend, dämmt Blähungs- und Durchfallneigung ein, verdirbt Darmparasiten die Lebensgrundlage und wirkt regulierend (auslösend) bei verzögerter Menstruation.

Teeaufguß: 4 Teelöffel Trockengut (im Mörser zerstoßen) auf 1 Tasse; 3–4 Tassen bilden die Tagesdosis bei Appetitmangel und Magen-Darm-Störungen sowie Menstruations-Verhaltung.

Abreibung des bloßen Körpers mit frischem Bohnenkraut hält stechende Insekten fern und verscheucht sogar Flöhe.

Sedum

Fetthenne, Mauerpfeffer

Die größte Gattung in der botanischen Familie der Dickblattgewächse zählt insgesamt rund 500, durchweg auf der nördlichen Erdhälfte beheimatete Arten, das Gros davon in Inner- und Ostasien sowie in Mexiko, 17 Arten im mittleren Westen Europas. Alle Sedum-Arten haben fleischig verdickte, wasserspeichernde (sukkulente) Blätter und meist trugdoldige Blütenstände. Als Würzkräuter interessant sind vor allem 3 Arten:

Sedum reflexum

Gelbe Tripmadam: als Würz- und Zierpflanze (nicht zuletzt in Steingärten) häufig angebaute, niederwüchsige Staude mit kurzstacheligen Sprossen, bläulich bereiften, sukkulenten Blättern und gelben Sternblüten (Juni–August) mit 5 Kronblättern.

Sedum sexangulare (Sedum mite)

Milder Mauerpfeffer, Kleine Fetthenne: auf kargen, jedoch kalkhaltigen Böden, sandigen Plätzen und Gemäuer, an Wegen und Wällen nicht selten rasenbildende (mit wintergrünen, kriechenden Trieben), kaum 15 cm Höhe erreichende Staude. Blätter schmal walzenförmig, die unteren mit Sporn. Blüten (Juni/Juli) gelb, ähnlich Sedum reflexum.

Sedum telephium

Große Fetthenne, Fette Henne: bis 60 cm hohe Staude (ohne rasenbildende Kriechtriebe) auf sonnigem Öd-, Brach- und Kulturland, auch auf Steinschutt sowie in lichten Waldungen mit trockenem Boden. Stengel aufgerichtet. Blätter fleischig, aber breitflächig, unregelmäßig geformt und gezähnt. Blüten (Juli–August) in dichtbesetzten Trugdolden, grünlichgelb bei der Unterart Sedum telephium var. maximum, purpurrot bei der häufigeren Varietät Sedum telephium var. telephium.

Sammel-/Erntegut: bei Sedum reflexum ganze Sprosse vor dem Aufblühen; bei den Fetthennen – ganzjährig – nur Blätter. – Vorsicht vor Verwechslung von Mildem und Scharfem Mauerpfeffer (siehe Anmerkungen).

Küchenwürze

Tripmadam-Sprosse eignen sich (frisch, kleingehackt) sehr gut als würzende Zugabe sowohl zu Salaten und Gemüse- oder Kräutersuppen als auch zu Fleischgerichten. Der mildpfefferige Geschmack der Kleinen Fetthenne ist in fast allen Salaten willkommen; unter Hitzeeinwirkung (Kochen, Dünsten, Grillen, Braten) verlieren die Blätter aber jede Würzkraft. Die Große Fetthenne dient gleichfalls

Sedum album (Fetthenne)

überwiegend als Salatgewürz (nicht zu reichlich verwenden!), kann aber auch Blatt- und Wurzelgemüsen zugesetzt sowie in Suppen mitgekocht werden. Außerdem stellen Sedum-telephium-Blätter (beider Varietäten) eine begrüßenswerte Geschmacksbereicherung bei der Bereitung von Gemüse-Frischsäften dar.

Anmerkungen

Ausdrücklich zu warnen ist vor dem Würzgebrauch von Blättern des giftigen Sedum acre (Scharfer Mauerpfeffer, Scharfe Fetthenne). Dieser ist in seinem niederwüchsigen Erscheinungsbild Sedum sexangulare sehr ähnlich und kommt überdies an denselben Standorten vor, hat jedoch charakteristisch eiförmige (sukkulente) Blätter ohne Sporn (Stachelspitze), und seine goldgelben Sternblüten sind größer als die des Milden Mauerpfeffers. Untrüglichstes Unterscheidungsmerkmal aber ist der Blattgeschmack (der bloße Geschmackstest zeitigt keinerlei Giftwirkung im Körper): Sedum acre schmeckt ausgesprochen scharf, Sedum sexangulare dagegen angenehm mild-würzig.

Silene cucubalus (Silene inflata)

Aufgeblasenes Leimkraut,
Klatschnelke, Taubenkropf

Merkmale: Die »leimkrautartigen« Vertreter einer – vor allem in den gemäßigten Zonen der nördlichen Erdhälfte verbreiteten – Unterfamilie der Nelkengewächse wurden botanisch nach Maßgabe sinnreicher Schutzvorkehrungen gegen Nektardiebe klassifiziert: Leimkräuter haben vielfach klebrige Stengel (z. B. Silene nutans, Nickendes Leimkraut) oder regelrechte Leimringe (z. B. Silene armeria, Garten-Leimkraut), so daß ihnen stengelerklimmende Bodeninsekten (z. B. Ameisen) buchstäblich »auf den Leim kriechen«, ohne vom im Blütenkelch verborgenen Nektar naschen zu können. Denn dieser soll den arterhaltende Befruchtungsleistung (durch Bestäubung) erbringenden Fluginsekten vorbehalten bleiben. Bei Silene cucubalus ersetzt der kropfartig aufgeblasene Blütenkelch mit seiner irrgartenähnlichen Netznervung als Kletter-Hindernis den Leimring. Wir finden diese, bis etwa halbmeterhohe Staude vornehmlich auf trockenem Grasland,

an sonnigen Böschungen, Hecken und Wegen, in Weinbergen sowie in Steinbruchgeländen.
Stengel stielrund, langgezogen, biegsam. Blätter graugrün, gegenständig, spitz-eiförmig bis lanzettförmig. Blüten (Mai–September) weiß mit stumpfen Kronblättern und kropfartig erweitertem Kelch, in locker-trugdoldigen Blütenständen.
Sammelgut: junge Triebe vor dem Aufblühen; Blätter jederzeit.

Küchenwürze
Frisches Grün (kleingehackt) kann sowohl Roh- und Mischsalaten zugesetzt als auch mitgekocht werden in Blatt- und Wurzelgemüse sowie in Suppen und Eintopfgerichten. Als Einzelgewürz ist Silene cucubalus freilich zu »farblos« im Geschmack, es bedarf der Kombination mit anderen Würzkräutern.

Sinapis alba
Echter Senf, Weißer, Gelber oder Brauner Senf, Mostrich
Merkmale: Hauptvertreter der 10 europäischen Arten umfassenden Kreuzblütler-Gattung Senf (Sinapis). Das einjährige, annähernd meterhoch werdende, steifbehaarte Kraut wird als Gewürz-, Heil- und Futterpflanze angebaut und findet sich verwildert besonders in Regionen vorherrschenden Getreideanbaus.
Stengel kantig, ästig. Blätter fiederschnittig gelappt, grob und unregelmäßig gesägt/gezähnt. Blüten (Juni/Juli) hellgelb, nicht selten violett geädert, in doldenähnlichen Trauben, leichten Vanilleduft verströmend. Kurze, borstig behaarte Schotenfrüchte mit spitzem Schnabel, darin bis zu 5 gelbliche Samenkörner, die mit etwa 2 mm Durchmesser deutlich größer sind als die Samen vom Schwarzen Senf (Brassica nigra).
Sammel-/Erntegut: Samen im Juli/August. – Für den Garten ist anzumerken, daß sich das Sinapis-Kraut vorzüglich zur Gründüngung (untergraben) und Kompostbereitung eignet.

Küchenwürze
Weißer Senf ist von gleicher Würzqualität, jedoch etwas milderer Schärfe als Schwarzer Senf. Anwendung siehe unter Brassica nigra!

Heilkunde
Sinapis-alba-Samen enthält neben dem Glukosid Sinalbin u. a. auch das Ferment Myrosin, das aus jenem mit Hilfe von Wasser ätherisches Sinalbin-Senföl abspaltet. Diese – geruchlose, scharf schmeckende und hautreizende – Substanz ist heilkundlich von etwa gleicher Bedeutung wie das Senföl aus Senfkohlsamen (siehe Brassica nigra!).
Senfkörner und deren Mahlgut (Senfmehl) haben in ihrem üblichen Würzformen und -dosierungen bereits zweifelsfrei appetitanregende und verdauungsfördernde Wirkung. Diese läßt sich durch kurähnliche Einnahme gezielt optimieren: Während einer Woche bis zu (höchstens!) 2 Teelöffel Samen vom Weißen Senf (oder auch vom schärferen Schwarzen Senf, oder gemischt) über den Tag verteilt kauen oder, bei Scheu vor der Schärfe im Mund, unzerteilt mit Wasser, Haustee oder Bier schlucken, tunlichst unmittelbar vor oder nach dem Essen. Das regt – über verbesserte Durchblutung

der Magenschleimhäute – die Verdauungsdrüsen an und wirkt funktionsfördernd auf die Harnorgane.
Vom Senfkornkauen dringend abzuraten ist freilich bei akuten oder chronischen Erkrankungen in diesen Bereichen (z. B. Blasenentzündung, Magengeschwüre u. a.), und zuviel Senf kann selbst Magen- und Darmentzündungen hervorrufen.
Senfbrei/Senfbad: vornehmlich aus dem intensiver wirksamen Senfkohlsamen, aber auch aus dem milderen Weißen Senf zu bereiten: siehe unter Brassica nigra!
Andere Anwendungsformen nach Adamus Lonicerus (»Kreuterbuch« 1679): »Senfsamen gestoßen, mit Feigen und Kümmel vermischt und eingenommen, vertreibt die Wassersucht. Dieses Safts nüchtern getrunken, macht ein gutes Gedächtnis. Senf reinigt das Hirn, erwärmet den Magen, fördert die Dauung, erweckt die Natur zur Liebe und vertreibt das Fieber, mit Wein getrunken. Wer alle Morgen zwei Senfkörner nüchtern schluckt, ist daher vorm Schlag.«

Anmerkungen
Wessen Magen erfahrungsgemäß besonders empfindlich, d. h. leicht reizanfällig ist, der sollte von – über sparsamen Würzgebrauch hinausgehenden – Senf-Experimenten grundsätzlich absehen. Bei Kurgebrauch ist ärztliche Kontrolle ratsam.

Sinapis arvensis
Wilder Senf, Ackersenf
Merkmale: Als Ackerunkraut üppig wuchernde, bis 60 cm hohe, einjährige Wildsenfpflanze (Kreuzblütler), weitverbreitet auch auf Ödland und Schuttgrund, an Wegen und Umfassungen, auf lehmigem, jedoch nicht zu saurem Terrain. Sinapis arvensis ist eng verwandt, im Gebrauch jedoch keinesfalls gleichbedeutend mit Sinapis alba (Weißer Senf).
Stengel aufrecht, borstig behaart. Blätter ebenfalls drüsenhaarig, im unteren Pflanzenteil grob gelappt, oben ungeteilt, im Umriß ei- bis lanzettförmig. Kreuzblüten (Mai/Juni) schwefelgelb, mit waagrecht abgespreizten Kelchblättern, in lockeren Trauben. Schotenfrüchte mit kürzerer Schnäbelung als Sinapis alba und schwarzen Samenkörnern.
Sammelgut: junge Stengelblätter sowie Triebspitzen mit Knospen/Blüten.

Küchenwürze
Ackersenf-Blätter und -Triebe sind (kleingeschnitten/gehackt) würzende Zutaten für Salate aller Art, Gemüse, Kartoffel- und Eintopfgerichte sowie Suppen und Kräutersoßen. Die Samen dagegen sind praktisch bedeutungslos – im Vergleich mit der Würzkraft der Samen von Brassica nigra (Schwarzer Senf, Senfkohl) und Sinapis alba (Weißer Senf).

Taraxum officinale
Gemeiner oder Wiesen-Löwenzahn, Ketten-, Kuh-, Butter- oder Pusteblume, Laterne, Sonnenwirbel, Mönchskopf, Pfaffenröhrlein, Augenwurz, Mistfink
Merkmale: Die Gattung Taraxum gehört botanisch zur Korbblütler-Unterfamilie der Zungenblütigen (Cichoriaceae) und ist in unserer bioklimatischen Zone mit 5 Hauptarten vertreten, von welchen nur eine (nebst zahlreichen Varietäten) allgemein verbrei-

tet ist: Der bis etwa 30 cm hohe Wiesen-Löwenzahn (Taraxum officinale) sprießt als ausdauerndes Kraut überall, wo – gewollt oder ungewollt – Gras wächst, gedeiht freilich am besten auf nicht zu trockenem, vor allem aber locker-humosem Boden. So findet sich der für unsere Zwecke qualitativ beste Löwenzahn nicht zuletzt auf von Maulwürfen (und Regenwürmern) kräftig durchpflügtem Gelände. Stengel sind blattlos, relativ dicke, stielrunde, hohle Blütenschäfte von grüner, meist rötlich-braun angelaufener Färbung. Blätter von lanzettförmigem Gesamtumriß, grob schrotsägeförmig, in grundständiger Rosette. Blüte (April–Oktober) in großen, schaftendständigen »Sonnenwirbeln« (so ein vor allem im Schwäbischen volkstümlicher Name des Löwenzahns) aus vielen, dichtgedrängt stehenden, sonnengelben Zungenblüten. Die Achänenfrüchte tragen an langen Stielen schirmähnliche Haarkränze, welche den Fruchtstand als duftigweiße Kugel erscheinen lassen. Das Abblasen dieser »Pusteblume« – ein beliebtes Kinderspiel – hinterläßt am Schaft den kugeligen, weißen Fruchtboden, der über dem zurückgeschlagenen Fransenkranz des inzwischen bräunlich welkenden, doppelreihigen Blütenhüllkelches an die mönchische Haartracht der Tonsur erinnert (»Mönchskopf«; »Pfaffenröhrlein«: Tonsur auf hohlem Blütenschaft). Die Samenfrüchte können vom Wind sehr weit getragen werden, ehe sie an ihren »Fallschirmchen« zu Boden sinken; so erklärt sich die ebenso dichte wie weite territoriale Verbreitung des Löwenzahns. Seine stämmig-spindelförmige Pfahlwurzel (außen rötlich-braun bis braunschwarz, innen weißfleischig) überdauert auch harte Winter. Alle Pflanzenteile enthalten einen bitter schmeckenden Milchsaft (Bitterstoff: Taraxacin).

Sammelgut: für den Küchengebrauch Blattrosette schneiden oder ganze Pflanze mit Wurzel ausstechen bzw. ausgraben, am günstigsten März–Mai, vor dem Aufblühen; Wurzel für Heilzwecke möglichst (für Diabetiker unbedingt) erst August–Oktober ausgraben! – Zur Trocknung vertragen die Löwenzahn-Drogen bis 50° Wärme. Das Trockengut ist sehr hygroskopisch (aus der Luftfeuchtigkeit wassersaugend) und zieht Insekten (auch Motten) an, muß also in dicht schließenden Gefäßen aufbewahrt werden, altert aber auch in diesen ziemlich rasch; alljährlich auszuwechseln.

Küchenwürze

Junge Löwenzahnblätter kann man – mehr oder minder kleingeschnitten – allen Grünsalaten wie auch vielen anderen Speisen und Gerichten nach Geschmack zusetzen. Sie ergeben aber auch selbst einen vorzüglichen Frischsalat und können als Gemüse zubereitet werden, besonders schmackhaft in Verbindung mit Kartoffeln oder Linsen. Als Gemüsepflanze gezogen, kann man Löwenzahn sogar durch Anhäufeln nach Art von Bleichsellerie (Apium graveolens ssp. dulce var. dulce) etiolieren (vergeilen, bleichen). Die Wurzeln sind wie Spargel oder Schwarzwurzeln zuzubereiten. Frischsaft aus jungem Grün und/oder Wurzeln ist – sowohl geschmacksbereichernd als auch gesundheitsdienlich (vor allem bei Blutarmut) – mit anderen Gemüsesäften

Links oben:
Taraxum officinale (Wiesen-Löwenzahn, Gemeine Kuhblume)

Links unten:
Thymus serphyllum (Sandthymian, Quendel), Vorkommen auf Sandfluren, trockenen Wiesen.

zu wohlschmeckenden Cocktails mischbar. – Junge Blütenknospen des Löwenzahns, in Estragonessig eingelegt, sind als Kapernwürze (unechte oder deutsche Kapern) zu gebrauchen, entsprechend den in salziger Essiglösung eingelegten Knospen des bei uns nicht vorkommenden Echten oder Dornigen Kapernstrauchs (Capparis spinosa).

Heilkunde
Löwenzahn regt Verdauung und Harnausscheidung wie auch allgemein den Körperstoffwechsel an, wirkt drüsentonisierend (funktionsstärkend) im Organbereich von Magen,

Thymus vulgaris (Echter-, Gartenthymian)

Leber, Milz, Bauchspeicheldrüse und Galle, damit säfteverbessernd und blutreinigend mit therapeutischen Folgeeffekten in einer sehr weitgefaßten Leidens-Skala. Diese reicht etwa von Darmträgheit, Gelbsucht und Nieren-Wassersucht über Rheuma und Gicht, Arthrosen und Wirbelgelenk-Erkrankungen bis zu Krampfadern und Hämorrhoiden, inneren Drüsenschwellungen und äußeren Ekzemen sowie chronischen skrofulösen Hautleiden. Sein hoher Vitamingehalt (vor allem B_2 und C) wertet Löwenzahn als Frühjahrskurmittel zusätzlich auf; der Insulin-Gehalt der Herbstwurzel (im Frühling noch deutlich geringer!) macht diese für Zuckerkranke besonders empfehlenswert. – Darreichungsformen des stets komplex wirkenden Krautes und seiner (wirkungsstärkeren) Wurzel:

Blattsalat aus frischem Grün (möglichst mit Zitronensaft statt mit Essig angemacht) sollte zur entschlackenden und vitaminauffrischenden, blutreinigenden und blutbildenden Frühjahrskur – vor allem bei Blutarmut (Anämie) – während wenigstens 2 Wochen konsequent (täglich ein Salatschälchen voll), möglichst jedoch über 4 Wochen gegessen werden.

Wurzelgemüse (roh oder gedünstet) ist – ab März jederzeit – zu durchaus reichlichem Genuß empfehlenswert bei Funktionsstörungen von Leber, Galle und Bauchspeicheldrüse (Pankreas), ab August besonders auch für Diabetiker zur Blutzuckersenkung. – Dasselbe gilt für Teeaufguß sowie Abkochung der frischen kleingeschnittenen oder getrockneten Wurzel.

Frischsaft, im Frühling aus Blättern und Wurzeln gepreßt: zur Frühjahrskur während 3–4 Wochen täglich 2–3 Eßlöffel (pur, in Saftcocktail, Haustee o. a.); akut als Therapeuticum bei den genannten Leiden/Beschwerden 2 mal 1 Eßlöffel täglich. Bei Hauterkrankungen und Gefäßschwellungen zusätzlich äußerlich zu Auflagen/Waschungen zu empfehlen.

Teeaufguß: 2 Teelöffel Trockengut (Blätter mit oder ohne Wurzel) auf 1 Tasse; 2 Tassen als Tagesdosis: als schleimlösendes, schweißtreibendes, harnförderndes Entgiftungsmittel.

Abkochung: 2 Eßlöffel Blatt- und/oder Wurzelgut auf 1 Tasse; 1 Tasse (je 1/2 morgens und abends) als Tagesdosis. Wurzelabsud insbesondere bei Altersbeschwerden.

Kaltauszug: 1 ganze Löwenzahnpflanze mit Wurzel, gewaschen, die Wurzel mehrfach eingeschnitten (oder zerstückelt), in 1/2–1 Liter Wasser lauwarm ansetzen, 24–36 Stunden ausziehen lassen, dann abseihen. Dieser Auszug ist für – stets recht lau zu temperierende – Augenbäder und -waschungen zu gebrauchen: bei »roten Augen«, Lidentzündungen und ähnlichen Beschwerden. (Daher der alte Name »Augenwurz«.)

Anmerkungen

Der Bitterstoff des Löwenzahns (Taraxacin) ist nicht giftig. Dennoch sind Kinder davor zu warnen, den Milchsaft aus den Blütenschäften zu saugen, da dieser – in momentaner Abwesenheit anderer, die Magensekretion anregender Stoffe – immerhin Übelkeit auslösen kann. – Kleiner Tip für die Kinder: Das Röhrchen läßt sich auch zum Pfeifchen machen, indem man den Saft ausbläst, anstatt ihn auszusaugen.

Thymus vulgaris
Echter oder Garten-Thymian, Römischer Quendel, Feldkümmel
Merkmale: Der bekannteste Vertreter der Lippenblütler-Gattung Thymus wurde schon im klassischen Altertum auch außerhalb seiner Stammheimat im westlichen Mittelmeerraum als Gewürz- und Heilpflanze kultiviert und verwilderte auch in unseren Breiten auf trockenen, unbestellten Böden in sonnigen Lagen. Wir finden den annähernd halbmeterhoch werdenden, würzigen Wohlgeruch verbreitenden Halbstrauch gelegentlich an kargen Weinhängen, auf ansonsten nur spärlich grasbewachsenen Hügeln, an Feldrainen und Heidewegen. Der Anbau gelingt gut an warmen, windgeschützten Plätzen mit lockerhumosem (nicht gedüngtem!), kalkhaltigem Grund. Der Samen braucht Vorkultur im Gewächshaus oder Frühbeet; Auspflanzung im Frühling, wenn kein Frost mehr zu erwarten ist. Den Winter über genügt dann eine Reisigdecke als Kälteschutz. Weitere Vermehrung ist durch Teilung möglich, wobei man die Stecklinge recht tief in den Boden setzt.
Stengel niederliegend, verholzend, mit aufsteigenden Ästen. Blätter kurz- oder ungestielt, ei-lanzettförmig, am Rand meist eingerollt, Oberseite mit feinen Drüsenpunkten. Unterseite graufilzig behaart. Nektarreiche Lippenblüten (Mai/Juni) klein, bläulichrötlich oder dunkelpurpurfarben, kurzgestielt endständig und in den Blattwinkeln. Kleine Fruchtklausen.
Ernte-/Sammelgut: das ganze Kraut möglichst kurz vor oder auch noch während der Blüte im Mai/Juni, jedoch nicht später, da es sich sonst bis zum Winter nicht mehr hinreichend erholen kann. – Thymian trocknet sehr rasch bei normaler Lufttemperatur (künstliche Trockenwärme nicht über 35°); Verwahrung unter Licht- und Luftabschluß.

Küchenwürze
Frische Thymianblättchen werden kleingehackt, getrocknete im Mörser zerrieben oder gemahlen, können aber auch ungeteilt verwendet werden. Dies vor allem in Einlegebeizen, herzhaften Eintopfgerichten und Gemüsesuppen (Borschtsch). Von alters her ist Thymian bei der Wurstbereitung unentbehrlich, und entsprechende Bedeutung kommt ihm eigentlich bei allen Zubereitungen von »Kleingehacktem« oder »Püriertem« tierischer Herkunft zu: Hackfleisch/Tatar (Deutsches Beefsteak, Hamburger, Frikadellen, Buletten), Fleisch- und Leberknödel, Leber- und Markklößchen, Bries, Hirn und Pastetenfüllungen. Aber auch allgemein ist Thymian eine vorzügliche Fleisch- (einschließlich Wild und Geflügel) und auch Fisch-, Suppen- und Soßenwürze, besonders willkommen nicht zuletzt bei Hülsenfrüchten sowie auf Pizza, bei Käse- und Kräuterbutter-Zubereitungen.

Heilkunde
Thymian wirkt schleimlösend und auswurffördernd, krampflösend und schmerzstillend, desinfizierend (gärungs- und fäulnisfeindlich) sowie wurmwidrig (das aus dem ätherischen Thymianöl gewonnene Thymol wird medizinisch unter anderem speziell gegen Haken- und Peitschenwürmer eingesetzt). – Innerliche Anwendung

zeitigt sogar günstige Effekte bei Leberbeschwerden, aber bei Störanfälligkeit der Schilddrüse ist Vorsicht geboten bzw. ärztlicher Rat einzuholen, da Thymol-Einnahme – zumal über längere Zeit – sich auf die Schilddrüse funktionsschädigend auswirken kann.

Teeaufguß: 1 Teelöffel Trockengut auf eine Tasse; 2 Tassen (recht warm zu trinken) als Tagesdosis bei: Keuch- und Krampfhusten, Bronchialkatarrh und -asthma sowie Verdauungsbeschwerden (Sodbrennen, Blähungen, Durchfall, Magenkrämpfe) und Menstruationsschmerzen, Funktionsstörungen der Leber (Arzt!), Bleichsucht und allgemeiner Nervenschwäche. Bei entzündlichen Erkrankungen im Mund-Rachen-Raum empfiehlt sich öfteres Gurgeln mit Thymiantee. (Thymol ist Bestandteil vieler antiseptisch wirksamer Zahnpasten und beschwerdelindernder Hustensäfte.) Waschungen und Umschläge sind bei geschwürigen Leiden sowie eiternden Wunden angezeigt. Bei Asthma brühe man die Droge statt mit heißem Wasser mit heißem Weißwein auf. Nur gekocht werden sollte sie nicht, da sie sonst ihre Wirkung verliert.

Thymianöl (Apotheke) ist innerlich sehr sparsam zu gebrauchen: 2–3 Tropfen auf Zucker oder Brotwürfel, und dies höchstens dreimal täglich während allenfalls einer Woche bei Infektionen im Bereich der Atem-, Verdauungs- und Harnwege oder bei akuten Wurmleiden. Einige wenige Tropfen genügen auch als Zusatz zum Mundspülwasser. – Unverdünnt einzureiben ist Thymianöl bei Quetschungen, geschwürigen Geschwülsten und geschwollenen Gelenken sowie bei Muskelverspannungen.

Tinktur von Thymiankraut in Weingeist oder klarem Branntwein ist getrost hochprozentig (mit viel Grüngut) anzusetzen und sollte wenigstens zwei Tage ziehen können. Dann (oder später) seiht man ab – und hat ein hervorragendes Einreibmittel bei Rücken-, Glieder- und Gelenkschmerzen (Rheuma), Erfrierungen, partiellen Durchblutungsstörungen (»Einschlafen«) und Nervenschwächen (»Gliederzittern«). Ähnlich wirkt ein Auszug in Essig, der sich insbesondere bei Blutergüssen empfiehlt.

Thymianbäder zur allgemeinen Nervenstärkung und gegen skrofulöse Hautleiden, auch bei Kindern, lassen sich sowohl aus frischem Kraut (auch in Kräuterkissen) als auch mittels Badezusatz von Öl oder Tinktur bereiten. Sie wirken nicht zuletzt unterstützend bei Thymian-Tee-Therapien.

Anmerkungen

Als Würz- und Heilkräuter dem Echten Thymian fast ebenbürtig sind die wildwachsenden Quendel-Arten Thymus pulegioides (Gewöhnlicher oder Feld-Thymian) und Thymus serpyllum (Sand-Thymian).

Tragopogon

Bocksbart

Eine Gattung zungenblütiger Korbblütler, mit etwa 45 Arten in Europa, Asien und Nordafrika verbreitet. Ihre geschnäbelten Früchte haben einen aus federigen Borstenhaaren gebildeten Pappus (Kelch), der an die Form eines Ziegenbockbartes erinnert, ehe

Tragopogon pratensis
(Wiesenbockskraut, Bocksbart)

er sich bei Vollreife der Samenfrüchte zum Schirmchen aufspreizt. Die Bocksbart-Kräuter haben weitgehend kahle, milchsaftführende Stengel mit gegenständigen, linealischen und rinnig-streifennervigen Blättern sowie großen, endständigen Zungenblütenköpfchen.

Tragopogon dubius
Großer Bocksbart: meist einjähriges, bis zu 70 cm hohes Kraut auf trockenen, kalkhaltigen Böden, verhältnismäßig häufig nur in Nordbayern und Thüringen auf Wiesen und Weiden zu finden. Blütenköpfchen (Juni–August) hell- bis sonnengelb.

Tragopogon porrifolius ssp. sativus
Haferwurz, Gemüse-Auster: bis etwa halbmeterhohe Staude mediterraner Herkunft, früher vielerorts als einjährige Gemüsepflanze kultiviert, nur selten an sonnigen Plätzen verwildert. Blütenköpfchen (Juni–August) sind weinrot. Pfahlwurzel weiß, fleischig verdickt.

Tragopogon pratensis
Wiesen-Bocksbart: dem Großen Bocksbart sehr ähnlich, jedoch besonders auf fettem Wiesen- und Weidegut recht häufig wildwachsendes Kraut oder auch ausdauernde Staude. Wuchshöhe bis etwa 60 cm. Blätter am Ansatz stark verbreitert und fast zur Stengelscheide gerollt. Blütenköpfchen (Mai–Juli) hell- bis sonnengelb.
Sammel-/Erntegut: knospendes Kraut vor dem Aufblühen; von der angebauten Haferwurz auch und insbesondere die weißfleischige Pfahlwurzel vor oder nach der Blüte.

Küchenwürze
Das ganze, noch nicht aufgeblühte Bocksbartkraut (Stengel, Blätter, Blütenknospen) kann als mildwürzende Zugabe sowohl Kräuter- und Gemüsesuppen als auch Blatt- und Wurzelgemüse bereichern, selbst (möglichst zusammen mit geschmacksintensiveren Kräutern) als Salat zubereitet oder auch als Rohkost verzehrt werden. Eine besondere Delikatesse, die zwar ebenso mitverwendet werden kann, aber eigentlich spezielle Zubereitung als Salat oder (möglichst nur gedünstetes) Gemüse verdient, sind die »Haferwurzeln«, die in England »Gemüse-Austern« genannt werden.

Urtica
Nessel, Brennessel
Mit 35 Arten in den gemäßigten Klimagürteln nördlich und südlich des Äquators rund um den Globus verbreitete Gattung aus der Familie der Nesselgewächse (Urticaceae). Alle Arten der Gattung Urtica sind mehr oder weniger mit Brennhaaren besetzt, deren zunächst stumpfe Spitze bei der geringsten Berührung abbricht und eine äußerst feine Hohlnadelspitze freigibt. Diese dringt zum Beispiel in die Haut des Menschen ein und injiziert ein harzsäureähnliches Toxin, welches die unangenehm bis peinigend brennenden Quaddeln (Allergie-Ödeme) hervorruft. Die toxische Ladung ist freilich nicht in jedem Vegetationsstadium gleichbleibend gegeben und differiert bei verschiedenen – dementsprechend mehr oder weniger »brennenden« – Varietäten der beiden hierzulande überwiegenden Hauptarten:

Urtica dioica (Große Brennessel)

Urtica dioica
Große Brennessel: ausdauerndes, zweihäusiges, bis fast mannshohes Kraut auf hinreichend feuchten und vor allem stickstoffhaltigen Böden, besonders häufig in abfallreichen Randzonen von Kulturland, menschlichen Siedlungen, Tierhaltungen oder auch biologisch »sterbenden« Gewässern, auf Kompost, Schutt, Unrat aller Art. Stengel vierkantig, nesselbehaart. Blätter gegenständig, zugespitzt herzförmig, nesselbehaart und sägerandig. Männliche und weibliche Blüten (Juni–September) unscheinbar grünlich, in langen, locker besetzten, niederhängenden Rispen. Einsamige Nüßchen-Früchte. Kriechender, stark verzweigter Wurzelstock.

Urtica urens
Kleine Brennessel: einjähriges, einhäusiges, selten über halbmeterhohes Unkraut, an den gleichen Stellen wie Urtica dioica zu finden, aber auch allgemein als Garten- und Feldunkraut sowie in Auengebüsch und lichten Wäldern wildwuchernd. Blätter (spitz) eiförmig, sägerandig, vor allem an der

Unterseite nesselbehaart. Blüten (April–Juli) unscheinbar und schmutzig-weiß, in kurzen Rispen.

Sammelgut: für den Küchengebrauch junge, zarte Blätter beider Arten, am besten vor, durchaus auch noch während der Blütezeit, aber spätestens Juli/August; für Heilzwecke das ganze, möglichst junge Kraut, auch mit Blüten, jedoch keine Pflanzen über 40 cm Wuchshöhe; Brennesselwurzeln möglichst im Juni/Juli ausgraben (sie haben dann die höchste Konzentration heilwirksamer Substanzen).

In tauschwerer Morgenfrühe oder nach einem lastenden »Landregen« vermag kaum eine Brennessel zu brennen. Denn ihre Brennhaare, die ja eigentlich Kanülen (Hohlnadeln) sind, brauchen eine gewisse trockene Starre, um stechen zu können. Dennoch sollte man – zur Sicherheit – grundsätzlich solide Handschuhe anziehen (dünne Steril-Folien können durchstochen werden!), wenn man Brennessel schneiden (oder auch mit der Sichel mähen) bzw. ausgraben möchte. Das Schnittgut freilich wird dann binnen einiger wenigen Stunden »matt«, d. h. die Brennhaare welken, werden zu weich, um noch stechen zu können. So kommt es, daß Brennesselsalat nicht brennt. Denn das Nesseltoxin kann seine unangenehme Wirkung nur gezielt als Injektion in offenen (Stich-)Wunden entfalten.

Die Trocknung von Brennessel-Drogen (Kraut und Wurzeln) kann bei künstlicher Wärme bis 65° erfolgen. Dabei werden die Brennhaare zwar zunächst wieder starr, aber zugleich zu brüchig, um ihrer naturgegebenen Funktion (letztlich der Fraßabwehr) noch standhalten zu können; außerdem trocknet gleichzeitig das Nesseltoxin ein. Die Injektion, die allein die »brennenden Probleme« schafft, ist also auch bei der Trockendroge nicht mehr möglich.

Küchenwürze

Die Brennessel hat einen herb-würzigen, leicht bitteren Geschmack. Einzelne Blättchen und junge Triebspitzen können (kleingehackt) Grün- und Mischsalaten, Gemüsen, Suppen sowie Hackfleisch- und Tatar-Zubereitungen zugesetzt werden (Deutsches Beefsteak, Hamburger, Frikadellen, Buletten); Pfarrer Kneipp empfahl sie auch als Knödelgewürz: »Solche Knödel sind ebensogut ein Gesundheits- als ein Nährmittel.« Im übrigen läßt sich aus jungem Brennesselgrün selbst ein sehr schmackhaftes, spinatähnliches Gemüse bereiten, das man freilich nicht zum Hauptgericht erheben sollte, das sich jedoch ausgezeichnet als Beilage zu Mittagstisch und Abendbrot eignet.

Heilkunde

Brennesseln sind reich an Vitamin C, enthalten Vitamin und Provitamin A sowie viel Chlorophyll (Pflanzengrün) mit Phytol, einem wesentlichen Bestandteil der Vitamine E und K, dazu wertvolle Mineralsalze. Schon dies macht deutlich, daß die Brennessel zu den für Frühjahrskuren bestens geeigneten Kräutern gehört, wobei dem frischen Grün und seinem Saft erstrangige Bedeutung zukommt. Im übrigen wirken Brennesseldrogen regulierend im Verdauungstrakt, schleimlösend, harntreibend und hautreizend; hinzu kommt eine ganze Palette auf das Blut bezogener Effekte: Bestimmte In-

haltsstoffe sind der Blutbildung (Vermehrung der roten Blutkörperchen) förderlich; allgemein stoffwechselverbessernde und damit blutreinigende Wirkungen reichen bis zur gezielt (homöopathisch) dosierbaren Blutzukkersenkung bei Diabetes mellitus (Arzt!); und schließlich gehört auch die Blutstillung (mit Begünstigung der Wundheilung) zu den Nesseleffekten.
Frischsaft, aus der ganzen Pflanze (mit oder ohne Wurzeln) gepreßt, sollte zur innerlichen Anwendung wenigstens im Verhältnis 1:4 mit Wasser oder Haustee verdünnt werden; diese Verdünnung dann teelöffelweise nach Bedarf (nicht über 4–5 Teelöffel als Tagesdosis) einnehmen zur belebenden Unterstützung der organischen Reinigung von Atem-, Verdauungs- und Harnwegen, insbesondere bei katarrhalischen Beschwerden, Nieren- und Blasenleiden, Kolikneigung sowie bei Wassersucht und Blutungen (Arzt!). Bei offenen Wunden (auch z. B. Zahnfleischbluten) ist unverdünnter Brennesselsaft hilfreich, auch bei Nasenbluten (saftgetränkte Baumwollpfröpfchen einführen). Waschungen mit dem verdünnten Saft empfehlen sich bei hartnäckigen Hautausschlägen, »fressenden« Geschwüren und schlecht heilenden Wunden mit wuchernden Rändern.
Teeaufguß: 4 bis 5 Teelöffel des Trokkenguts (Brennesselblätter; auch ganzes Kraut mit Wurzel) auf 1 Tasse; 2–3 Tassen als Tagesdosis zur Blutreinigung und allgemeinen Stoffwechselanregung, gezielt bei Katarrhen im Brust- und Magen-Darm-Bereich, Harnverhaltung, Hämorrhoiden sowie rheumatischen Beschwerden. – Sebastian Kneipp: »Eine beginnende Wassersucht kann durch Brennesselwurzeltee behoben werden. Derselbe räumt überhaupt mit faulen Säften auf.«
Abkochung/Tinktur aus Brennesselwurzeln – insbesondere auch in Mischung mit Klettenwurzel (Arctium lappa/minus) und Veilchendroge (Viola odorata) – dienen zu hautreizenden und damit auch die Haarbildung (soweit möglich) fördernden Einreibungen der Kopfhaut bei Haarausfall.
Frische Brennesselpflanzen nahm man früher zum sanften Peitschen der von Rheuma oder Gicht befallenen Körperteile: eine zwar keinesfalls unsinnige, aber doch recht unangenehme und nicht ganz unbedenkliche Prozedur. Sehr viel ratsamer ist das Auflegen ganz kurz angebrühter (nicht mehr brennender) Nesselblätter als Pflaster oder Packung auf schmerzende oder gichtig geschwollene Stellen. – »Die Blätter mit Salz gestoßen, ein Pflaster davon gemacht und auf ein Wunden (gelegt), heilet allesamt.« (Adamus Lonicerus, 1679)

Vaccinium vitis-idaea
Preiselbeere, Sprießel- oder Kronsbeere, Jäger-, Grandel-, Sauer-, Stein-, Speckbeere, Totenkraut, Zwengerling, Rote Heidelbeere oder Rote Welpen
Merkmale: Fünf enge Verwandte repräsentieren bei uns eine weltweit etwa 400 Arten zählende Gattung eßbare Beerenfrüchte liefernder Heidekrautgewächse: Großfrüchtige Moos- oder Krannbeere (Vaccinium macrocarpum), Heidel- oder Blaubeere (V. myrtillus), Moosbeere (V. oxycoccus), Moorbeere (V. uliginosum) und Prei-

sel- oder Kronsbeere (V. vitis-idaea). Als Würzpflanze anzusprechen ist nur diese letztgenannte Art, ein bis etwa 30 cm hoher, immergrüner Zwergstrauch, der auch als »Zeigerpflanze« für saure Böden zu bewerten ist. Wir finden ihn in mehr oder weniger ausgedehnten Beständen auf trockensandigem oder torfigem Grund, in lichten Nadelwäldern (Kiefern bevorzugt), Heiden und Mooren, vornehmlich in Gebirgslandschaften.

Stengel kriechend mit aufsteigenden Ästen, verholzend, ableger-wurzelbildend. Blätter elliptisch bis verkehrteiförmig, kurzgestielt, lederartig, oben dunkelgrün glänzend, an der Unterseite heller gefärbt, braun punktiert; ihr Geschmack ist bitter-zusammenziehend. Blütenglöckchen (Mai–Juli) weiß bis rötlich, in nickenden Trauben. Beerenfrüchte kugelig, anfangs weiß, in der Reife rot; ihr Geschmack ist herb-säuerlich.

Sammelgut: reife Beeren ab August; Blätter ebenfalls erst bei bzw. nach der Fruchtreife, bis Oktober; seltener junge Blätter und Triebe (Zweigspitzen) vor dem Aufblühen oder speziell Preiselbeerblüten. – Grünes Sammelgut und Blüten sind möglichst bei normaler Lufttemperatur auszutrocknen.

Küchenwürze

Aus vollreifen Preiselbeeren bereitet man ein – die Fruchtform möglichst erhaltendes, nicht verbreiendes – Kompott, das als delikat würzende Beigabe zu Rindfleisch- und Kloßgerichten, insbesondere aber zu Wildbraten und -ragout dient.

Heilkunde

Hervorragend unter allen Heilanzeigen bezüglich der Preiselbeere bzw. des sie hervorbringenden Zwergstrauchs sind die Nieren- und Blasentätigkeit betreffenden Indikationen. Das reicht von Harnverhaltung, Bettnässen und Harnstrenge (alkalisch-ammoniakalische Harngärung, Urinierschmerz) über Blasenkatarrh und Nierenbeckenentzündung, Grieß- und Steinleiden bis zu gichtig-rheumatischen Folgebeschwerden. Von erstrangiger Bedeutung ist hierbei die arbutin-haltige Preiselbeer-Blattdroge.

Teeaufguß: 2–3 Teelöffel Trockengut (von Blättern oder Grüntrieben) auf 1 Tasse; 2 bis 4 Tassen als Tagesdosis bei Harnbeschwerden jeder Art, insbesondere jedoch Katarrhen und Steinleiden sowie fiebrigen Erkrankungen (Arzt!).

Abkochung: wie Teeaufguß, besonders empfohlen bei Entzündungen der Harn- und Gallenwege. Einmischbar sind – gleichartig, jedoch schwächer wirksame – Blätter vom Birnbaum (Pyrus communis).

Blütentee: 3–4 Teelöffel getrocknete Preiselbeerblüten auf 1 Tasse; 3–4 Tassen als Tagesdosis bei rheumatischen Beschwerden.

Beerenkompott/-mus: Das Wildbratengewürz wirkt – gesondert-gezielt eingesetzt – als kühlend-belebendes Therapeutikum bei Appetitmangel, Harnstau, Brechruhr. – Roh zerquetschte und durch Seiher oder Sieb passierte Beeren ergeben ein das Fieber senkendes und den Durchfall bremsendes Mittel.

Frischsaft, aus vollreifen Preiselbeeren gepreßt, ist ein bei körperlichem und/oder geistigem Streß sehr empfehlenswerter Stärkungstrank – und

seien es auch nur ein paarmal täglich ein paar Schluck.
Sirup: Alles unverholzte Pflanzengrün, auch mit Blüten und/oder Früchten, mit Bienenhonig oder Kandiszucker aufkochen, nicht allzulange sieden, abseihen. Vom Ergebnis koste man portionsweise (2 bis 3mal täglich 1 Schnapsgläschen) bei Husten und Heiserkeit sowie bei Erkältungskrankheiten im allgemeinen; der Sirup wirkt vor allem schleimlösend, harn- und schweißtreibend.
Pulver: »Preiselbeeren, getrocknet und zu Pulver zerstoßen, werden messerspitzenweise gegen Durchfälle und Ruhr gebraucht. Dasselbe Pulver gibt, mit Wasser angerührt, unter Zusatz von Zucker eine wohlschmeckende Limonade von schöner roter Farbe.« (Aus: »Dr. Baumgartens Kräuterbuch«, Bad Wörishofen 1923.)

Anmerkungen
Ähnlich zu verwenden sind auch die Drogen der Echten oder Immergrünen Bärentraube (Arctostaphylos uva-ursi). – Übermäßiger Gebrauch von Preiselbeerblättern kann (leichte) Vergiftungserscheinungen verursachen. Bei Kurgebrauch sollte ärztlicher Rat eingeholt werden.

Valerianella locusta
Gemeiner Acker- oder Feldsalat, Rapunzel, Rapünzchen
Merkmale: Valerianella, eine Gattung der Baldriangewächse, zählt weltweit etwa 60 Arten. Von den 4 bei uns als Wildkräuter heimischen (nebst zwei da und dort aus dem Mittelmeerraum eingebürgerten) Arten ist Valerianella locusta zweifelsfrei die bekannteste. Wir kennen den Gemeinen Feldsalat im allgemeinen zwar nur als Kulturpflanze, aber er gedeiht – meist unbeachtet – allenthalben auch als bis 25 cm hohes, einmal überwinterndes Acker- und Wegeunkraut, hier unbemerkt über den Zaun hinaus verwildert, dort sogar auf Ödland wuchernd.
Stengel meist kaum sichtbar, ab Bodenniveau gabelig verzweigt. Blätter gegenständig, ganzrandig spatel- bis lanzettförmig, oft ein scheinbar rosettig-grundständiges Büschel bildend. Blüten (April–Mai) sehr klein, bläulich-weißlich, in dichten Trugdolden.
Ernte-/Sammelgut: die ganze grüne Pflanze im späten Winter bzw. Vorfrühling, unbedingt vor der Blüte!

Küchenwürze
Feldsalat ist nicht nur eine kernig-schmackhafte Tafelbereicherung in der an wirklich frischem, einheimischem Grün so kargen, weil zu kalten Jahreszeit. Er ist überdies eine wahre, den gesamten Organismus auffrischende Gesundkost, dank seinem Reichtum an Vitaminen (vor allem A und C) sowie lebensnotwendigen Eisenverbindungen. Und dabei muß Feldsalat durchaus nicht stets als Feldsalat serviert werden, sondern man kann ihn auch (mehr oder minder kleingeschnitten) als Suppen- und Gemüsewürze gebrauchen, wie Spinat zubereiten, kann den Saft auspressen und zu Cocktails verwenden, deren möglichen Rezepturen nur die Phantasie Grenzen setzt.

Veronica
Ehrenpreis
Zur Familie der Braunwurzgewächse bzw. Rachenblütler zählende Gattung überwiegend in den gemäßigten und

Vaccinum myrtillus (Heidelbeere, Blaubeere)

Vaccinum vitis-idaea (Preiselbeere, »rote Heidelbeere«). Rechts Blüte der Preiselbeere im Mai–August.

kalten Zonen der Erde heimischer Kräuter und Halbsträucher. Weltweit wurden rund 150 Arten festgestellt, davon knapp die Hälfte in Europa, über 30 in Deutschland. Die deutsche Bezeichnung Ehrenpreis rührt wahrscheinlich noch aus der Blütezeit des edlen Rittertums her, als Turniersiegern ein von zarter Hand gebundenes Sträußchen Veronica chamaedrys zu männiglicher Helmzier gereichte. Dieser buchstäblich blaublütige (und beziehungsreich mit herzförmigen Samenfrüchten versehene) Wald-Ehrenpreis ist eine von 4 Arten:

Veronica anagallis-aquatica
Wasser- oder Gauchheil-Ehrenpreis: in Quellseichten und vollnassen Uferbereichen stehender oder unregulierter fließender Gewässer bis 60 cm hohe Staude. Stengel vierkantig, am

Grund verzweigt. Blätter gegenständig, kurzgestielt, eiförmig bis elliptisch, ganzrandig. Rachenblüten (Mai–August) blaßviolett, selten rötlich, in blattwinkelständigen, lockeren Trauben.

Veronica beccabunga
Bach-Ehrenpreis, Bachbunge: ebenfalls in bodenfüllender Nässe gedeihende, auch in Wuchshöhe und Pflanzenbild Veronica anagallis-aquatica stark ähnelnde Staude, jedoch mit stielrundem Stengel und himmelblauen Rachenblüten (Mai–August).

Veronica chamaedrys
Gamander- oder Wald-Ehrenpreis, Ehrenkranz, Ehren-Männertreu: auf Grasland, in Auengebüsch und Laubmischwäldern anzutreffende, nicht allzu schattenscheue Staude bis etwa

40 cm Wuchshöhe. Stengel niederliegend, mit aufsteigenden Zweigen. Blätter gegenständig, eiförmig-elliptisch. Rachenblüten (Mai/Juni) hellblau mit dunklen Adern, in attraktiven Traubenständen. Fruchtkapseln herzförmig, profiliert.

Veronica officinalis
Der Echte oder Wald-Ehrenpreis, Wund-, Grund- und Grindheil, Heil aller Welt, Kohlbrenner-, Köhler- oder Schlangenkraut, Hühnerraute: als Heilpflanze wohl ersterkannte und zugleich am weitesten verbreitete Ehrenpreis-Art; bis etwa 30 cm hoch, auf recht trockenen und kalkarmen Böden gedeihender Halbstrauch, auf sonnigen Wiesen und Weiden, in Waldlichtungen und lichten Waldungen wie auch an Wegrändern zu finden. Stengel verholzend, liegend mit aufstrebenden Zweigen, rauhbehaart. Blätter gegenständig, elliptisch bis verkehrt-eiförmig, sägerandig. Rachenblüten (Juni–August) himmelblau mit heller oder weiß mit dunkler Aderung, in blattwinkelständigen Trauben. Herzförmige Fruchtkapseln. **Sammelgut:** zum Küchengebrauch junge Blätter jederzeit; für Heilzwekke naßwurzelnde Arten möglichst vor dem Aufblühen, Wald-Ehrenpreis auch noch mit Blüten. – Lufttrocknung kurzfristig, nicht über 35° Wärme – wobei sich bereits der schwach würzige Geruch verliert.

Küchenwürze
Junge Blätter – vor allem von den etwas krautigeren, naßwurzelnden Arten – eignen sich (ungeteilt oder kleingeschnitten) als wohlschmeckender Zusatz zu Grün-, Wurzel- und Mischsalaten. Jedes Erhitzen jedoch mindert ihre Würzqualität. – »Im April, vor der Blüte, kann man den Ehrenpreis sehr gut als Salat essen und auf diese Weise das Heilsame mit dem Nützlichen verbinden. Auch wird der Ehrenpreis, d. h. die Blätter, getrocknet und an Stelle von Tee oder Kaffee am Nachmittag getrunken.« (Dr. Alfred Baumgarten, »Kräuterbuch« 1923).

Heilkunde
Die Volksmedizin gebraucht Ehrenpreis aller hier genannten (und einiger zusätzlicher) Arten von alters her vor allem zur Teebereitung gegen Appetitschwäche, Aufstoßen, Blähungen und andere Unleidlichkeiten, bei Harnverhaltung und Wassersucht sowie zu Waschungen und Auflagen bei skrofulösen Hauterkrankungen. Auch blutreinigende und insbesondere drüsenanregende Eigenschaften sind keinem dieser Kräuter abzusprechen, deren meistgebrauchtes und -gepriesenes freilich Veronica officinalis ist. Dieser Echte Ehrenpreis erwies sich als umfassend wirksames Leber-, Milz-, Nieren- und Blasenkraut, kann aber gegebenenfalls – zumindest aushilfsweise – durch diese oder jene andere der genannten Arten ersetzt werden.
Ehrenpreis ist stets hilfreich bei Husten und Heiserkeit, Asthma sowie – auch chronischen – Katarrhen der Atem- und Verdauungswege, von Nutzen bei Magenverstimmungen aller Art, Magenschmerzen und in Verdauungsstörungen begründeter Migräne wie auch bei Dickdarmentzündung (Arzt!). Weitere Indikationen sind Gelbsucht, Blasenkatarrh, Bla-

sen- und Nierenstein- oder -grießleiden, Koliken, ebenso rheumatische und gichtige Beschwerden (Gliederschmerzen).

Teeaufguß: 1–3 Teelöffel Trockengut (Blätter mit Stengeln und Stielen, Knospen und/oder Blüten) auf 1 Tasse; 2–3 Tassen als Tagesdosis, in kleineren Quanten über den Tag zu verteilen. »Dieser Tee fördert auch den Gallenfluß und regt die Nierentätigkeit an. Als Magen- und Verdauungsmittel mischt man ihn mit Erdbeerblättern. Zinnkraut und etwas Wermut oder mit Minze, Tausendgüldenkraut und Wacholder.« (Adolf Oertel/Eduard Bauer, »Heilpflanzen-Taschenbuch« 1908/1948.)

Frischsaft, aus dem ganzen Kraut (ohne Wurzeln) gepreßt: 1–2 Teelöffel im Verhältnis 1 : 10 mit Wasser verdünnt oder 2–3 Teelöffel Saft auf 1 Tasse Milch; 2–3mal täglich diese Dosis anstelle von Tee einnehmen. Frischsaft empfiehlt sich insbesondere bei Nierenleiden (Nierenverstopfung).

Äußerliche Anwendung: Bei geschwürigen Symptomen im Mund-Rachen-Halsbereich, auch bei Zahnfleischentzündungen und z. B. schmerzhaften Beschwerden beim schubweisen (in Zeitabständen aktivierten) Durchstoßen von »Weisheitszähnen« empfiehlt sich mehrmals tägliches Gurgeln mit Tee oder stärkerem Ehrenpreis-Absud.

Bei Hautjucken (»Altersjucken«), Ausschlägen und Hautgeschwüren wird die innerliche Anwendung von Ehrenpreis-Tee oder -Saft vorteilhaft – und vor allem rasch beschwerdelindernd – ergänzt durch Waschungen oder Auflagen (getränkter Mull) mit Ehrenpreis-Tee oder -Abkochung. Überdies kann man das ganze Kraut – ein paar Handvoll für ein Vollbad – frisch in der Badewanne überbrühen und während des Badens nachziehen lassen.

Heilkunde ist Naturkunde

»Die Sprache der Natur lernt man weder auf der Schulbank in der verstunkenen Schulluft, noch an der Leiche im Seziersaal, noch am geschundenen Tier im Laboratorium, noch am siechen Kulturmenschen im Spital, sondern in der Natur selbst.«

Dieses gewagte Bekenntnis von Prof. Dr. med. Gustav Jäger stellte M. Platen dem 1898 erschienenen Supplement-Band zu seinem Hauptwerk »Die Neue Heilmethode« als Motto voran. Und Platen zitierte einen »erfahrenen ärztlichen Schriftsteller, der sich unter dem Pseudonym ›Dr. Graham Sylvester‹ verbirgt«, mit Beobachtungen, wie sie auch unsere frühen Vorfahren schon gemacht und genutzt haben mögen, eigenen, instinktiv richtigen Umgang mit Wildkräutern empirisch ergänzend und erweiternd:

»Man lerne doch in bezug auf die heilkräftige Wirkung einzelner Pflanzen von den Tieren ..., welche zu gewissen Zeiten ganz bestimmte Kräuter, bei Verschmähung der gewohnten Nahrung, zur Blutreinigung ausfindig machen. Der Hund frißt Gras als Purgativ (Abführmittel – d. Red.). Die Zugvögel statten überall vor ihrer Herbstwanderung noch dem Hollunderbaum, der Eberesche, dem Wacholderstrauch einen Besuch ab, um ihre Säfte zu verbessern und sich zur weiten Wanderung zu stärken. Der Ichneumon (Manguste, Melon, Pharaonsratte; eine Schleichkatze – d. Red.) frißt, sobald er von giftigen Schlangen gebissen wird, die Ophiorrhiza (Schlangenwurz). Die trächtige Löwin sucht zur Erleichterung des Wurfaktes die schon von den Alten als Frauenkraut gerühmte Salvia (Salbei). Verwundete Wildschweine heilen sich mit Epheu. Der Eber sucht die Carlina acaulis (Stengellose Eberwurz, Silberdistel) auf, wenn er vom (giftigen) Bilsenkraut gefressen. Der augenleidende Stieglitz erpickt den Samen aus Distelköpfen, die erblindete Schlange frißt Fenchelblätter, und die Blüte des Schellkrautes (Chelidonium) bringt nach Ortolf den jungen Schwalben das zerstörte Gesicht wieder. ›Wenn der Adler gar hoch fliegen will, so ißt er von der Laktuka (Lattich, Gartensalat); das macht sein Gesicht so scharf, daß er mancherlei Heimlichkeit sieht hoch und nieder.‹ (Codex Vindobon.) Trasmus berichtet von der Kröte, falls sie von einer Spinne gebissen worden, eile sie zum Wegerich, und damit werde ihr geholfen. Viele Vogelarten suchen, die einen dieses, die anderen jenes Kraut auf, wenn der anhaltende Genuß ölhaltigen Samens das Blut verdickt und den Körper mit zähen, schleimigen Säften überfüllt hat. Ehe das Wiesel mit einer Giftschlange kämpft, eilt es zur Weinraute, um sich immun zu machen ... Der vom Wolf gebissene Hirsch frißt Ehrenpreis (Veronica) und legt sich mit der Wunde darauf, und mit Gier stürzt das kränkelnde Karnikel auf die im vorgeworfenen Futter verstreuten Stiefmütterchen (Viola tricolor). Der Hase knabbert zur Brunstzeit gewisse Rinden usw., um sich vor geschlechtlichen Ansteckungen zu schützen, usw.«

So naiv sich dergleichen auch heute liest, so unbestreitbar ist doch, daß wir z. B. von manchen Freßgewohnheiten der Tiere nachgerade auf eine tierische Würzkunst schließen müßten – wüßten wir nicht, daß es sich dabei um instinktgesteuertes Vorbeugungs- und Heilverhalten handelt. Ein Verhalten, das dem Menschen schon aus Hominiden-Zeiten eingeprägt blieb und vom Homo sapiens mit den Mitteln des ihm eigenen Verstandes kultiviert wurde. So irrte der deutsche Biologe, Pharmazeut und Altmeister der Pharmakognosie (Heilstoffkunde) Alexander Tschirch (1856–1939), als er schrieb: »Uralt wie das Menschengeschlecht ist die Benutzung der Heilpflanzen.« Da sich tatsächlich auch Tiere aus »des Herrgotts Apotheke« (Kneipp) bedienen, um ihre Verdauung zu regulieren, Vergiftungen zu kurieren, Wundschmerzen zu lindern usw., brauchte der Mensch nur fortzusetzen und weiterzuentwickeln, was schon vorgegeben war, als die Affen aufrecht laufen lernten.

Es ist mithin nicht verwunderlich, daß sich der Heilpflanzengebrauch nicht nur in allen frühen Hochkulturen, sondern auch in allen Primitivkulturen nachweisen läßt. Aus dem alten Ägypten sind ganze Drogensammlungen auf uns überkommen – und auf Papyri die dazugehörigen Gebrauchsanweisungen. Die Anwendung von Heilkräutern beansprucht viel Raum in den Hippokratischen Schriften griechischer Priesterärzte des 5. und 4. vorchristlichen Jahrhunderts. Im ältesten uns bekannten Kräuterbuch beschrieb der griechische Philosoph Theophrastos (um 372–287 v. Chr.), ein Schüler und Freund des Aristoteles, bereits etwa 450 Pflanzen. Das erste illiustrierte Kräuterbuch verdanken wir Krateuas, dem Leibarzt des Königs Mithridates VI. (132–63 v. Chr.) von Pontus. Kein Geringerer als Julius Caesar (um 100–44 v. Chr.) erkannte in der Alantwurzel (Inula) das geeignete Mittel, um einer Seuche Einhalt zu gebieten, die nach dem Genuß von Rheinwasser unter seinen Truppen grassierte.

Darstellung des Majoran (15. Jahrhundert)

Im 1. nachchristlichen Jahrhundert verfaßte der griechische Arzt Dioskurides eine Arzneimittellehre, die Botanikern und Pharmakologen, Pharmazeuten und Ärzten jahrhundertelang als Grundlagenwerk diente. Dioskurides führte bereits alle wichtigen, heute noch gebräuchlichen Dro-

gen – Kraut, Blätter, Blüten, Samen, Wurzeln, Holz, Rinde – an.
Karl der Große (742–814) dekretierte gegen die Pestilenz – oder was dafür gehalten wurde – den Gebrauch der Eberwurz, und dies mit ausgezeichnetem Erfolg. Deshalb erhielt die Eberwurz (Silberdistel) den botanischen Namen Carlina, nach Carolus Magnus, der ihre Heilwirkung landauf, landab hatte bekanntmachen lassen. – Andere Kräuter wurden gleich namentlich als Heilkräuter gekennzeichnet. Platen (1898) zitiert einige dieser alten, heute noch – in der botanischen Fachsprache – gebräuchlichen Namen: »So zum Beispiel heißt Scabiosa auf deutsch: Grindkraut, Krätz- oder Räudekraut, Apostemkraut – Carduus benedictus: Gesegnete Distel – Centaurea benedicta: Segenskraut, Bornkraut (die Heil- oder Bitterdistel) – Tussilago: Hustenbrecher (Huflattich, Brandlattich) – Matricaria: Mutterkraut – Valeriana (vom lateinischen valere, gesund sein, kräftig sein): Baldrian – Sanicula (vom lateinischen sanus, gesund, bzw. sanare, heilen): das Heil aller Schäden – usw.«

»Der Arzneitrank«; Kupferstich aus der Mitte des 18. Jahrhunderts. Die obere Inschrift verheißt die baldige »erfreuliche Wirkung«.

Klosterfrau und Kräuterhexe

Naturgemäß blieb es nicht nur beim Sammeln als heilkräftig erkannter Kräuter, sondern man trachtete sie anzubauen. Auch Karl der Große entwarf einen Kräutergartenplan. Und das Kloster St. Gallen hatte – wie ein Dokument ausweist – im 9. Jahrhundert immerhin schon 16 Beete mit Würz- und Heilkräutern belegt, darunter Lauch und Liebstöckel, Rosmarin und Salbei etc. Die – später heiliggesprochene – Benediktiner-Äbtissin Hildegard von Bingen (1098–1179) hinterließ in ihren naturwissenschaftlichen und medizinischen Schriften einen umfangreichen Erfahrungsschatz auch hinsichtlich der Heilkräuterkultur, die jahrhundertelang insbesondere in den Klostergärten gedieh. Unterdessen brachte fahrendes Volk die Kräuterheilkunde unters seßhafte Volk in Stadt und Land. Bader und Bänkelsänger, Schausteller, Schäfer und Schmiede, Marktschreier und Marketenderinnen betätigten sich – mehr oder minder berufen oder betrügerisch – als Heil- und Lebenskünstler. Die Inquisition bedrohte Genies und Scharlatane, Heilige und Scheinheilige gleichermaßen. »Wurzelsepp« und »Kräuterhexe« hatten schlimme Zeiten.

Eine Zeitenwende brachte Gutenbergs Erfindung der Buchdruckerkunst um die Mitte des 15. Jahrhunderts. Denn von nun an konnte Wissen auch außerhalb der elitären Zirkel weltlicher und geistlicher Macht »schwarz auf weiß« verbreitet werden – nicht mehr nur von Mund zu Mund, mit allen Unzulänglichkeiten bloßen Hörensagens. Das erste gedruckte Hausbuch war die Bibel. Ihr folgten rasch als Zweitbestseller erste, auf die klassischen Werke griechisch-römischer Heilmittelkunde zurückgreifende Kräuterbücher.

Theophrastus Bombastus von Hohenheim (1493–1541), genannt Paracelsus, unternahm es, Altverbürgtes neu zu sichten und von fahrendem Volk Abgelauschtem nach kritischer Prüfung zu ergänzen. Paracelsus sah die Hauptaufgabe des Arztes in der sachkundigen Hilfestellung zur naturgewollten Selbsthilfe des erkrankten Organismus. – Hier ist anzumerken, daß Paracelsus für bestimmte Heilzwecke auch chemische Präparate empfahl, damit zum Begründer der Iatrochemie wurde, und daß die Betonung des organischen Zusammenwirkens von Körper und Seele ihn als einen »Altvater« der modernen Psychosomatik ausweist; von seinen Einsichten in die – letztlich auch ökologisch zu sehende – Eingebundenheit bis zu Sternen-Fernen umgebenden Makrokosmos ganz zu schweigen. Vor solchem geistigen Hintergrund gewann auch die paracelsische Kräuterheilkunde besonderes Gewicht.

Sebastian Kneipp (1821–1897) – Pfarrer in Wörishofen und Vollender der Wasserheilkunde von Vincenz Prießnitz (1799–1851) – lernte, was den Umgang mit Heilkräutern angeht, von Paracelsus. Und als im ausgehenden 19. Jahrhundert der Berliner Privatgelehrte und einstige Rechtsanwalt Martin Glünicke der Zellularpathologie eines Rudolf Virchow (1821–1902) eine naturheilkundliche Zellulartherapie gegenüberstellte, geschah auch dies nicht ohne Rückblick und -griff auf das Vermächtnis des Paracelsus.

Aesculus hippocastanum (Roßkastanie)

Grenzen - Gefahren - Gebote

Nun können wir gewiß nicht davon ausgehen, daß in der Natur für jedes Gift ein Gegengift zu finden sei. Überdies ist heute zu bedenken, daß wir uns schon auf recht bedenkliche Distanz von der Natur entfernt, aus ihr herausgeschält haben: so weit, daß wir plötzlich auf wirklich naturgemäße Lebensbedingungen in aller Konsequenz zurückgeworfen, hoffnungslos verloren wären. Denn wir sind der Natur nicht mehr gewachsen. Und wir leiden – Folge unserer denaturierten Lebensweise – zu nicht geringem Teil schon unter Zivilisationsschäden, die nach Art und Stärke in der Natur nicht vorgesehen sind. So können wir nicht hoffen, für jedes auf Asphalt und Beton kultivierte Leiden ein in freier Natur wildwachsendes Heilmittel vorzufinden.

Heilpflanzen sind mithin zu vorbeugender Gesunderhaltung höchst empfehlenswert, zur Linderung akuter und auch chronischer Beschwerden in vielen Fällen chemischen Produkten entschieden vorzuziehen und auch für Heilzwecke bei zahlreichen Erkrankungen hervorragend geeignet, ja bisweilen unentbehrlich. Aber wir dürften sie doch auch nicht überschätzen. Ganz abgesehen davon, daß Anwendungsfehler (z. B. falsche Dosierung, zu langfristiger Gebrauch u. a.) auch hier unerwünschte und gefährliche Neben- und Folgewirkungen zeitigen können. In jedem Fall empfiehlt sich die Absprache mit dem Arzt; bei ernsteren Erkrankungen ist sie unerläßlich. Insbesondere bei bestimmten Herz- und Nierenleiden, bei Diabetes mellitus sowie Erkrankungen, die eine Einschränkung der täglichen Flüssigkeitsaufnahme erforderlich machen, kann ein Fehlgriff in die Kräuterkiste fatale Folgen haben.

Bei fachkundiger Anwendung von Pflanzendrogen kann es leicht geschehen, daß sich die Symptome der auszuheilenden Erkrankung zunächst – auf Stunden oder auch einige wenige Tage – verstärken. Nicht selten gibt der Arzt bereits entsprechend Vorwarnung. Denn diese Erscheinung ist in der Regel nicht etwa bedenklich, sondern im Gegenteil sicheres Anzeichen dafür, daß die Therapie »greift«. Das ist, als ob das zielgenau »in seinem Nerv getroffene« Leiden sich noch einmal mit letzter Kraftentfaltung aufbäume (damit die körpereigenen, durch sinnvolle Therapie gestärkten Abwehrkräfte zusätzlich aktivierend), ehe es dem Gesundungsprozeß vollends zum Opfer fällt.

Anders Vergiftungserscheinungen, die hier nicht unbesprochen bleiben dürfen. Viele Pflanzen enthalten – zum Teil heilwirksame, überwiegend jedoch stark giftige – Alkaloide. Im vorliegenden Buch wurden ausgesprochene Giftpflanzen und -pilze mit Vorbedacht nicht aufgenommen. Aber auch manche an sich – bei sachkundiger Anwendung – harmlose Substanzen können unter gewissen Umständen (Nichtbeachtung medizinischer Kontraindikationen, Überdosierung, versehentlicher Rohverzehr u. a.) toxische Wirkungen zeitigen. Um diesen unverzüglich begegnen zu können, muß man ihre ersten Anzeichen kennen:

a) Brennen, übermäßiger Speichelfluß oder Austrocknung in Mund und Schlund;
b) Schlingbeschwerden, Würgegefühl, Brechreiz;
c) Magenkrämpfe, Kolik, Durchfall;
d) Atembeschwerden, Schwindel, Benommenheit, Sinnesstörungen;
e) Erregungszustände und Lähmungserscheinungen.

Sollte sich dergleichen einmal nach Drogengebrauch oder Pilzverzehr einstellen, so ist unbedingt für sofortiges Erbrechen zu sorgen (sofern der Betroffene bei Besinnung ist, andernfalls bestünde Erstickungsgefahr!). Dies geschieht immer noch am einfachsten, indem man buchstäblich »den Finger in den Hals steckt« oder den Rachen mit einer Vogelfeder kitzelt oder ein paar Schluck warmer Milch mit darin gelöster Butter trinkt.

Nach dem Erbrechen gibt man als Adsorptionsmittel zur Giftstoffbindung Tierkohle, die für den Vergiftungsfall in jede Hausapotheke gehört. Stark alkaloidbindend wirkt auch eine konzentrierte Teezubereitung (Aufguß, Abkochung) gerbstoffhaltiger Drogen (vor allem Eichenrinde, Walnußblätter, Heidelbeeren, aber auch Birkenlaub, Melisse, Salbei, Blutwurzel, Zinnkraut u. a.). Alkohol ist unbedingt zu meiden! – Und vor allem ist bei ernstem Vergiftungsverdacht stets sofort ein Arzt (gegebenenfalls Nothilfestation) zu alarmieren!

Diese Warnungen lesen sich recht dramatisch, irritierend. Dies freilich nur, weil der Vergleich fehlt. Denn die mögliche Schädlichkeit allopathisch-chemotherapeutischer Pharmazeutika – auf deren Beipackzetteln als Kontraindikationen, Nebenwirkungen u. a. ausgewiesen, soweit überhaupt bekannt – erschließt sich dem fachsprachlich ungebildeten Laien nur unzulänglich. Und an welchen Symptomen der mögliche Fehlgriff des verordnenden Arztes (der sattsam bekanntermaßen auch nur ein zum Irrtum befähigter Mensch ist) erkennbar wird, ist für den Laien kaum ersichtlich. So erscheint jedes chemische Präparat in seiner blitzsauberen Darreichungsform steril und risikolos – verglichen mit jedwedem Wildwuchs, der vielfach mit mehr Warnungen als Tarnungen behaftet ist.

Warnungen sind immer gut. Allenfalls fachsprachlich entschlüsselbare Phantasienamen und werbewirksame Empfehlungen jedoch sind bloße Tarnungen, wenn nicht ebenso fettgedruckt erkennbar wird, jenseits welcher Grenze Heil in Unheil umschlagen kann, unter welchen Umständen hier Gutes und zugleich dort Böses bewirkt wird.

Heilpflanzen sind weitgehend enttarnt. Im Gegensatz zu vielen Pillen und Ampullen, die wir schon als tägliches Brot vom Apotheker konsumieren. Nur scheinbar entwarnt ...

Heilkräuter, Beeren, Sträucher

Achillea alpina
Silbermänteli, Alpen-Frauenmantel, Taubblätter
Merkmale: 10–30 cm hohes Rosengewächs. Blüten unscheinbar grüngelb in buschigen Blütenständen, Mai bis August. Blätter 5–7fingrig, Abschnitte bis zum Grund geteilt, dunkelgrün, unterseits und am Rand seidigschimmernd behaart, lang gestielt. Auf Wiesen und auf Weiden auf kalkarmer Unterlage in den Alpen.
Sammelgut: Blätter, Juni/August.

Heilkunde
Die Droge wirkt ähnlich wie die des gewöhnlichen Frauenmantels, doch wird ihr größere Wirksamkeit zugeschrieben. Äußerlich als Wundheilmittel, innerlich als Blutreinigungsmittel, bei Darmkatarrh, während der Schwangerschaft zur Stärkung des Uterus und bei akuten Entzündungen. Zubereitung: wie bei Alchemilla vulgaris.

Achillea erba-rotta ssp. moschata
Ivapflanze, Moschus-Schafgarbe, Bisamkraut
Merkmale: 5–20 cm hoher Korbblütler. Blüten gelb mit weißen Strahlenblüten zu einem 3- bis 25-köpfigen Ebenstrauß vereinigt. Kelchblätter mit braunem Rand, Juni–August. Blätter einfach fiederteilig, drüsig punktiert. Geruch aromatisch. Steinige kalkarme Böden, in den Alpen.
Sammelgut: das blühende Kraut, Juli/August.

Heilkunde
Die Ivapflanze wirkt vor allem appetitanregend, schwach hustenlösend und harntreibend. Als Tee bei Nierenleiden, Blasenschwäche, Magenkatarrh und -krämpfen, mangelnder und schmerzhafter Periode. Mit anderen Kräutern ein Hustenmittel. Gegen Appetitlosigkeit wird oft der Ivalikör vorgezogen.
Teeaufguß: 1–2 Teelöffel auf 1 Tasse, täglich 2 Tassen.
Likörherstellung: 300 g frisches oder 75–100 g getrocknetes Pflanzenmaterial mit 5 dl Feinsprit und 5 dl Wasser ansetzen, 10 Tage stehen lassen, dazwischen öfters schütteln, abgießen und mit Zuckersirup mischen.

Acorus calamus
Magenwurz, Deutscher Zitwer, Echter oder Gewürzkalmus, Brustwurz, Ackerwurz
Merkmale: Aronstabgewächs mit gelblichgrünem bis bräunlichen Blüten in seitwärts gedrängten, bis zu fingerlangen Blütenkolben. Schwertförmige, schilfartige Blätter, dreikantiger Schaft. Wurzel bis 50 cm lang, dick, kriechend, grünlichbraun, würzig riechend. Die Pflanze wird bis 130 cm hoch.
Sammelgut: Wurzelstock: März/April, September/Oktober.

Heilkunde
Das Öl (Apotheke) wirkt verdauungsfördernd, magenstärkend, harntreibend, indirekt blutbildend, kräftigend. Bei Magen- und bei Darmstörungen

Alchemilla vulgaris (Frauenmantel)

Links oben:
Acorus calamus
(Kalmus, Magenwurz)

Links unten:
Agrimonia eupatoria (Odermennig)

werden Tee und Tinktur angewendet. Die Tinktur dient überdies als Gurgelwasser bei Zahnfleischentzündung. Abkochungen dienen als Zusatz zu Teil- und Wechselbädern bei Frostbeulen, Durchblutungsstörungen sowie Knochenerkrankungen entzündlicher Art, die mit Eiterungen und Schmerzen verbunden sind.
Teeaufguß/Abkochung: 1 Teelöffel getrockneter Wurzeln aufbrühen oder mit Wasser kalt aufsetzen, aufkochen; täglich 2–3mal eine Tasse. Gemischt mit Wermut im Verhältnis 2:1 morgens auf nüchternen Magen und abends vor dem Schlafengehen getrunken ist dergleichen ein Mittel zur Blutaufbesserung.

Agrimonia eupatoria
Gewöhnlicher Odermennig, Ackermennig, Bruchwurz, Heil aller Welt, Leberklette, Königskraut, Beerkraut
Merkmale: Bis 1 m hohes Rosengewächs mit kleinen gelben, duftenden Blüten in einer reichblühenden Traube (Juni/August), Kelch mit derben, hakenartigen Stacheln; klettenartige Frucht, Blätter unterbrochen und gefiedert, unterseits grau behaart, wechselständig, aromatisch riechend. Aufrechte, rauhhaarige Stengel.

Sammelgut: Blühende Pflanze mit Wurzel, Blätter Juni bis August.

Heilkunde
Agrimonia wirkt zusammenziehend und anregend auf den Stoffwechsel; wird gegen Leberleiden (Gelbsucht), Katarrh und Durchfall eingesetzt. Bei Schlaflosigkeit hilft eine Auflage aus zerquetschter Odermennigwurzel, die auf den Kopf gelegt wird. Es ist auch ein hervorragendes Wundkraut.
Teeaufguß/Abkochung: 2 Teelöffel auf eine Tasse, täglich 1–2 Tassen oder 3 Eßlöffel Odermennig auf $^1/_4$ l Wasser. Mit Salbei und Gundelrebe vermischt, ist der Tee gut bei Hals- und Rachenentzündungen. Mit Honig gesüßt, soll 3mal täglich 1 kleine Tasse getrunken werden. Für Saft wird die ganze Pflanze stark eingekocht. Vom so gewonnenen Konzentrat täglich etwa 35–70 g einnehmen.

Agropyron repens
(Triticum repens)
Echte oder Kriechende Quecke, Schließgras, Schnur- oder Schnürgras, Hundsgras, Graswurzel, Queckenweizen, Queckengras, Päde, Spitzgras, Flechtgras, Wurmgras
Merkmale: Bis knapp 1,5 m hohes Gras, das als lästiges Unkraut auf Äkkern und in Gärten wächst, auch in Flußauen, an Dämmen und Wegen. Grüne, lange, zweizeilige Ähre mit unscheinbaren Blüten; die Ähren wenden der Achse ihre Breitseite zu (Juni/August). Blätter schmal, grün bis bläulichgrün, behaart, mit kleinen Warzen an der Oberseite. Stengel aufrecht, glatt, meist kahl. Wurzelstock mit meterlangen, bleichen, durch Knoten gegliederten Ausläufern, bis ca. 80 cm tief, Wurzel geruchlos, süßlich im Geschmack.
Sammelgut: Unterirdische Ausläufer März/April, September/Oktober.

Heilkunde
Die Droge wirkt reizmildernd, harn- und schweißtreibend sowie blutreinigend, findet Anwendung bei chronischem Katarrh der oberen Luftwege, des Magens und Darms, ferner bei Wasseransammlungen, Gicht, Rheuma und skrofulösen Ekzemen. In Notzeiten wurde die Quecke als Nahrungsmittel gebraucht. Tee (oder Preßsaft) aus der Queckenwurzel wird bei Gicht und Rheumatismus, gegen Harnverhaltung, gegen Steinbildung in den Harnorganen sowie bei Gallen-, Milz- und Leberleiden empfohlen, er gilt als vorzüglicher Nieren- und Blasentee.
Queckenhonig: 125 g Wurzeln 45 Minuten in 1 Liter Wasser kochen, durchseihen, dann $^1/_2$ Liter Honig zusetzen. Wurzelsaft und Honig so lange einkochen, bis das Ganze geliert, dann lauwarm in Gläser füllen und aufbewahren. Bei Bedarf hiervon hin und wieder 1–2 Eßlöffel einnehmen: gut bei Brustkatarrh, Brustverschleimung und Stockungen in den Unterleibsorganen; erweist sich als reizmildernd und sanft lösend. – Bei Herstellung von Queckensirup nimmt man anstelle des Honigs 500 g Zucker. Verfahrensweise wie oben.
Queckensaft als hervorragendes Blutreinigungsmittel (für Frühjahrskur empfehlenswert): Man wäscht frische Queckenwurzeln sauber ab, zerquetscht sie und preßt sie durch ein sauberes Leinentuch.
Abkochung: 1 Teelöffel auf 1 Tasse,

täglich 1 Tasse in Abständen; Saft: 3mal täglich 1 Teelöffel.

Alchemilla vulgaris
Gewöhnlicher Frauenmantel, Taumantel, Taubecher, Taukraut, Hütchen, Aschnitz, Helft, Löwenfuß, Wundwurz, Jungfernmantel, Sinäuglein, Sinau
Merkmale: 15–50 cm hohes Rosengewächs. Blüten in unscheinbarer, grünlicher Rispe, Mai bis August. Blätter: untere langstielig, behaart, rundlich, 7–9lappig, gezähnt, junge Blätter stark gefaltet, Stengel behaart. In der Blattmitte ist morgens oft ein Wassertropfen. Auf Wiesen, Weiden, an Rainen und Triften, auch an feuchten Wald- und Wegrändern sowie in Straßengräben – besonders im Bergland – zu finden.
Sammelgut: Blühendes Kraut, Blätter: Mai bis August.

Heilkunde
Die Droge wirkt zusammenziehend, stopfend, blutstillend. Wird volkstümlich bei Darmkatarrh, Durchfall, inneren Blutungen, für Frauen vor und nach Geburten sowie bei klimakterischen Beschwerden empfohlen. Äußerlich (auch als Saft oder zerquetschtes Kraut) bei Wunden, Geschwüren, als Spülmittel.
Aufguß: 3 Teelöffel auf 1 Tasse, täglich 2–3 Tassen warm trinken.
Absud: 1 Eßlöffel fein zerschnittenes Kraut in 1 kleinen Tasse Wasser kurz aufkochen, einige Zeit stehenlassen. Täglich 1–2 Tassen warm trinken: ein bewährtes Mittel gegen Durchfall und Magenkatarrh.

Althaea
Eibisch
Von den etwa 25 Arten in gemäßigten Zonen Europas, Asiens und Afrikas heimischer Malvengewächse der Gattung Eibisch (Althaea incl. Alcea) sind hier nur zwei von besonderer Bedeutung:

Althaea officinalis
Echter Eibisch, Altheewurzel, Sammetpappel, Heilwurz, Ibisch, Altee, alle Eh. Hilfswurz, Ipsche
Merkmale: Bis 1,50 m hohes Malvengewächs, Blüte weißlichrosa oder helllilafarben, mit 6- bis 9spaltigem Außenkelch, zu mehreren in den Blattachsen, Juni bis August. Blätter kurz gestielt, 3- bis 5lappig; Stengel aufrecht, selten verzweigt; Wurzel gelblich-weiß, fleischig; Pflanze insgesamt samtartig weichfilzig. Anbau auf nährstoffreichem, etwas feuchtem Boden. Selten verwildert, am Meeresufer, auch an sonnigen Waldrändern zu finden.
Sammelgut: Wurzel: März/April, September/Oktober. Blätter vor der Blüte: Mai/Juni. Blüten: Juli/August.

Heilkunde
Die Droge wirkt reizmildernd, schmerzstillend, einhüllend. Teeähnlicher Kalt- oder Warmauszug und Sirup werden bei Katarrh des Rachens und der oberen Luftwege (Husten) sowie des Verdauungstraktes empfohlen; äußerlich als Gurgelmittel bei Heiserkeit und zu Auflagen bei akuten Entzündungen sowie zu Einläufen. Der Echte Eibisch wirkt auch gegen Erkrankungen der Harnorgane, hat sich bei schmerzhaftem Urinieren und »Weißfluß« bewährt. Bei Kar-

Althaea officinalis (Echter Eibisch)

Rechts:
Althaea rosea (Stockrose, Stockmalve)

bunkeln hilft ein in einen Verband gestrichener Eibischbrei. Mit Honig vermischt, lindert er Schmerzen bei Brandwunden. Eibisch wird auch bei Zahnfleischbluten angewendet.
Aufguß: 1 Eßlöffel Wurzel auf 1 Tasse, einige Stunden kalt ziehen lassen und nur erwärmen (nicht kochen), 3mal täglich 1 Tasse.

Althaea rosea
Stockrose, Rosen-Eibisch
Merkmale: Bis 75 cm hohes Malvengewächs. Blüten groß, meist hell- bis dunkelrot, gefüllt und ungefüllt, blattachselständig, Juli bis Oktober. Blätter rundlich, 5- bis 7lappig, rauhhaarig, langstielig; Stengel gerade, rauhhaarig. – Anpflanzung: Guter Boden und sonnige Lage erforderlich. Zweijährige Pflanze, die sich selbst aussät.
Sammelgut: Blütenblätter, Juli bis September (nur von schwarzroten, gefüllten Blüten).

Heilkunde
Die Blütenblatt-Droge wirkt schmerz- und reizmildernd. Wird bei Husten, Brustkrankheiten, Magen- und Darmkatarrh, Harnbeschwerden angewen-

det. Äußerlich als Gurgelmittel bei Halsentzündung, Husten usw. Als Auflage bei Augenentzündungen und Wunden.
Abkochung: 2–3 Teelöffel auf 1 Tasse, täglich 2 Tassen warm trinken.

Anmerkung
Eibisch darf als schleimlösende Pflanze grundsätzlich nicht gekocht oder heiß überbrüht werden.

Anagallis arvensis
Gauchheil, Ackergauchheil, Goldhühnerdarm, Sperlingskraut
Merkmale: Einheimisches Primelgewächs mit runden, breiten Blättern und hellroten Blüten, die sich nur bei Sonnenschein öffnen. Juni bis Oktober. Vierkantiger Stengel. Auf Äkkern, in Weinbergen und Gärten wachsend.
Sammelgut: Ganze Pflanze in den Sommermonaten.

Heilkunde
Gauchheil, in Wein gekocht, gilt von alters her als ein gutes Mittel bei manchen Leberleiden, Wassersucht und chronischer Nierenentzündung. Der Absud dient zu Auflagen bei Geschwüren und Wunden: er verhindert Entzündungen. Zur Stärkung der Augen vermischt man den Sud mit Honig und macht täglich Waschungen mit dieser Lösung. In kleiner Dosierung fördert der Absud die Nierentätigkeit; größere Mengen dagegen verursachen starken Harndrang, Zittern und wäßrigen Stuhlgang. Bei nervösen Störungen ist Gauchheil ein beruhigendes sowie gegebenenfalls schmerzlinderndes Mittel. Gute Wirkung zeigt er auch bei Keuchhusten.
Adamus Lonicerus (»Kreuterbuch« 1679): »Gauchheil in Wein gesotten und getrunken und damit gewaschen, heilet alle giftigen Wunden. Darauf niedergelegt und geschwitzt, treibt alles Gift aus . . . also vertreibt es auch die Wassersucht, öffnet die Leber, reinigt die Niere und treibet den Stein. Der Saft in die Nase getan, reinigt das Hirn.«

Angelica archangelica
(Archangelica officinalis)
Echte oder Gebräuchliche Engelwurz, Brustwurz, Edle Angelika, Heiliggeistwurz, Zahnwurz
Merkmale: Bis 2 m hohes, üppiges Doldengewächs. Blüten grünlich-, auch gelblichweiß, nach Honig duftend, in großer zusammengesetzter Dolde, Juli/August. Blätter 2- bis 3fach gefiedert, Blättchen spitzeiförmig, stark gesägt; sehr große, blasige Blattscheiden, Stengel gerillt, hohl, bläulich bereift, oben rot angelaufen. Wurzel dick bräunlich. – Wild zerstreut an feuchten Plätzen zu finden. Anbau ist auch auf feuchtem Boden möglich.
Sammelgut: Wurzel der zweijährigen Pflanze: März/April. Blätter, Samen: September/Oktober.

Heilkunde
Die Engelwurz wirkt anregend, blutreinigend, magenstärkend, auswurffördernd. Tee und Pulver werden bei Appetitlosigkeit, Magenschwäche, Katarrh der Atemorgane, allgemeinen Schwächezuständen, äußerlich als Badezusatz sowie in Kräuterkissen verwendet. Öl und Salbe dienen zum Einreiben bei Neuralgien, Gicht, Rheuma.
Adamus Lonicerus schreibt in seinem Kräuterbuch (1679): »Der Angelica fürnehmste Tugend ist, das Gift auszutreiben, Geblüt zu zerteilen und den Leib zu wärmen. Die Wurzel ist kräftiger als das Kraut. Diese Arznei dienet wider Versehrungen der Lungen, daraus die bösen Husten kommen, stillet das Bauchgrimmen, wehret dem tröpfligen Harnen und dem Harnwind. Der Geruch von Angelica stärket das Herz sehr wegen seiner großen Kraft. Angelic-Wurzel so groß als ein Erbs des Morgens nüchtern in einen firnen Wein getaucht, treibt alles Gift gewaltig durch den Harn oder Schweiß heraus. Nüchtern gegessen, stärket den Magen, die Leber, das Herz und verzehret die Feuchtigkeit im Magen. Also genützt, ist sie auch gut für den Sod.«
Abkochung: Kalt ansetzen, $^1/_2$–1 Teelöffel auf 1 Tasse, täglich 2 Tassen.
Pulver: Täglich 2- bis 3mal eine Messerspitze voll.

Tinktur: Täglich insgesamt 20 Tropfen auf Zucker.

Angelica silvestris
Wilde oder Wald-Engelwurz, Angelika, Brustwurz
Merkmale: Bis 1,5 m hohes Doldengewächs. Blüten weiß bis rötlichweiß in gewölbter, zusammengesetzter Dolde. Juni bis September. Blätter 2- bis 3fach gefiedert, Blättchen gezähnt, spitzeiförmig, Blattscheide aufgeblasen. Stengel fein rillig, hohl, dick. Lange, fingerdicke Pfahlwurzel. In Auenwäldern, Naßwiesen, auf moorigem Terrain, an Ufern und Gräben wachsend.
Sammelgut: Wurzeln: März/April, September/Oktober.

Heilkunde
Wirkt auswurffördernd, schweißtreibend, blutreinigend. Volkstümlich werden Mazerat (Kaltauszug) und Pulver bei Brustleiden, Magenschwäche, Blutarmut angewendet (wie die echte Engelswurz). Äußerlich als Badezusatz.
Abkochung: 1 Teelöffel auf 1 Tasse, kalt ansetzen, täglich 1–2 Tassen.
Pulver: Täglich 2mal 1 Messerspitze.

Anmerkungen
Im Äußeren dem giftigen Wasserschierling (Circuta virosa) etwas ähnlich, der jedoch deutlich schmalere, lanzettförmig-lineale Blätter, spitzzulaufend und einen dicken, runden, weißen, kammerartigen Wurzelstock hat, der charakteristisch geteilt ist. Der Stengel des Wasserschierlings ist rötlich angelaufen, die Wurzelstock-Hohlräume sind häufig übelriechend.

Antennaria dioica
Himmelfahrtsblümlein, Katzenpfötchen, Hasenpfötlein, Rihrkraut, Mausöhrlein, Egelblümchen, Bärenpfötchen
Merkmale: 5–30 cm hoher Korbblütler. Blütenköpfchen in dichten Doldentrauben, weibliche: rosarot, männliche: weiß. Blätter spatel- bis lanzettförmig und auf der Unterseite – ebenso wie die meist niedrigen Stengel – weißfilzig. Besonders auf trockenem, nährstoffarmem Boden anzutreffen, an Berghängen, sonnigen Hügeln und Waldlichtungen.
Sammelgut: Blütenköpfchen: Mai/Juni.

Heilkunde
Der Hauptwirkstoff ist bisher unerforscht; daneben sind Gerbstoff und Harz enthalten. Antennaria fördert die Gallenabsonderung, wird deshalb bei chronischen Leiden der Gallenwege, volkstümlich auch bei Katarrhen der Luftwege und der Verdauungsorgane angewendet. Ähnlich in seiner Wirkung ist der Wasserdost oder Wasserhanf (Eupatorium cannabinum). Auch die Sand-Strohblume (Helechrysum arenarium), die auf sandigen Heiden häufig zu finden ist, findet ähnliche Anwendung.
Abkochung/Teeaufguß: 10–15 g auf 1 Tasse, täglich 1–2 Tassen.
Aufguß der Blüten: 3 Eßlöffel auf ¹/₄ l Wasser. Dieser Aufguß ist ein gutes Mittel gegen Katarrh, Blasenleiden und Rheuma. Der Tee wird wegen seiner harntreibenden Wirkung bevorzugt bei Nieren- und Blasenerkrankungen verwendet.

Anagallis arvensis (Roter Gauchheil, Ackergauchheil). »Gauchheil« hatte im Mittelhochdeutschen die Bedeutung: »heilt Geisteskranke«; die Pflanze wird heute nicht mehr zu Heilzwecken verwendet.

Angelica silvestris (Brustwurz)

Rechts oben:
Antennaria dioica (Katzenpfötchen)

Rechts unten:
Anthyllis vulneraria (Wundklee)

Anthyllis vulneraria
Wundklee
Merkmale: Bis 30 cm hoher Schmetterlingsblütler. Blüten: goldgelbe Schmetterlingsblüten in endständigen, kugeligen Köpfchen, Mai bis August. Blätter: lineal-lanzettförmig, unpaarig gefiedert, Teilblätter ungeteilt, rückseitig behaart. Stengel an der Oberseite filzig behaart. Wächst auf trockenen Waldwiesen, an Bahndämmen, in Steinbrüchen.
Sammelgut: Blütenköpfe, ohne Stiele oder auch blühendes Kraut, Juni bis August.

Heilkunde
Der Wundklee wirkt nicht zuletzt blutreinigend und abführend. Innerlich meist in Mischung mit anderen Kräutern verordnet. Äußerlich als Abkochung oder zerquetschtes, frisches Kraut zur Wundbehandlung, als Spül- oder Gurgelmittel bei Zahnfleischerkrankungen, Rachenentzündung usw.
Aufguß: 3–5 g auf 1 Tasse, täglich eine bis zwei Tassen.

Archangelica officinalis
Echte Engelswurz, Brustwurz – Siehe: Angelica archangelica

Arctium lappa (Lappa major)
Große Klette, Wolfskraut, Haarballe, Kladde, Klusen, Klettenwurz, Butzenklette, Hopfenklette, Grindwurz
Merkmale: Bis 2 m hoher Korbblütler, Blütenkopf bläulichrot, 3–3,5 cm Durchmesser, in Doldenrispen, Hüllblätter grün, die Spitzen hakenförmig gekrümmt, Juli bis September. Blätter: sehr große Grundblätter, bis 50 cm lang und 30 cm breit, Stielblätter nach oben kleiner werdend, gestielt, herzförmig, behaart. Stengel kräftig, reich verästelt, mitunter rot angelaufen. Wurzel bis 60 cm lang, ästig. An Wegen, Zäunen, Mauern, auf Ödland und Schutt wachsend.
Sammelgut: Wurzel der zweijährigen Pflanze: März/April, September/Oktober. Seltener die Stengelblätter: Juni bis August.

Heilkunde
Wirkung: schleim-, harn- und schweißtreibend, blutreinigend. Wird bei Gicht, Rheuma, Wasseransammlungen, vor allem aber bei Ekzemen skrofulöser Natur, Flechten, Geschwüren, Furunkeln, Milchschorf (auch äußerlich) angewandt. Klettenwurzelöl gilt als gutes Haarwuchsmittel.
Wegen des hohen Inulingehaltes wird die Klettenwurzel bei Lebererkrankungen eingesetzt. Sie, ebenso wie die Blätter und Stengel der Pflanze, regelt die Gallensekretion. Der Tee der Wurzel ist gut bei Magenentzündung und Verdauungsstörungen, und noch heilkräftiger wirkt der aus den Samen zubereitete Tee. Der Absud der Blätter ist für Auflagen empfehlenswert bei Ausschlägen, eitrigen Wunden, Flechten, Geschwüren und Grind. Er hat sich ebenfalls als Gurgelmittel bewährt. Gute Erfolge werden mit Klettenwurzelextrakt bei schlecht heilenden Wunden und Furunkulose erzielt. Klettenwurzelabsud wirkt haarwuchsfördernd vor allem in der Verbindung mit Brennesselwurzeln (je 10 g der Wurzeln auf $^1/_4$ l Wasser, dem etwas Essig beigefügt ist). Klettenwurzelpräparate zeigen außerdem schmerzstillende Wirkung.

Abkochung: 1 Teelöffel auf 1 Tasse, vor Gebrauch einige Stunden kalt ziehen lassen; täglich 1–2 Tassen.
Tinktur: Täglich 3–5 Tropfen in Wasser, 2- bis 3mal.

Anmerkungen
Die Klettenwurzel soll frisch verwendet werden, da sie durch das Trocknen an Wirksamkeit einbüßt. Sie behält ihre Heilkraft insgesamt allenfalls während Jahresfrist.

Arctostaphylos uva-ursi
Immergrüne Bärentraube, Rauschgranaten, Steinbeere, Spanische Heidelbeere, Bärenbeere, Wolfsbeere
Merkmale: Heidekrautgewächs mit bis 1 m langen Ästen. Blüten weiß, auch schwach rötlich, klein, glockenartig, in überhängenden Träubchen, Mai/Juni. Blätter lederartig, wintergrün, oberseits dunkel-, unterseits blaßgrün, netzadrig, ganzrandig, verkehrt-eiförmig. Frucht: rote, glatte Beere. Kleiner immergrüner Strauch an knorrigen, langhingestreckten Stämmchen. Wächst in hochgelegenen Gegenden bis fast an die Waldregionen.
Sammelgut: Blätter und ganz junge Triebe: Mai bis Juli.

Heilkunde
Wirkung: harndesinfizierend (keimtötend), harntreibend, zusammenziehend. Bei Erkrankungen des Nierenbeckens, der Blase und den daraus entstehenden Beschwerden wie Harnverhaltung, bei Harngrieß und -steinen, bei alkalischem Harn anzuwenden. Bei Gebrauch verfärbt sich der Urin. Der Sirup aus den eingekochten Beeren und der Tee aus den Blättern sind bei Schleimfluß, Harnverhaltung, chronischem Blasenkatarrh, Nierenentzündung und Nierenschwäche zu empfehlen. Die Abkochung – aus feingeschnittenen oder grob zerriebenen, getrockneten Blättern – wirkt stärkend, zusammenziehend und auflösend, insbesondere im Bereich der Harnorgane.
Abkochung oder (besser!) Kaltwasserauszug (10 Stunden): ½–1 Eßlöffel auf 1 Tasse, täglich 2 Tassen warm trinken.
Tee: 2 Eßlöffel der zerkleinerten, getrockneten Blätter auf ¼ l Wasser.

Anmerkungen
Der hohe Gerbstoffgehalt der Steinbeeren-Drogen kann bei empfindlichen Personen Erbrechen auslösen. Empfehlenswert ist die Mischung mit Leinsamen im Verhältnis 1 : 1. Die Blätter der Preiselbeere (Vaccinium vitis-idaea) und die etwas schwächer wirkenden des Birnbaums (Pyrus communis) werden in gleicher Weise angewandt. Wirkungslos ist die Bärentraube bei akutem Blasenkatarrh.

Arnica montana
Arnika, (Berg-) Wohlverleih, Kathreinwurzel, Blutblume, Kraftwurz, Engeltrank, Stichkraut, Mutterwurz, Fallkraut, Kraftrose, Ochsenblume
Merkmale: Bis 60 cm hoher Korbblütler, Blütenköpfe orangegelb, groß, meist einzeln an der Stengelspitze, Mai bis August. Blätter eiförmig. An der Oberseite behaart. Einer am Boden aufliegenden Blattrosette entspringt ein 30–35 cm hoher Stengel, der einfach oder wenig ästig ist, fast blattlos (nur 2–3 Paar Blätter, drüsen-

Linke Seite:
Arctium lappa (Große Klette), Blüte der Klette Juli–September

Rechte Seite:
Arctostaphylos uva-ursi (Immergrüne Bärentraube, Steinbeere)

haarig). Die Blätter entspringen oben am Stengel in gegenseitiger Richtung. Wurzelstock waagerecht, schwarzbraun. Geruch der Pflanze würzig, angenehm. Auf Wiesen, auf der Heide, besonders auf torfigem Boden, an Berghängen und auch im Hochgebirge zu finden.

Sammelgut: Wurzeln: März/April. Blüten: Juni bis August (ohne Blütenboden trocknen!). Selten Grundblätter.

Heilkunde

Die Drogen wirken anregend auf das Gefäßsystem, hautreizend, resorptionsfördernd, entzündungshemmend. Arnika-Zubereitungen werden bei schweren Erschöpfungszuständen, Blutungen, Magengeschwüren, Altersherz, zerebralen und koronaren Durchblutungsstörungen angewandt; äußerlich bei Verletzungen, Entzündungen, Quetschungen. Als Gurgelwasser bei Mandelentzündung und Heiserkeit. Aufguß der Blüten oder Wurzelabkochung fördern die Schweiß- und Harnabsonderung, beschleunigen Blutumlauf und Atmung. Einreibungen helfen gegen Zerrungen und zeitigen bei der Zerteilung von Geschwülsten gute Wirkung.

Aufguß/Abkochung: $^1/_2$–1 Teelöffel auf 1 Tasse: täglich 1 Tasse. Wurzelabkochung: 1 Eßlöffel auf $^1/_4$ l Wasser.

Tinktur: Eine Handvoll Blüten mit $^1/_4$ l Medizinalspiritus oder starkem Kornbranntwein aufgießen, in verkorkter Flasche etwa 14 Tage lang in der Sonne stehen lassen; dann abseihen und Rückstand gut auspressen, filtern. In gut verschlossener Flasche aufbewahren. – Hiervon 1–2 Tropfen auf 1 Tasse Haustee (innerliche Anwendung), 1 Teelöffel auf 5 Teile Wasser (äußerliche Anwendung). Zum Gurgeln 10–20 Tropfen auf 1 Tasse.

Anmerkungen
Verwechslung mit dem milchsaftführenden, schwefelgelb und früher blühenden Wiesenbocksbart (Tragopogon pratensis) ist möglich, der die angeführten Heilwirkungen nicht besitzt. Vor der Verwendung von Arnika sollte immer zuerst ärztlicher Rat eingeholt werden. Überdosen können Magenkrämpfe und schwere Herzstörungen hervorrufen, daneben können Schleimhaut- und Organschäden an Magen, Leber und Niere entstehen. Arnika ist grundsätzlich zu meiden bei großer Erregbarkeit, drohendem Schlaganfall, Blutstauungen und Erschöpfungszuständen.

Artemisia mutellina
Echte Edelraute, Alpenwermut, Silberraute
Merkmale: 10–20 cm hoch, Korbblütler. Am aufrechten Stengel mehrere Blütenköpfchen, allseitswendig, mit je 7–15 gelben Blüten, Juli–September. Blätter handförmig geteilt, Fiederchen fast nadelförmig 1–4 cm groß. Ganze Pflanze seidig behaart und stark aromatisch riechend. Auf Fels- und Schuttböden, in den Alpen. Geschützt.
Sammelgut: das blühende Kraut, August.

Heilkunde
Wirkung: Die Bitterstoffe und ätherischen Öle regen die Verdauung stark an. Alpenwermut leistet deshalb vorzügliche Dienste bei Durchfall, Kolik und Leberleiden, mangelnder und schmerzhafter Periode. Als Tee oder Wein wirkt er verdauungsfördernd und blutreinigend; wurmtreibend erst bei größeren Dosen. Äußerlich wendet man die Wermuttinktur gegen Insektenstiche und Rheuma an. Ein Absud lindert Augenleiden.
Teeaufguß: 1 Teelöffel getrocknetes Kraut pro Tasse, schluckweise einnehmen.

Anmerkungen
Der Mißbrauch kann zu schweren gesundheitlichen Störungen führen. Große Dosen bewirken Schwindel, Krämpfe und rauschartige Delirien. Besonders schwangeren Frauen sei zur Vorsicht geraten. Ähnlich wirken die anderen alpinen Edelrauten (Artemisia genipi, A. glacialis) sowie Wermut (A. absinthium) und Beifuß (A. vulgaris).

Asparagus officinalis
Spargel, Gemüse-Spargel
Merkmale: Bis 1,5 m hohes Liliengewächs. Blüten in Form von gelbgrünen Glöckchen. Stengel baumartig verzweigt, mit nadelfeinen grünen Sprossen, die als Ziergras in Blumengebinden verwendet werden. Die Sprossen sind Scheinblätter. Frucht: rote Beere. Als Nutzpflanze angebaut, aber streckenweise – besonders auf Sandboden – auch verwildert anzutreffen.
Sammelgut: Junge unterirdische Triebe, April/Mai.

Heilkunde
Asparagus enthält Saponine, Asparagin (das dem Urin den bezeichnenden Geruch verleiht), Kalisalze. Die Droge wirkt wassertreibend, appetitanregend, leicht abführend. Wird frisch oder konserviert (auch tiefgefroren) als Gemüse oder Salat verwendet, wobei auch das Abkochwasser für Suppen und Soßen zu verwenden ist. Hilft namentlich bei Leiden der Harnwege: wird volkstümlich als männliches Aphrodisiakum angesehen.

Asperula odorata
Duftender Waldmeister, Leberkraut, Sternleberkraut, Herzfreund, Waldmännchen, Maiblume, Maikraut
Merkmale: Bis über 30 cm hohes Rötegewächs. Blüten weiß, klein, in endständigen Trugdolden (Doldentrauben), Mai/Juni. Blätter lanzettförmig, zu 6–8 quirlartig gruppiert. Stengel vierkantig, aufrecht. Geruch angenehm, besonders beim Zerreiben und Trocknen. Waldmeister wächst vor allem in Buchen- oder Laubmischwäldern sowie in Gebirgsgegenden.
Sammelgut: Kraut vor der Blüte: April/Mai; wichtig sind die Blätter.

Heilkunde
Waldmeister wirkt leicht schweiß- und harntreibend, beruhigend. Bei beginnenden Grieß- und Steinbildungen sowie bei Wassersucht, Hämorrhoiden, Durchblutungsstörungen, Neuralgien und als mildes Beruhigungs- und Schlafmittel zu empfehlen. Äußerlich wird das zerquetschte Kraut bei Kopfschmerzen, Ausschlägen, Geschwüren angewendet. Waldmeisterwein (auch -bowle) und -tee sind blutreinigend. Der Tee wirkt nervenstärkend, harntreibend und ist hilfreich bei Gelbsucht, Grieß- und Steinleiden. Empfehlenswert ist er nicht nur zur Linderung von Unterleibsbeschwerden sondern auch durch eine ausgesprochen herzstärkende Wirkung.
Teeaufguß: 1–2 Eßlöffel auf 1 Tasse, täglich 1–2 Tassen. Von stärkeren Gaben muß abgeraten werden. Als Blutreinigungstee ist folgende Mischung zu empfehlen: Waldmeister-, Erdbeer- und Brombeerblätter sowie Thymian zu gleichen Teilen. Jeweils 1 Teelöffel auf eine Tasse.

Avena sativa
Hafer, Gäbelshaber, Haber, Flöder, Howern, Biwen
Fruchtreife: August/September.
Sammelgut: Frucht und Stroh.

Heilkunde
Hafer wird als Suppe, Schleim, Getränk oder Brei zubereitet. Er hilft besonders bei Magen- und Darmerkrankungen. Haferdiät ist eine beliebte Schonkost bei allen Erkrankungen der Gallenblase, bei Gelbsucht, Magen- und Darmgeschwüren, Magenschleimhautentzündung, chronischem Durchfall oder chronischer Verstopfung.
Tee aus Haferstroh empfiehlt sich besonders bei Blasenerkrankungen, Blasenschwäche und Nierenleiden. Haferdiät kann auch bei Zuckerkrankheit hilfreich sein. Besonders zu empfehlen sind Haferschleim und -brei bei körperlicher Schwäche, da der Hafer insgesamt stärkend und aufbauend wirkt. Eine Aufbaukost ist auch die Hafer-Rohkost in Form von Haferflocken oder Hafergrütze mit Obst, Honig und Nüssen. Der Absud des

Arnica montana
(Arnika, Berg-Wohlverleih)

Asparagus officinalis (Spargel)

Haferstrohs ist auch bei Keuchhusten, Husten, Milz-, Leber- und Lungenleiden, bei Schlaflosigkeit und Katarrhen des Kehlkopfs und des Rachens angezeigt.
Für Leberleidende, bei Nieren-, Gicht- und Grießleiden sowie bei Rheuma sind Haferstrohbäder angezeigt. Fußbäder mit Haferstroh zeitigen wohltuende Wirkung bei übermüdeten und kalten Füßen.
Teeaufguß/Abkochung: 2 Pfund Hafer in 2 Liter Wasser zur Hälfte einkochen. Dieser Absud wird getrunken oder Bädern zugesetzt.

Berberis vulgaris (Berberitze)

Berberis vulgaris

Berberitze, Sauerdorn, Essigdorn, Erbisch, Bersich, Saurach, Essigbeere, Beißbeere, Zitzerl, Weinschädling, Sperberbeere, Weinnägelein

Merkmale: Bis 2,5 m hoher Baum oder Strauch, auch als Gebüsch, Hekke vielfach angepflanzt. Blüte gelb, stark riechend, in hängenden Trauben, Mai/Juni. Laubblätter eiförmig in Büscheln, dornig gezähnt. An den gebogenen, schlanken Zweigen sind braune, dreiteilige Dornen. Hellgraue Rinde; rote, längliche bis eiförmige Früchte (genießbar). Wachstum auf steinigem Boden, an sonnigen Gebüschrändern, in Wäldern, auf Holzschlägen, auf kalkhaltigem Boden allenorts.

Sammelgut: Wurzeln: März/April, September/Oktober. Früchte: September.

Heilkunde

Alkaloide der Wurzelrinde wirken galle- und harntreibend sowie – in kleinen Gaben – günstig auf den Kreislauf. Der Fruchtsirup ist besonders als Vitamin-C-Träger wertvoll. Der Tee der Wurzelrinde tut Gutes bei Gallenstauung, Gelbsucht, Leberschwellung, Steinbildungen, Verdauungsschwäche und Durchfällen, die von Leberstörungen herrühren. Der Absud wirkt besonders bei Grieß- und

Steinleiden der Gallenblase und schafft Abhilfe bei Verstopfung, die auf Störung der Gallensekretion beruht. Die Beeren, mit Honig und Zukker gekocht, senken das Fieber, stillen den Durst und wirken appetitanregend. Die innere gelbe Rinde (bzw. deren Abkochung) hilft bei Bleichsucht, Leber-, Milz- und Nierenleiden.
Abkochung, Sirup, Teeaufguß: Sirup der Früchte: täglich 1–2 Eßlöffel. Abkochung der Wurzelrinde: $^1/_2$–1 Teelöffel auf 1 Tasse, täglich 1 Tasse, Teemischung, bei Leberbeschwerden besonders empfehlenswert: zu gleichen Teilen Berberitze, Birkenblätter, Wacholder, Wermut und Schafgarbe.

Anmerkung
Zu meiden ist Berberitze bei Magenschmerzen infolge Erkältungen, bei Blähungen, Atemnot sowie bei fieberhafter Nierenentzündung.

Betonica officinalis
Betonie, Heil-Ziest – Siehe: Stachys officinalis

Calendula officinalis
Gewöhnliche oder Garten-Ringelblume, Ringelrose, Gold-, Regen-, Studenten-, Stink-, Toten- oder Weinblume, Sonnenwende, Warzenkraut
Merkmale: 30–50 cm hoher Korbblütler. Blütenköpfe goldgelb bis orange, endständig. Juni bis Oktober. Blätter lanzett- bis spatelförmig, behaart, fein gezähnt, sitzend, wechselständig. Stengel verästelt, behaart. Samen krummgebogen, zeltartig.
Aussaat: März/April an sonnigem Platz ohne besondere Bodenansprüche; wächst auch verwildert auf Schuttplätzen.
Sammelgut: Blüten Juni bis August. Blätter jederzeit.

Heilkunde
Calendula-Drogen fördern die Wundheilung, wirken außerdem krampfstillend und entzündungswidrig, sie werden bei Quetschungen und entzündlichen Erkrankungen innerer Organe, besonders auch bei Magengeschwüren und -blutungen gebraucht, jedoch nur nach Rücksprache mit dem Arzt. Äußerlich tut verdünnte Tinktur oder Salbe bei frischen und bösartigen Wunden, Geschwüren, Flechten usw. gute Dienste. Der Aufguß der Blätter ist gut bei Brechreiz, Gelbsucht und Magengeschwüren, bei Drüsenverhärtung, Darmfisteln und Menstruationsbeschwerden. Der Saft der Blüten soll auch gegen Warzen helfen. Die Mischung mit Tausendgüldenkraut ergibt einen heilsamen Tee bei Leber-, Gallen- und Milzleiden sowie bei Magengeschwüren. Bei brandigen Wunden und Geschwüren wird Ringelblumensalbe verwendet (4–6 g des Saftes mit 30 g frischer, ungesalzener Butter vermischen und zur Salbe rühren).
Teeaufguß/Abkochung: 1 Teelöffel auf eine Tasse, täglich 2stündlich 1 Eßlöffel. Blütenaufguß: 1 Eßlöffel auf $^1/_4$ l Wasser, 3mal täglich.

Anmerkung
Magenkranke sollten die Verwendung der Ringelblume grundsätzlich mit dem Arzt abstimmen.

Calluna vulgaris
Heidekraut, Besenheide, Erika
Merkmale: 30–60 cm hohes Heidekrautgewächs. Blüten rot, selten weiß, in einseitswendiger Traube. August/

September. Blätter immergrün, klein, lineal-lanzettförmig, 4reihig, dachziegelartig. Stengel verästelt, holzig. Die Heide wächst auf kalkarmem Boden, in Eichen- und Kiefernwäldern.
Sammelgut: Die blühenden Sprosse oder nur die Blüten, August/September.

Heilkunde
Heidekraut wirkt harn- und schweißtreibend, beruhigend. Bei Rheuma, Steinbildung, mancherlei Blasenleiden und nervösen Störungen empfohlen; auch zur Wundbehandlung.
Teeaufguß/Abkochung: 5–8 g auf 1 Tasse; täglich 1–2 Tassen.

Capsella bursa-pastoris
Hirtentäschelkraut, Täschenkraut, Tascherlkraut, Gänsekresse, Blutkraut, Muttergottesbrot, Kochlöffel, Beuteldieb
Merkmale: Bis 40 cm hoher Kreuzblütler. Blüten weiß, klein, in Trauben, März bis November. Blätter: unten löwenzahnähnliche Rosette, besonders kennzeichnend die dreieckigen, herzförmig abgerundeten Fruchtschötchen. Auf Äckern und in Gärten als Unkraut, an Wegen und auf Schuttland wachsend.
Sammelgut: Blühendes Kraut, von Mai bis August.

Heilkunde
Die Droge wirkt blutstillend, zusammenziehend. Bei akuten Blutungen von Magen, Lunge, Niere, Hämorrhoiden stündlich ein Teelöffel des Aufgusses (nur nach Rücksprache mit dem Arzt); äußerlich bei Wunden und Blutungen. (Der oft auftretende, schimmelartige Belag der Pflanze wird von einem Pilz verursacht. Ob befallene Pflanzen therapeutisch wirksamer sind als andere, ist umstritten.) Ein Aufguß des Krautes wird bei Unterleibsblutungen und Menstruationsstörungen empfohlen. Gute Wirkung zeigt der Absud bei Nasenbluten, Harnbeschwerden, Hämorrhoiden. Das gestoßene Kraut wird bei Verletzungen aufgelegt. Hirtentäscheltinktur gilt als großartige Hilfe für Frauen in den Wechseljahren.
Aufguß: Am besten kalt, 2 Teelöffel des getrockneten oder 10 g des frischen Krautes auf 1 Tasse.
Absud: 50 g getrocknetes Kraut mit $^1/_4$ l hochprozentigem Weingeist und $^1/_8$ l Wasser ansetzen. Etwa 10 Tage im Warmen stehenlassen, ausdrücken und abseihen. 3mal etwa 30 Tropfen täglich.

Carlina acaulis
Silberdistel, Eberwurz, Eberdistel
Merkmale: 3–10 cm hoher Korbblütler. Einzelne Blütchen weiß, rötlich oder gelblich, von einem Kranz silberweißer langer Hüllkelchblätter umgeben, Juli–September. Blätter in einer Rosette, fiederspaltig, starr, oberseits lichtgrün, mattglänzend. Mit dicker Pfahlwurzel. Auf mageren Wiesen und Weiden (Kalkunterlage). Vielerorts geschützt.
Sammelgut: Wurzeln, im Frühling oder Spätherbst.

Heilkunde
Die Droge wirkt harntreibend und antibiotisch. Der Tee wird gebraucht gegen Beschwerden oder Erkältungen der Harnorgane, Nieren- und Magenleiden, Wassersucht und Bronchialkatarrh. Die gleiche Wirkung erzielt

Links oben:
Calluna vulgaris (Besenheide, Erika)

Links unten:
Carlina acausalis
(Silberdistel, Eberwurz)

Capsella bursa pastoris
(Hirtentäschelkraut)

auch das Pulver. In Essig gekochte Wurzeln bei Hautkrankheiten und zum Auswaschen von Wunden und Geschwüren, vertreibt die Narben.
Teeaufguß: 1/2 Teelöffel auf 1 Tasse, 2 Tassen täglich.
Pulver: 2–4 Messerspitzen pro Tag mit etwas Wasser einnehmen.

Anmerkung
Silberdistelwurzeln finden vor allem in der Veterinärmedizin Verwendung, wo sie als Mast- und Brunstpulver gebraucht werden.

Centaurium umbellatum
(Erythraea centaurium)
Echtes Tausendgüldenkraut, Gottesgnadenkraut, Gall-, Fieber-, Laurinkraut, Erdgalle, Wilder Aurin, Gemeiner Rötling.
Merkmale: 20–40 cm hohes Enziangewächs. Blüten rosa bis fleischrot, in Trugdolden, öffnen sich nur bei starkem, warmem Sonnenlicht, Juni–September. Blätter am Grund rosettenartig, verkehrt-eiförmig, am Stengel kleiner, länglich-spitzeiförmig. Stengel vierkantig, oben verästelt. Pflanze schmeckt bitter. Wächst buchstäblich im Wald und auf der Heide, besonders auf kalkarmen, sandigen Böden in Lichtungen und an Waldwegen.
Sammelgut: Blühendes Kraut ohne Wurzeln, Juni bis September.

Heilkunde
Tausendgüldenkraut wirkt drüsenaktivierend, appetitanregend, blutbildend, kräftigend; wird in der Volksmedizin bei Magenkatarrh, Neigung zu Magengeschwüren, Appetitlosigkeit, Blutarmut und Erschöpfung eingesetzt, gelegentlich auch bei Gelbsucht und als Fiebermittel. Der Tee wirkt gärungshemmend und regt die Tätigkeit der Magen-, Darm- und Speicheldrüsen an, wird bei Menstruationsbeschwerden angeraten. Pfarrer Kneipp empfiehlt ihn auch bei Gemütskrankheiten (Melancholie), Muskel- und Gelenkrheumatismus und Grippe. Bei Wunden und Geschwüren haben sich Waschungen bewährt.
Teeaufguß/Abkochung: 1 Teelöffel auf eine Tasse, 6 Stunden kalt ziehen lassen, täglich 1 Tasse eßlöffelweise zu sich nehmen. Oder: 8–15 g getrocknete Blütenstengel mit 1/4 l kochendem Wasser abbrühen, durchseihen. Tassenweise trinken, eventuell mit Honig oder Kandis gesüßt. – Mit Salbei vermischt hilft der Tee bei Hautunreinheiten, kleinen Geschwüren und Ausschlägen (3mal täglich 1 Tasse).
Magenbitterwein: Je 1 Teelöffel Tausendgüldenkraut und Fieberklee, etwas Wermut und Kamillenblumen sowie einige Pomeranzenschalen in 2 Liter Rotwein ansetzen, 8 Tage an einem warmen Standort ziehen lassen, den Wein abgießen, die Kräuter dabei ein wenig ausdrücken, und dann filtrieren. Diesen Magenbitter gut verschlossen in einer Flasche aufbewahren, bei Bedarf zweimal täglich davon 1 Likörglas trinken. Das erwärmt den Unterleib, fördert die Verdauung und reinigt die Leber und Niere.

Cetraria islandica
Isländische (Schuppen-) Flechte, Isländisches Moos, Lungenmoos, Purgiermoos, Tartschenflechte, Rispal
Merkmale: Bis 15 cm hohe Schüsselflechte. Keine Blüten oder Blätter. Körper (Thallus) auf der Oberseite olivgrün bis braun, auf der Unterseite

weißlich-hellbraun. Die Pflanze ist strauchig-blattartig, knorpelig starr, mehrfach gabelig verzweigt, geruchlos, schmeckt sehr bitter. Wächst hauptsächlich in Gebirgen, stellenweise in der Norddeutschen Tiefebene, in Heiden und lichten Kiefernwäldern.
Sammelgut: Die ganze Pflanze, April bis Oktober; besonders gründlich säubern.

Heilkunde
Isländisches Moos enthält Schleimstoffe und andere Kohlenhydrate, Bitterstoffe, Vitamin A, Jod. Die Droge wirkt nährend, kräftigend, appetitanregend, krampflösend, hustenmildernd, wird bei Lungenleiden, Bronchialkatarrh, Husten, Keuchhusten und Heiserkeit sowie Ernährungsstörungen (Brechreiz) angewendet. Hilft vielfach auch bei chronischer Abmagerung, bei Muskel- und Gefäßschwäche, dient zur Kräftigung der Lunge und zur Entschleimung der Atemwege. Bei stillenden Müttern steigert die Pflanze die Milchabsonderung. Während der Rekonvaleszenz nach schweren Krankheiten empfiehlt sich Isländisches Moos als Stärkungsmittel. Die Isländer setzen gepulvertes Moos dem Brotmehl zu. Bei Magenleiden wird am besten der Kaltwasserauszug verwendet, bei Lungenleiden auch die Abkochung (das erste Kochwasser sollte jedoch weggegossen werden).
Teeaufguß/Abkochung: Einen Eßlöffel auf 2 Tassen, täglich 2 Tassen. Gallerte: 1 Teelöffel Flechte auf 20 Teelöffel Wasser, Kandiszucker zusetzen, einkochen und erstarren lassen, mehrmals täglich 1–2 Eßlöffel.

Anmerkungen
Der Tee sollte nie kräftigen (fettleibigen) Personen gegeben werden und auf keinen Fall dann, wenn Entzündungen im Körper vorliegen (z. B. Lungenentzündung), da sich in diesem Fall Husten und Fieber verstärken und die Entzündung gefördert wird.

Chelidonium majus
Schell- oder Schöllkraut, Großes Goldkraut, Goldwurz, Herrgottsblatt, Aft-, Blut-, Geschwulst-, Mai-, Schwalben-, Krätzenkraut
Merkmale: Bis 80 cm hohes Mohngewächs. Blüten goldgelb, in Scheindolden, Mai bis Juli. Blätter mattgrün, an der Unterseite blaugrün, gefiedert (unten) bis fiederspaltig (oben). Stengel hohl, verzweigt. Wurzelstock außen rotbraun, innen orangegelb. Die ganze Pflanze ist behaart und führt gelblich-orangefarbenen, leicht giftigen Milchsaft. Wächst an Wegen und Zäunen, auf Schutthalden und in Mauerspalten, als Unkraut auf Äkkern.
Sammelgut: Junges Kraut mit Wurzeln vor dem Blühen, April–Juni.

Heilkunde
Krampflösende und schmerzstillende Droge. Tee und Tinktur werden bei chronischem Reizhusten, Leberleiden (Arzt!) und Unterleibskrämpfen nach ärztlicher Verordnung angewandt. Bei Warzen und Ekzemen sind frischer Saft oder Salbe hilfreich. Der Tee dient auch zur Stoffwechselanregung und wird bei Milzleiden, Wassersucht, Gicht und Rheuma genommen. Der frische Saft hilft bei rascher Abmagerung, Wassersucht, Durchfällen und Hauterkrankungen.

Chelidonium majus (Schöllkraut): der Milchsaft der Pflanze ist ein volkstümliches Heilmittel gegen Warzen.

Teeaufguß/Abkochung: 1 g des Trokkengutes auf 1 Tasse, täglich 1 Tasse schluckweise.
Tinktur: 5 Tropfen in 1 Gläschen Wasser, täglich 2mal.

Anmerkungen
Tinktur und frischer Saft sind höchstens fünf Monate haltbar. Grundsätzlich sollte das Schöllkraut nur auf ärztlichen Rat eingenommen werden.

Convolvulus sepium (Gewöhnliche Zaunwinde)

Daucus carota (Mohrrübe)

Cnicus benedictus
Benediktenkraut, Kardobenedikte, Heil- oder Bitterdistel
Merkmale: Bis 40 cm hoher Korbblütler, Blüten blaßgelb, die inneren Hüllblätter bestachelt, fein behaart, Juni/Juli. Blätter behaart, klebrig, an der Spitze bedornt. Anbau auf nicht zu trockenem Boden (Saat im Frühjahr). Verwildert selten auf Schuttplätzen zu finden.
Sammelgut: Blätter Juni/August. Zweigspitzen mit Blüten oder auch ganze Pflanze im Juni/Juli.

Heilkunde
Bitterdistel verstärkt die Sekretion von Magensaft und Galle, wirkt bei Verdauungsstörungen, unter Umständen auch bei Geschwüren im Magen-Darm-Trakt, bei Leber- (Gallenweg-) Störungen sowie als Kräftigungsmittel in der Rekonvaleszenz.
Teeaufguß/Abkochung: 1 Teelöffel auf eine Tasse, täglich 1–2 Tassen vor den Mahlzeiten. Bei größeren Gaben ist Vorsicht am Platz, da Brechreiz auftreten kann.

Convolvulus sepium
Zaun-Winde, Kringelwurz
Merkmale: Windengewächs mit weißen, großen, trichterförmigen, langgestielten Blüten in den Achseln der ebenfalls gestielten, aus pfeilförmigem Grund länglich-eiförmig auslaufenden Blätter, Blüte Juni/Juli. Stengel oft mehrere Meter lang, emporwindend an Zäunen, Mauern, Hecken und Ufergebüsch, auch auf Öd- und Schuttland sowie am Saum von Auenwäldern, stets auf etwas feuchtem Boden zu finden. Vermehrt sich stark durch unterirdische, fleischige Ausläufer.
Sammelgut: Wurzeln März/April, September/Oktober. Blühendes Kraut Juni/Juli.

Heilkunde
Die Winde wirkt abführend und galletreibend, von M. Stirnadel als »eines der besten Abführmittel« bezeichnet.
Teeaufguß/Abkochung: 3–4 g (oder mehr) auf 1 Tasse; morgens und abends 1 Tasse.

Crataegus osyacantha
Zweigriffeliger Weißdorn, Hagedorn
Merkmale: Bis 5 m hohes Rosengewächs. Blüten weiß mit roten Staubblättern in aufrechter Doldenrispe, unangenehm riechend, Mai/Juni. Blätter 3- bis 5lappig, unregelmäßig gesägt, fast lederartig, kurz gestielt. Die Äste enden in Dornen. Früchte: rote, kugelige »Mehlbeeren« mit 2 oder 3 Samen. Kommt besonders in Laub- und Föhrenwäldern, an Waldrändern, Zäunen und Hecken vor.
Sammelgut: Blüten Mai/Juni; Früchte Juli/August. (In gleicher Weise und zur selben Anwendung zu sammeln: Crataegus monogyna, Eingriffeliger Weißdorn, mit tief fiederspaltigen Blättern.)

Heilkunde
Crataegus wirkt blutdrucksenkend, herzstärkend, beruhigend und wird bei Altersherz, Arteriosklerose, Bluthochdruck, leichten Fällen von Herzschwäche und Angina pectoris, ferner bei nervösen Störungen (besonders des Kreislaufsystems) angewendet, behebt Angstzustände, Schlaflosigkeit, Schwindel und Ohrensausen.
Die Blüten wurden bereits im Mittelalter gegen Gicht und Blasensteine

empfohlen. Die Früchte dämmen Durchfall ein. Erste Hinweise auf die Verwendung des Weißdorns als Kreislaufmittel findet man bei Quercetanus, der ihn Heinrich IV. von Frankreich gegen Alterserscheinungen verordnete. Insbesondere der Blütentee soll – einige Monate lang regelmäßig getrunken – eine bleibende Blutdrucksenkung bei zuvor krankhaft erhöhtem Blutdruck bewirken und gilt auch seit langem als gutes Mittel gegen Fettleibigkeit.
Teeaufguß/Abkochung von Blüten oder Früchten: 1 Eßlöffel auf 1 Tasse; über längere Zeit täglich 1 Tasse schluckweise trinken.
Tinktur/Extrakt: Täglich 10 Tropfen, 3- bis 5mal, in Wasser oder direkt auf die Zunge (eine Weile im Mund behalten!).

Daucus carota ssp. sativus
Möhre, Mohrrübe, Gelbe Rübe, Karotte
Merkmale: 25–60 cm hohes Doldengewächs. Weiße Blüten in zusammengesetzter Dolde, Juni bis September. Blätter 2- bis 3fach gefiedert, längliche, schmallanzettförmige Zipfel. Stengel ästig. Frucht mit Stacheln. Aussaat in nährstoffreichen, sandiglehmigem Boden am günstigsten. Wurzelspindel gelb-rot.
Sammelgut: Wurzel je nach Aussaat: Juni bis August. Frucht der wilden Form: September.

Heilkunde
Die Gelbe Rübe wirkt stoffwechselunterstützend, leicht stopfend und wurmtreibend. Wurzel roh getrieben (2–3 Möhren täglich) oder frischer Saft (2–3 Teelöffel 1- bis 4mal täglich) bei Bleichsucht, Rachitis, nervöser Erschöpfung, Magen- und Darmstörungen bei Kindern, Madenwürmern (hier 1–2 Tage nur Brei aus rohen Möhren als Kur).
Frucht-Abkochung: Etwa 5 g auf 1 Tasse: täglich 2 Tassen als harntreibende und menstruationsfördernde Dosis.

Drosera rotundifolia
Rundblättriger Sonnentau, Bauernlöffelkraut
Merkmale: 10–20 cm, Sonnentaugewächs. Blüten klein, weiß in traubigem Blütenstand an blattlosem, rötlich überlaufendem Stengel, Juli–August. Blätter ausgebreitet, kreisrund mit Drüsenhaaren, lange Blattstiele. Insektenfressende Pflanze. In Hochmooren, geschützt.
Sammelgut: blühende Pflanze ohne Wurzeln, Juni/August.

Heilkunde
Die Droge hat krampflösende, fiebersenkende und antiseptische Wirkung. In Teemischungen oder als Tinktur wird Sonnentau vor allem als krampflösendes Mittel bei Keuchhusten, Asthma und zähem Husten verwendet. Der ausgepreßte Saft hilft Warzen und Hühneraugen vertreiben.
Tinktur (Mischung des Saftes mit Weingeist): 10–30 Tropfen täglich 3 mal.
Teeaufguß: 2 Teelöffel auf 1 Tasse, täglich 1 Tasse schluckweise einnehmen.

Equisetum arvense
Acker-Schachtelhalm, Zinnkraut, Katzenwedel
Merkmale: Bis 40 cm hohes, blütenlo-

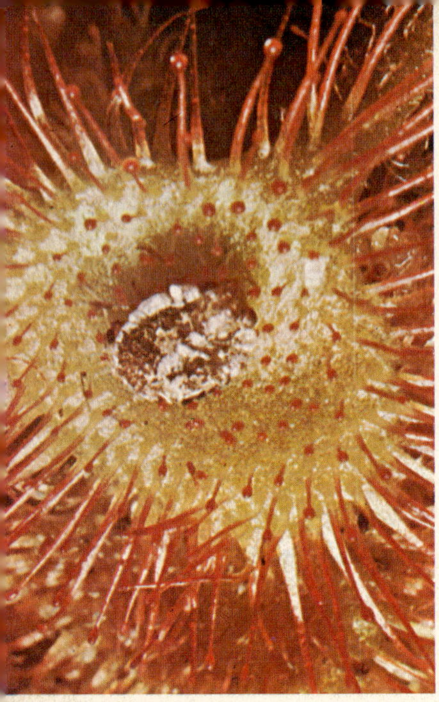

Drosera rotundifolia (Rundblättriger Sonnentau, Bauernlöffelkraut)

Equisetum arvense (Acker-Schachtelhalm, Zinnkraut, Katzenwedel)

Erythraea centaurium (Echtes Tausendgüldenkraut)

Rechte Seite:
Euphrasia rostkoviana (Augentrost)

ses Schachtelhalmgewächs. An den fruchtbaren Frühlingstrieben endständige, bräunliche Sporangienähren, März/April. Unfruchtbare Sommertriebe: Winzige Blätter zähnchenartig. Stengel mit Knoten und Astquirlen. Acker- und Gartenunkraut, auch an Bahndämmen und Schutthalden.
Sammelgut: Sommertriebe Mai bis August.

Heilkunde
Die Droge wirkt blutstillend, lungengewebefestigend, harntreibend. Sie ist dienlich bei beginnender Lungenschwindsucht, wäßriger Rippenfellentzündung, Wasseransammlungen allgemein sowie bei inneren Blutungen (Arzt!); äußerlich bei Wunden, Geschwüren, Flechten; bei Mandel- und Zahnfleischentzündungen zum Gurgeln, bei chronischem Schnupfen zur Nasenspülung. Andere Schachtelhalm-Arten sind weniger wirksam.
Abkochung: Trockengut 30 Minuten kochen, 1 Eßlöffel auf 1 Tasse; zum Harntreiben täglich 1–2 Tassen warm. Bei Lungenleiden und Magenblutung unbedingt ärztliche Rezeptur einholen!

Erythraea centaurium
Echtes Tausendgüldenkraut – Siehe: Centaurium Umbellatum

Euphrasia rostkoviana
Echter Augentrost, Wiesen-Augentrost, Milchdieb, Spöttlich, Hirnkraut, Zahnwehkräutl
Merkmale: Bis 20 cm hoher Rachenblütler, Halbschmarotzer. Blüten weiß oder bläulich mit violetten Längsadern und einem gelben Fleck auf der Unterlippe, Juli–Oktober. Blätter eiförmig, gezähnt, gegenständig sitzend. Stengel oben verästelt, weich behaart. Augentrost wächst auf mageren Bergweiden, Moorwiesen, an sonnigen Hängen und Waldrändern.
Sammelgut: Blühendes Kraut Juli–Oktober, Blätter. Berglandgewächsen gebührt wegen höherer Wirksamkeit der Vorzug.

Heilkunde
Augentrost wirkt entzündungswidrig, zusammenziehend, verdauungsfördernd.
Teeaufguß/Abkochung: 1 Teelöffel auf eine Tasse, täglich 1 Tasse bei leichtem Magen- und Darmkatarrh, Fließschnupfen. Bei äußerlich tränenden und überanstrengten Augen, bei Augenentzündungen und -katarrh sowie leichten Verletzungen. Tee aus Augentrost wird auch bei Husten, Heiserkeit und Gelbsucht empfohlen.
Absud: Auf $^1/_4$ l Wasser etwa 2 Eßlöffel Blätter – zum Waschen entzündeter Augenlider. Bei Augenentzündungen vor dem Schlafengehen auf jedes Auge ein mehrfach zusammengelegtes, in Augentrosttee getauchtes Leinenläppchen legen und mit einer Binde befestigen. Täglich 1 Messerspitze des aus den getrockneten Blättern (im Mörser) geriebenen Pulvers wirkt unterstützend.

Filipendula ulmaria
Wiesen-Geißbart, Mädesüß, Wiesenkönigin, Sumpf-, Spier- oder Rüsterstaude
Merkmale: 1–2 m hohes Rosengewächs, Blüte gelblich-weiß, in rispiger Trugdolde von bittermandelähnlichem Geruch, Juni–August. Blätter wechselständig, unterbrochen gefie-

dert, unterseits meist weißfilzig. Wurzeln schuppig. In Sumpf-Moor, an Gräben und auf Naßwiesen zu finden.
Sammelgut: Wurzel Mai/April, September/Oktober. Blätter und Blüten Juni/Juli.

Heilkunde
Die Blüten wirken harn- und schweißtreibend, fiebersenkend, antiseptisch, Blätter und Wurzeln zusammenziehend und blutstillend. Blüten und Blätter finden bei Wassersucht, Gicht, Rheuma, Katarrhen der Luftwege, Grippe, Nierenerkrankungen (besonders im Zusammenhang mit Scharlach) Verwendung, die Wurzeln bei Durchfall sowie äußerlich zur Wundbehandlung.
Teeaufguß: Von Blüten und Blättern: 1 Eßlöffel pro Tasse.
Abkochung der Wurzeln: 2 Teelöffel pro Tasse. Von beiden Darreichungsformen täglich 1–2 Tassen trinken.

Fragaria vesca
Walderdbeere
Merkmale: Grundständige Rosette langgestielter, dreizähliger Blätter, in den Achseln 5–20 cm lange Stengel und Ausläufer. Weiße Blüten Mai/Juni. Auf sonnigen Waldlichtungen und Hanglagen zu finden.
Sammelgut: Junge Blätter während der Blütezeit Mai–Juni; auch das ganze Kraut.

Heilkunde
Die Droge ist stoffwechselanregend. Tee tut bei Nervosität und Blutarmut, bei Magen- und Darmkatarrh, Hämorrhoiden und Erkrankungen der Harnwege gute Dienste.
Die Blätter müssen sehr gründlich (bis 50°) getrocknet werden; Aufbewahrung: trocken, licht- und luftdicht.

Fumaria officinalis
Gewöhnlicher Erdrauch
Merkmale: 10–40 cm hohes Erdrauchgewächs, Blüten rosa- bis dunkelrot und mit schwärzlicher Spitze und Sporn in aufrechten Trauben, Mai–September. Blätter graugrün, doppelt gefiedert, Stengel ästig. Ein weit verbreitetes Acker- und Gartenunkraut.
Sammelgut: Blühendes Kraut Mai–August.

Heilkunde
Die Droge wirkt blutreinigend auf alle Ausscheidungsorgane (einschließlich der Haut). Äußerliche Anwendung des Preßsaftes vor allem bei Hautausschlägen. Bei Leberleiden (Gelbsucht, Gallensteinen, Gallenblasenentzündungen), Hämorrhoiden und Hautleiden (besonders Ekzemen) empfiehlt sich Tee aus Erdrauch.
Teeaufguß/Abkochung: Bis 5 g auf 1 Tasse, täglich 1 Tasse schluckweise (Höchstgabe). Da die Pflanze jedoch das in höherer Dosierung giftige Alkaloid Fumarin enthält, muß die Kur nach einer Woche unterbrochen werden.

Galega officinalis
Geißraute
Merkmale: Bis 1 m hoher Schmetterlingsblütler. Blüten: Trauben violetter Schmetterlingsblüten mit weißen Flügeln und Schiffchen, Juli/August. Blätter unpaarig gefiedert, Stengel hohl. Die feuchten Boden und warme Lage liebende Pflanze ist nur selten verwildert anzutreffen; auch als Ziergewächs.

Sammelgut: Oberer Teil des blühenden Krautes, Juli/August. Später Samen.

Heilkunde
Die Geißraute wirkt blutzuckersenkend und harntreibend.
Teeaufguß: 1 Teelöffel auf 1 Tasse, kalt ansetzen, kurz aufkochen und ziehen lassen; täglich je 1 Tasse vor den Mahlzeiten, bei Diabetes mellitus in Abstimmung mit dem Arzt!

Galium verum
Echtes Labkraut, Liebfrauenstroh
Merkmale: 20–80 cm hohes Rötegewächs. Nach Honig duftende Blüten, klein, zitronengelb, in dichten länglichen Rispen, Juni bis September. Blätter schmallineal mit Stachelspitze, am Rand ungerollt, in Quirlen. Stengel rundlich, rauh behaart. Sonniger Standort auf trockenen Wiesen und Weiden bevorzugt.
Sammelgut: Oberer Teil des blühenden Krautes Juni bis September.

Heilkunde
Die harntreibenden und krampfstillenden Drogen finden Anwendung bei Magen- und Unterleibsbeschwerden, bei Wassersucht und Hautausschlägen, zerquetschte Blätter der grünen Pflanze bei Wunden, Hautleiden und Nasenbluten.
Aufguß: 2–3 g auf 1 Tasse, täglich 2 Tassen.
Saft: Täglich $^1/_2$ Teelöffel in heißem Wasser einnehmen. Keine größeren Gaben!

Anmerkung
Dem weißblühenden Kletten-Labkraut oder Klebkraut (Galium apari-

Galium odoranum (Waldmeister)

Links oben:
Fumaria officinalis (Echter Erdrauch)

Links unten:
Galium verum (Echtes Labkraut)

Seite 184:
Frageria vesca (Walderdbeere)

ne) mit längeren, rauh behaarten, klimmenden Stengeln werden fast die gleichen Wirkungen zugeschrieben.

Genista tinctoria
Färberginster, Weiberzorn, Stechpfriemen, Rehheide, Hasenbrahm, Gold- oder Gilbkraut, Witschen
Merkmale: 30–60 cm hoher Schmetterlingsblütler. Blüten: goldgelb, kahl, in endständigen Trauben an langen Blütenzweigen, Mai bis Juni. Blätter elliptisch-lanzettförmig, dunkelgrün, am Rand fein behaart. Der Färberginster gedeiht auf Bergwiesen sowie in lichten und trockenen Wäldern.
Sammelgut: Blühende Zweige, Mai bis Juli.

Heilkunde
Aufbereitungen des Trockengutes wirken harn- und schweißtreibend, abführend, schleim- und steinlösend, allgemein kreislaufanregend. Blüten und Samen, in Honig genommen, fördern die Schweißabsonderung. In der Volksheilkunde wird Färberginster bei Gicht, Rheuma, Wassersucht, niedrigem Blutdruck, Grieß- und Steinleiden vor allem der Blase sowie bei Verstopfung eingesetzt.
Teeaufguß/Abkochung: 2 Teelöffel auf eine Tasse, täglich bis zu 2 Tassen. Absud von Zweigen und Blüten: 4 Eßlöffel auf 1/4 Liter.

Anmerkungen
Anwendung bei ernsten Leiden nur auf ärztliche Verordnung, insbesondere bei Herzschwäche! Der Deutsche Ginster (Genista germanica) mit behaarten Blütenzweigen und Dornen zeigt ähnliche Wirkung. – Nicht verwechseln mit dem bis 2 m hohen Besenginster (Sarothamnus scoparius): Dieser hat große, goldgelbe Schmetterlingsblüten, nur einzeln oder paarig blattachselständig, Mai/Juni. Zweige kantig, rutenförmig, mit hinfälligen, meist dreizähligen Blättern. Der Besenginster ist in höheren Dosen gefährlich giftig!

Gentiana lutea
Gelber Enzian, Bitterwurz, Jänzene
Merkmale: 50–120 cm hoch, Enziangewächs. Blüten gelb, fast bis zum Grunde geteilt, in 3–10 blütigen Scheinquirlen, Juni–August. Blätter groß, breit lanzettlich mit stark hervortretenden Nerven, gegenständig. Stengel blaugrün, hohl. Pfahlwurz gelb, von bitterem Geschmack. Nährstoffreiche Weiden, Weiden und Hochstaudenfluren, gebietsweise geschützt.
Sammelgut: Wurzeln, Spätherbst.

Heilkunde
Der Wurzelextrakt wirkt appetitanregend, stärkend und antiseptisch. Der Tee ist ein berühmtes Magenmittel bei Appetitlosigkeit, Verdauungsschwäche und Sodbrennen. Das Pulver stärkt die Magensäfte und die Nerven. Als Wein kann der gelbe Enzian bei Blutarmut, Appetitlosigkeit und Magenkatarrh empfohlen werden. Hierzu wird ein Ansatz von zerschnittenen Wurzeln zusammen mit Orangenschalen 8 Tage in Wein stehen gelassen, dann filtriert. Abgekochte oder frisch zerriebene Wurzeln leisten gute Dienste bei faulenden, eiternden Wunden.
Teeaufguß: 1 Teelöffel auf 1 Tasse, 15 Minuten ziehen lassen, vor dem Essen 1/3 davon.

Pulver: 1 kleine Messerspitze 3mal täglich.

Anmerkungen
Der Enzianschnaps wirkt ähnlich, jedoch weniger stark, weil die Bitterstoffe fehlen. Achtung! Die Dosen müssen eingehalten werden. In größeren Gaben ruft die Wurzel Erbrechen und eine Art narkotische Trunkenheit hervor.

Geranium robertianum
Ruprechtskraut, Wanzenkraut
Merkmale: 20–50 cm hohes Storchschnabelgewächs. Blüten rosa, Mai–Oktober. Früchte lang, schnabelförmig. Blätter handförmig, 3–5teilig, im Umriß eckig. Ganze Pflanze weichhaarig, verzweigt, zum Teil rot überlaufen. In Wäldern, Hecken, auf Schuttplätzen, an Mauern.
Sammelgut: das blühende Kraut, am besten mit der Wurzel, Mai/Oktober.

Heilkunde
Am besten wirkt die frische Pflanze, sie hat eine blutstillende, zusammenziehende, stopfende und leicht harntreibende Wirkung. Medizinische Anwendung findet der Storchschnabel vor allem bei Hautkrankheiten wie nässenden Ekzemen, Ulcera cruris, Geschwüren carcinomatöser, fressender Art. Daneben hilft er auch bei chronischen Magen- und Darmentzündungen. Volkstümlich wird der Tee bei Durchfällen, Blasen- und Nierensteinen angewendet, äußerlich zur Blutstillung und bei schlecht heilenden Wunden und Geschwülsten.
Teeaufguß: (heiß oder kalt): 1 Teelöffel auf 1 Tasse, bis 2 Tassen täglich.

Geum urbanum
Echte Nelkenwurz, Benediktenkraut, Heil aller Welt
Merkmale: 30–70 cm hohes Rosengewächs. Blüten gelb, 5zählig, Juni bis August. Blätter unten unterbrochen gefiedert, oben dreizählig. Wurzel nelkenartig riechend, bis 7 cm lang, fingerdick, geringelt, außen gelbbraun, innen fleischfarben bis violett.
Sammelgut: Wurzel: März/April, September/Oktober. Blühendes Kraut: Juni bis September.

Heilkunde
Die schmerzlindernden, keimwidrigen und stopfenden Eigenschaften macht man sich bei Verdauungsstörungen (Kolik, Durchfall), Hämorrhoiden, traditionell auch bei Leber- und Menstruationsstörungen zunutze, äußerlich (Gurgelmittel) bei schmerzhafter Zahnfleisch- und Halsentzündung. – Die auf Naßwiesen verbreitete Bach-Nelkenwurz (Geum rivale) ist weniger wirksam.
Abkochung: 1 Teelöffel auf 1 Tasse, täglich bis 2 Tassen. Nelkenöl (Apotheke): 5–8 Tropfen in 1 Eßlöffel warmem Wasser einnehmen, 1–2mal täglich.

Glycyrrhiza glabra
Süßholz, Lakritzenwurzel
Merkmale: Bis 2 m hoher Schmetterlingsblütler. Blüten blau bis lila, in traubenförmigen Blütenständen in den Blattachseln, Juni bis September. Blätter unpaarig gefiedert, Fiederblätter eiförmig-länglich, unterseits klebrig. Stengel kräftig, aufrecht. Wurzel innen gelb, holzig, kriechend. Das Gewächs läßt sich – ähnlich wie Meerrettich – auf sandigen, leicht feuchten Böden gut anbauen.

Sammelgut: Nur die etwa fingerdicken Wurzeln: März/April, September/Oktober.

Heilkunde

Süßholz wirkt hustenmildernd, auswurffördernd, harntreibend, abführend, schlechthin »entgiftend«. Tee und Lakritze (eingedickter Sirup) werden bei Erkrankungen der oberen Luftwege (Heiserkeit, Husten), Nieren- und Blasenleiden, Gicht und Rheuma meist in Mischungen angewendet. Neue Untersuchungen bestätigen Heilkraft auch bei Magengeschwüren; wegen z. T. ungünstiger Nebenwirkungen ist jedoch ärztliche Überwachung erforderlich.

Teeaufguß: 1 Teelöffel auf 1 Tasse: täglich 2 Tassen warm trinken oder Lakritzen-Konzentrat in entsprechender Menge – z. B. auf Brot – einnehmen.

Genista tinctora (Färberginster)

Gentiana lutea (Gelber Enzian)

Hedera helix

Efeu

Merkmale: Araliengewächs, das mit Haftwurzeln bis etwa 15 m hoch klettern kann. Blüten grünlichgelb, unscheinbar, in halbkugeligen Dolden, August bis November. Blätter immergrün, jung fünflappig, bei der Altersform eiförmig zugespitzt. Efeu wächst wild in Wäldern, an Felsen und Mauern, wird kultiviert in Parks, an Gartenlauben.

Sammelgut: Blätter (am besten junge), besonders April/Mai.

Heilkunde

Die Blattdroge wirkt harn- und schweißtreibend, auswurffördernd und allgemein blutreinigend. Innerliche Anwendung bei Skrofulose,

Gicht, Rheuma, Husten, besonders Keuchhusten und spastischer Bronchitis. Äußerlich – auch in Form zerquetschter Blätter als Auflage – bei Hühneraugen, Geschwüren, Brand- und Schnittwunden sowie manchen Hautleiden (Arzt!).
Abkochung: 1–2 g auf 1 Tasse, täglich 1 bis 2 Tassen (in größeren Gaben kritisch!).

Anmerkung
Die den Winter über reifenden Beeren sind giftig!

Helichrysum arenarium
Sandstrohblume
Merkmale: 15–30 cm hoher Korbblütler. Blütenköpfchen sind goldgelb, trockenhäutige Hüllblätter, Schirmtraube, Juli bis September. Blätter graugrün, sitzend, am unteren Stengelteil länglich-eiförmig, nach oben hin lanzettförmig bis linealisch verschmälert. Stengel weißwollig behaart. Wachstum vorwiegend auf Sandgrund sonniger, auch steiniger Hänge und Heideflächen.
Sammelgut: Blütenstände vor völligem Aufblühen mit kurzem Teil des Stiels, Juli bis September.

Heilkunde
Anwendung der – allgemein stoffwechselanregenden – Droge vor allem bei Gallenleiden und Erkrankungen der Harnorgane als Tee. Konzentration nach Geschmack bzw. in Teemischungen.

Anmerkung
Nicht verwechseln mit dem Ruhrkraut (Gnaphalium) oder auch dem Katzenpfötchen (Antennaria dioica).

Als Sammelgut des Humulus lupulus (Hopfen) werden die Fruchtzapfenstände verwendet, und zwar vor ihrer völligen Reife.

Humulus lupulus
Hopfen
Merkmale: 3–6 m hohes lianenartiges Maulbeergewächs. Blüten zweihäusig, der männliche Blütenstand locker-rispig, der weibliche dicht, zapfenähnlich, gelbbraun, Juli–September. Blätter gegenständig, 3–5lappig, rauh. Pflanze einjährig, rechtswindend. Geruch aromatisch. An Gebüschen, in Wäldern.
Sammelgut: die weiblichen Fruchtstände (Zapfen) vor der völligen Reife, September.

Heilkunde
Hopfen wirkt appetitanregend, schwach antibiotisch, beruhigend und leicht einschläfernd. Er ist deshalb bestens als Schlummerbecher geeignet. Angewendet wird er bei Schlaflosigkeit und Erregungszuständen aller Art, auch sexueller und hysterischer Art, ferner bei Magenkrämpfen und Beschwerden der Wechseljahre. Die Hopfensalbe hilft gegen Haarausfall und schmerzhafte Geschwüre.
Pulver: 1 Messerspitze 1–3mal täglich.
Teeaufguß: 3 Eßlöffel Zapfen auf 1 Tasse.

Anmerkungen
Am stärksten hilft frisches Material; beim Lagern nimmt die Wirkungskraft rasch ab.

Hypericum perforatum
Echtes Johanniskraut, Tüpfel-Hartheu, Herrgotts Wundkraut, Unserer Frau Bettstroh, Unserer lieben Frau Gras, Hexenkraut, Waldhopf, Wilder Magram, Färberkraut, Frauengliester, Sonnwendkraut, Blutkraut, Löcherkraut, Jägerteufel
Merkmale: 30–100 cm hohes Hartheu-Gewächs. Blüten gelb mit vielen Staubblättern in Trugdolde, Juni bis September. Blätter ungestielt eiförmig-länglich mit durchscheinenden Punkten und rötlichem Saft. Stengel zweikantig erscheinend, oben verästelt im Gewebe. Wächst auf trockenem, warmem Feld-, Wald- und Wiesenboden.
Sammelgut: Der obere Teil des blühenden Krautes, Juli/August.

Heilkunde
Diese vielseitige Droge wirkt wundheilend, entzündungshemmend, durchfallwidrig, photosensibilisierend und nervenstärkend. Sie wird innerlich bei Magen- und Darmkatarrh, Blasenschwäche (Bettnässen), Regelstörungen, nervöser Instabilität (besonders Depressionen), äußerlich bei Gicht, Rheuma, Ischias, Neuralgien, offenen Wunden, Krampfadergeschwüren und Quetschungen angewendet. Bei Brandwunden haben sich die in Öl gekochten Blüten als schmerzstillendes Mittel bewährt. Dasselbe Blütenöl wird auch – zu gleichen Teilen mit Terpentinöl vermengt – als Einreibungsmittel bei Rheuma empfohlen. Johanniskraut ergibt mit Aloe gemischt einen guten Lebertee, mit Schafgarbe einen Tee bei Lungen-, Nieren- und Blasenkrankheiten. Bei

Seite 192:
Geranium robertianum (Ruprechtskraut, Stinkender Storchschnabel); für die Artbezeichnung stand der heilige Ruprecht Pate.

Rechts:
Inula helenium (Echter Alant)

Links unten:
Hedera helix (Efeu)

Rechts unten:
Hypericum perforatum (Echtes Johanniskraut, Tüpfel-Hartheu)

Menstruationsbeschwerden mischt man Johanniskraut mit Mistel. Gute Erfolge zeigt Johanniskraut auch bei Anämie und Stoffwechselstauungen sowie bei Sodbrennen. Es ist überdies ein hervorragendes Wurmmittel und wirkt lindernd bei Kopfschmerzen und Migräne.
Teeaufguß: 1 Eßlöffel des blühenden Krautes auf $^1/_4$ l Wasser (kurze Abkochung: 1 Eßlöffel auf 1 Tasse), täglich morgens 1 Tasse warm trinken.
Öl: 6–8 Tropfen auf Zucker.

Hyssopus officinalis
Echter Ysop
Merkmale: Bis 50 cm hoher Lippenblütler. Blüten blau, selten weißlich, in einseitswendigen Scheinähren, Juni bis August. Blätter lineal-lanzettförmig, leicht gerollt, gegenständig. Der stark verzweigte, aromatischen Duft verbreitende Halbstrauch bevorzugt trockene, sonnige Standorte auf Kalkboden.
Sammelgut: Blühendes Kraut und Blätter, Juni bis August.

Heilkunde
Der Ysop wirkt auswurffördernd, zusammenziehend und schweißhemmend. Er wird besonders bei Erkrankungen der Luftwege (Husten, Heiserkeit, Asthma), ferner volkstümlich bei Verdauungsschwäche eingesetzt. Äußerlich zur Wundbehandlung und als Gurgelmittel bei Zahnfleischbeschwerden und bei Mandelschwellung.
Aufguß: 2–3 g auf 1 Tasse, täglich bis zu 2 Tassen.

Ilex aquifolium
Stechpalme, Hülse, Hülsdorn
Merkmale: Bis 8 m hoher Strauch oder Baum, der zu den Stechpalmengewächsen zählt. Blüten weißlich, klein, in Büscheln in den Blattachsen sitzend, im Winter korallenrote Steinfrucht. Immergrünes Laub, lederartig, am Rand ausgeschweift und stachelspitzig, bei älteren Exemplaren fast ganzrandig. Wildwachsend besonders als Unterholz in Laubwäldern, in den Alpen bis in 1800 m Höhe.
Sammelgut: Blätter Mai–Juni; in den übrigen Monaten nur die jungen, noch hellgrünen Blätter; niemals die »Beeren«.

Heilkunde
Die Stechpalme enthält einen noch wenig erforschten Bitterstoff, wirkt fieberwidrig und harntreibend. Die Blattdroge findet Verwendung bei Katarrhen der tieferen Luftwege, beginnender Lungenentzündung, Rippenfellentzündung, bei Gicht, Rheuma, Wassersucht, Steinleiden.
Abkochung/Teeaufguß: 5–8 g auf 1 Tasse, täglich 1–2 Tassen heiß in kleinen Schlucken trinken.

Anmerkung
Die roten »Beeren« (Steinfrüchte) der Stechpalme sind giftig!

Imperatoria ostruthium
Meisterwurz – Siehe: Peucedanum ostruthium

Inula helenium
Echter Alant, Alantwurz, Helenenkraut, Galantwurzel, Glockenwurz
Merkmale: Bis 1,5 m hoher Korbblütler, der feuchten Boden bevorzugt. Blütenkopf gelb, Durchmesser bis zu 7 cm, einzeln und in doldigen Trau-

ben, Juli bis September. Sehr große Wurzelblätter, länglich, gestielt; Stengelblätter herzeiförmig, stengelumfassend; beide Blattarten unterseits graufilzig. Stengel dick, aufrecht, am oberen Ende zottig behaart. Wurzel ästig, vielfach knollig verdickt.
Sammelgut: Wurzeln der 3- bis 4jährigen Pflanze, März/April und September/Oktober.

Heilkunde
Die Alantwurzel enthält unter anderem das in ihr erstmals nachgewiesene Inulin. Ihre Droge wirkt schleimlösend, galle- und harntreibend, auswurffördernd, krampf- und hustenreizstillend. Bei Verschleimung der Atemorgane, Asthma, beginnender Tuberkulose, Keuchhusten, Magenschwäche und -verschleimung, Blähungen und leichter Gelbsucht werden Tee oder Tinktur angewandt. Bei Flechten, Krätze usw. ist äußerliche Anwendung, auch in Form von Salbe, hilfreich. Bei Magenbeschwerden empfiehlt sich Kauen der (frischen oder getrockneten) Wurzel vor den Mahlzeiten. Der Wurzelabsud, dem man etwas Thymian zusetzen kann, hilft bei Keuchhusten, Bronchialasthma und -katarrh, bei Luftröhren- und Kehlkopfkatarrh. Der Absud regt außerdem die Gallenabsonderung an und wirkt Menstruationsbeschwerden entgegen.
Teeaufguß/Abkochung: ½–1 Teelöffel auf 1 Tasse, täglich zweistündlich 1 Eßlöffel voll. Absud: 20 g Wurzeln auf 0,2 l Wasser, mehrmals täglich 1 Eßlöffel einnehmen.

Anmerkung
Zu hoch dosierte Gaben können Erbrechen bewirken!

Juglans regia
Walnußbaum
Merkmale: 30 m hoher Baum, Walnußgewächs. Die Blüten sind einhäusig, die männlichen bilden hängende Kätzchen, die weiblichen sitzen unscheinbar klein an den Zweigenden, Mai. Blätter unpaarig gefiedert mit ovalen bis eiförmigen Fiederblättern. Frucht mit dicker, fleischiger Schale. Wächst angepflanzt und wild.
Sammelgut: Blätter im Juni, Schalen der Frucht im Oktober.

Heilkunde
Die Vitamin-C-reichen Fruchtschalen regen den ganzen Stoffwechsel an. Der Tee wirkt blutreinigend, kräftigend, antiseptisch und wurmtreibend. Anzuwenden bei Durchfall, chronisch entzündeten Mund- und Rachenschleimhäuten. Bäder (1 Handvoll mit 1 Liter Wasser anbrühen und ziehen lassen) und Umschläge mit dem Absud helfen bei bösartigen Geschwüren, Hautausschlägen (Pilze), insbesondere bei Skrofeln.
Teeaufguß: 1 Eßlöffel auf 1–2 Tassen, ziehen lassen und mit Honig süßen, in 2–3 Einzelgaben trinken, bis 2 Tassen täglich.

Anmerkungen
Die grünen Fruchtblätter werden auch in der Veterinärmedizin bei Verdauungsschwächen, Faul- und Nervenfieber und gegen Würmer gegeben. Auflagen bei Verrenkungen und Quetschungen.

Lamium album
Weiße Taubnessel, Weißer Bienensaug, Tod- oder Wurmnessel, Löffelblume, Zauberkraut, Falsche Brennessel

Ilex aquifolium (Stechpalme)

Lamium album
(Weiße Taubnessel)

Linaria vulgaris
(Frauenflachs,
Gewöhnliches Leinkraut,
Wildes Löwenmaul)

Merkmale: Bis 50 cm hoher Lippenblütler. Blüten weiß, in Scheinquirl, honigduftend, April bis September. Blätter kreuzgegenständig, eiförmig, runzelig mit gesägtem oder gezähntem Rand. Stengel hohl, vierkantig. An Wegen, Zäunen, Mauern, auf Schutt- und Brachland unter Gebüsch, am Waldsaum und in Gärten häufig anzutreffen.

Sammelgut: Blüten ohne Kelch, Mai–Oktober; auch das ganze blühende Kraut.

Heilkunde

Die Droge wirkt reizlindernd, auswurf- und verdauungsfördernd, wird bei Katarrhen der Atem- und Verdauungswege, bei Weißfluß, Menstruationsstörungen, Blasenleiden angewandt; äußerlich bei Brandwunden und Geschwüren. Umschläge mit abgekochten Blättern und Blüten sind gut bei Ausschlägen, Krampfadern, Geschwüren und Gicht. Der Absud wird auch für Ohrendämpfe verwendet und kühlt das Fieber. Der Tee soll helfen bei unreinem Blut, Bleichsucht, Erkrankungen der Milz und der Lymphdrüsen.

Teeaufguß/Abkochung: 1 Teelöffel auf eine Tasse, täglich 1–2 Tassen.

Tinktur: 5–10 Tropfen mehrmals täglich. Aufguß der Blüten: 3 Eßlöffel auf 1/4 Liter Wasser.

Lappa major

Große Klette – Siehe: Arctium lappa

Leonurus cardiaca

Echtes Herzgespann, Löwenschwanz

Merkmale: Bis 1 m hoher Lippenblütler, Blüten klein, blaßrot, halbkugelige Scheinquirle in den Achseln der oberen Blätter bildend, Juni bis September. Blätter gegenständig, im unteren Teil des vierkantigen, meist rotvioletten Stengels handförmig gespalten, oben dreilappig. Das Herzgespann wächst auf nährstoffreichen Böden in sonnenwarmen Lagen, ist selten, aber insbesondere an Zäunen, Mauern, auf Brachland und Schutt zu finden.

Sammelgut: Obere Teile des blühenden Krautes: Juli/August.

Heilkunde

Beruhigende und herzstärkende Wirkstoffe sind dominierend. Anwendung bei nervösen und funktionellen Herzstörungen (besonders Herzklopfen, leichte Herzschwäche, Altersherz), volkstümlich auch bei Menstruationsstörungen und klimakterischen Beschwerden.

Kaltwasserauszug oder Aufguß: 1–2 Teelöffel auf 1 Tasse, täglich 2–3 Tassen, als Kur über Monate trinken.

Linaria vulgaris

Gewöhnliches oder Gemeines Leinkraut, Wildes Löwenmaul, Frauenflachs

Merkmale: 30–80 cm hoher Rachenblütler. Blüten in reich besetzter Traube, hellgelb, Oberlippe 2spaltig. Unterlippe 3lappig, Gaumen orangefarbig, gespornt; Juni–September. Blätter wechselständig, lineal-lanzettförmig, ganzrandig, gedrängt stehend, Stengel rund, kahl, wenig verästelt. An Wegen, Zäunen, Mauern, auf Akker-, Brach- und Bruchland vorkommend.

Sammelgut: Das blühende Kraut ohne die unteren (welken) Teile, Juni–September.

Heilkunde
Leinkraut wirkt abführend, harn- und schweißtreibend. Die Abkochung des Krautes ist ein volkstümliches Mittel bei Leber- und Blasenleiden, Hämorrhoiden und zur Blutreinigung. Äußerlich als Salbe (aus frischem Saft hergestellt), in der Wirkung wie die Abkochung.
Abkochung: 1 g auf 1 Tasse, täglich 1–2 Tassen (nicht mehr!).

Linum usiatissimum
Echter Lein, Flachs, Flas, Haar
Merkmale: Bis 60 cm hohes Leingewächs. Blüten blau, Juni/Juli. Blätter schmal-lanzettförmig, wechselständig. Stengel rund und glatt. Frucht: 5fächrige Kapsel, Same flachgedrückt, braun, glänzend. Der Wiesen-Lein (Linum catharticum) hat weiße Blüten mit gelbem Grund, die Blätter sind gegenständig.
Sammelgut: Samen, August/September.

Heilkunde
Leinsamen wirkt einhüllend, entzündungshemmend, schmerzstillend, krampflösend und mild abführend. Er wird bei Magen- und Darmentzündung, Stuhlträgheit, Nieren- und Blasenentzündungen sowie Husten angewandt. Der Preßrückstand dient äußerlich als zerteilendes, aufziehendes Kataplasma bei Geschwüren, Furunkeln, Drüsenschwellungen, Schmerz- und Krampfzuständen. Die Zubereitung aus gleichen Teilen Leinöl und Kalkwasser (Liniment) wird bei Verbrennungen benutzt.
Auflagen (1 Teelöffel Samen in heißem Wasser zu dickem Brei verrühren und fingerdick auf einen Leinwandlappen auftragen) werden besonders bei verhärteten, entzündeten oder eitrigen Brüsten verwendet (Krebs-Vorsorge-Untersuchung wichtig!). Der Absud dient auch zu Auflagen für die Augen. Unzerkaut gegessen (2–4 Eßlöffel) wirkt Leinsamen als Abführmittel. Gute Wirkung zeigt er auch bei Gallenkoliken und Gallensteinen, da der starke Ölgehalt den Gallenfluß anregt.
Teeaufguß/Abkochung: 1 Eßlöffel auf eine Tasse, täglich 1 Tasse warm trinken.

Malva silvestris
Wilde Malve, Roßpappel
Merkmale: Bis 1 m hohes Malvengewächs. Blüten hellrot, langstielig, Kronblätter mit dunklen Längsstreifen, Juni–September. Langgestielte Blätter, rundlich, fünflappig, gekerbt. Stengel ästig, behaart. Wächst an alten Mauern und Zäunen, Wegen und Schutthalden.
Sammelgut: Blätter mit Stiel, Juni bis September; Blüten mit Kelch, jedoch ohne Stiel: Juli bis September; Wurzeln (sparsam!) im Frühjahr.

Heilkunde
Die wilde Malve ist die heilkräftigste unter allen Malvenarten. Sie wirkt erweichend, reizmildernd, die Blätter auch zusammenziehend. Anwendung bei Bronchial-, Magen- und Darmkatarrh, Hals- und Mandelentzündung; äußerlich zum Gurgeln bei Mund- und Halskrankheiten, als Auflage bei Geschwüren usw. Die Malve soll im allgemeinen nur in grünem Zustand, nicht getrocknet, verwendet werden; nur dann ist beispielsweise der Absud heilsam bei inneren Entzündungen. Er

wird auch bei Lungenkranken empfohlen. Eine Suppe aus Malvenblättern und Gerste hilft bei Verdauungsschwäche und heilt Darmgeschwüre. Malvenkraut und -wurzeln, mit Fenchel und Anissamen gekocht und in Wein getrunken, sind wohltuend bei Darm- und Blasenschmerzen und erweichen harten Stuhl. Malventee wird auch für Dämpfe zum Inhalieren bereitet bei Husten, Keuchhusten, Asthma und Halsentzündungen (Aufguß mit Holunder-, Kamillenblüten und Sennesblättern mischen und etwas Salmiakgeist zusetzen).
Teeaufguß/Abkochung: 1 Eßlöffel auf eine Tasse, täglich 2–3 Tassen warm trinken.

Marrubium vulgare
Gewöhnlicher Andorn, Weißer Dorant, Mariennessel, Gotteshilfe, Helfkraut, Weiße Leuchte, Berghopfen, Mutterkraut
Merkmale: 30–60 cm hoher Lippenblütler. Blüten weiß in reich besetzten, blattachselständigen Scheinquirlen, Juni–August. Blätter gegenständig, eiförmig, gekerbt, runzelig, filzig, behaart, scharf und bitter im Geschmack. Stengel vierkantig, ebenfalls filzhaarig, Geruch angenehm. Wächst an Zäunen, Mauern, Wegrändern, auf Brach- und Schuttland. Anbau (Vermehrung durch Wurzelstock-Teilung) problemlos.
Sammelgut: Blühendes Kraut, auch Blätter: Juni bis August.

Heilkunde
Andorn wirkt drüsenanregend, auswurffördernd sowie galletreibend. Wird bei chronischen Katarrhen der Luftwege, Leberschwellung, Gelbsucht, bei Hautausschlägen (hier auch äußerlich) angewendet. Heilend und lösend wirkt der Tee bei Asthma mit zähem Auswurf. Adamus Lonicerus (»Kreuterbuch«, 1679) über den Saft: »Zwei oder drei Löffel voll eingenommen . . . treibt die Nachgeburt aus, reinigt die Mutter, vertreibt das Keichen, Stechen und Husten, öffnet die verstopfte Leber, Milz und Mutter.« Und weiter: »Für den Husten nimm Fenchel und Dill, jedes gleich viel, tu das dritteil Andorn dazu, sieds mit Wein, seihe es durch ein Tuch und trinks.«
Teeaufguß/Abkochung: 1 Teelöffel auf eine Tasse, täglich 1–2 Tassen.
Saft: Täglich 1–2 Eßlöffel.
Pulver: 3mal täglich 1–2 g.
Andornsirup: 500 g Zucker auf ³/₄ l Andorntee, eindicken lassen.

Matricaria chamomilla
Echte Kamille, Laugenblume, Hermel(in), Mutterkraut
Merkmale: 15–50 cm hoher Korbblütler. Halbkugelige, gelbe Scheinblüten auf kegelförmigem, innen hohlem Boden, weiße Strahlenblüten, gegen Ende der Blüte meist nach unten gekehrt, Juni–August. Blätter doppelt

Links oben:
Linum usitatissimum (Echter Lein); aus dem Lein können im August/September die Leinsamen gewonnen werden.

Links unten:
Malva silvestris (Wilde Malve, Roßpappel), leicht zu verwechseln mit Malva moschata.

fiederteilig, Zipfel schmallineal mit Stachelspitze. Stengel kahl, ästig. Geruch stark aromatisch. Wächst auf Getreidefeldern und Schutthalden, an Wegen und Umfriedungen.
Sammelgut: Blütenköpfe, Juni–September.

Heilkunde
Die – Blauöl (Azulen) enthaltende – Droge wirkt entzündungshemmend, blähungsaustreibend, krampflösend, schmerzstillend und transpirationsfördernd. Wird bei akuten Magenstörungen sowie bei Magen-, Darm- und Nierenkrämpfen, Harnbeschwerden, Koliken, Menstruationsschmerzen, neuralgischen und rheumatischen Schmerzen angewendet. Äußerlich als (feuchtheiße Kissen, Kompressen) bei Wunden und Geschwüren, Altersjukken, Flechten, Augenlidentzündung, Nasenkatarrh, Entzündungen von Mund und Rachen, Zahnfleischeiterung und Haarausfall. Der Tee dient als dampfbildendes Medicum zum Inhalieren bei Entzündungen der oberen Luftwege, außerdem als Badezusatz, Haarwasser sowie zu Spülungen von Augen, Ohren, Nase.
Adamus Lonicerus (1679): »Ihre Tugend ist, weich zu machen und zu sänftigen. Chamillen mit Wasser gesotten, die gelegt aufs harte Geschwer, weichet und sänftiget den Schmerz und treibet Eiter aus. Chamillenblumen, über Nacht in Wein gelegt, den getrunken, stärket die Geweb oder Geleich und benimmt die Lähme. Gestoßen, mit Honig vermischt und eingenommen, bringt Stuhlgang und treibet damit viel Schleim aus, reiniget das Gedärm. Nimmt das Keichen und räumet die Brust. Unter allen Badkräutern, die zum Stein dienen, sind die Chamillen das best. Das Wasser, darin Chamillenblumen gesotten sein, weichet die Lenden und Blasen und treibet die Materien, daraus der Stein wächst, heraus.«
Teeaufguß: 1–2 Teelöffel auf 1 Tasse (nicht stärker!), täglich 1–2 Tassen. Dabei ist zu beachten, daß Kamille nicht zu lange und nicht in unbedecktem Gefäß ausgezogen wird, denn sonst lösen sich die bitteren Auszugsstoffe, und das wirksame Öl verflüchtigt sich.

Anmerkung
Verwechslung mit der geruch- und strahlenlosen Kamille wie auch der einheimischen Arten der Hundskamille (Anthemis, nicht heilkundlich verwendet) kann bei genauer Beachtung der oben genannten Pflanzenmerkmale vermieden werden.

Matricaria matricarioides (M. discoidea)
Strahlenlose Kamille, Kopf-Kamille
Merkmale: 10–30 cm hoher, einjähriger Korbblütler ohne Strahlenblüten. Grünlichgelbe Blütenköpfe, kurz gestielt; Blütenboden walzig-kegelförmig, innen hohl, Juni-September. Das aus Ostasien stammende Gewächs hat sich in Deutschland seit Mitte des 19. Jahrhunderts vor allem entlang Verkehrswegen und Umfriedungen (Mauern, Zäune) stark ausgebreitet.
Sammelgut: Blütenköpfchen: Juni–August. Auch ganze Pflanze, blühend.

Heilkunde
Die Kopfkamille – ohne Blauöl – wirkt krampflösend und wurmwidrig

(besonders bei Spul- und Madenwürmern nach ärztlicher Verordnung anzuwenden). Der äußerliche Gebrauch bei der Wundbehandlung als Ersatz für die Echte Kamille ist nicht allgemein anerkannt. Die geruchlose Kamille (M. iodore) ist gänzlich unbrauchbar.
Teeaufguß: Blütenköpfe bis 10 g, von der ganzen Pflanze etwas mehr auf 1 Tasse.
Pulver aus der getrockneten Pflanze, täglich 1–2 Eßlöffel (bei Kindern 1–2 Teelöffel).

Melilotus officinalis
Gebräuchlicher oder Echter Steinklee, Honigklee, Melilotenklee
Merkmale: Bis 1 m hoher Schmetterlingsblütler. Blüten gelb, wohlriechend, in blattachselständigen Trauben, Juni–September. Blätter dreizählig, Abschnitte verkehrt-eiförmig, gesägt. Stengel hohl, ästig. – Gleichfalls gelb blüht der bis 150 cm hoch werdende Hohe Steinklee.
Sammelgut: Oberer Teil des blühenden Krautes, Juni–September.

Heilkunde
Der Cumaringlykosid und freies Cumarin enthaltende Steinklee wirkt erweichend, zerteilend, schmerzstillend, tonisierend und die Durchblutung steigernd. Bei Koliken, Leibschmerzen, Bronchialkatarrh, Krampfaderbeschwerden, Hämorrhoiden anzuwenden. Abends getrunken, wirkt der Tee schlaffördernd. Äußerlich (auch als Pflaster) bei eiternden Wunden, Geschwüren, Furunkeln angezeigt. Weißer Steinklee (Melilotus albus) und Hoher Steinklee (Melilotus altissimus) haben fast die gleiche Wirkung.
Aufguß: 2–3 g auf 1 Tasse, täglich höchstens 2 Tassen, schluckweise trinken.

Anmerkung
Zu hohe Gaben bewirken mehr oder minder anhaltende Übelkeit.

Melissa officinalis
Melisse, Garten- oder Zitronenmelisse, Frauen-, Zitronen-, Limoni-, Mutter- oder Herbstkraut
Merkmale: 30–100 cm hoher Lippenblütler. Blüten weiß in einseitswendigen Halbquirlen, Juli–September. Blätter eiförmig, gekerbt, gegenständig. Stengel vierkantig, stark verästelt. Geruch zitronenartig. Wächst auf Äkkern und in Gärten als Unkraut. Benötigt nährstoffreichen, leichten Boden in sonniger Lage. Im Anbau muß die ausdauernde Pflanze den Winter über durch Bedeckung gegen Frost geschützt werden.
Sammelgut: Blätter und Kraut vor der Blüte, Juni–August.

Heilkunde
Zitronenmelisse wirkt schmerz- und krampfstillend, beruhigend, schweiß- und blähungstreibend. Wird bei kolikartigen Magen- und Darmbeschwerden, nervösen Herzstörungen, Erbrechen in der Schwangerschaft, Unterleibskrämpfen sowie neurasthenischen Erscheinungen und leichten Schlafstörungen angewendet; äußerlich bei Rheuma, Nerven-, Zahn-, Ohren- und Kopfschmerzen, Quetschungen und Wunden. Auch bei allgemeiner Nervenschwäche, Nervenzucken, Hysterie und Melancholie gilt die Melisse als besonders wirksam und bekömmlich, wenn man die Blätter 5 Minuten in

Weißwein kocht. Frisch zerquetschte Blätter wirken schmerzlindernd und kühlend bei Wunden, Bienen- und Wespenstichen.
Melissengeist – eine von den barfüßigen Karmeliterinnen in Paris 1611 eingeführte Arznei – wird bereitet aus: 150 Teile Spiritus, 250 Teile Wasser, 15 Teile Melisse, 12 Teile Zitronenschale, 6 Teile Muskatnuß, 3 Teile Zimtkassie (Cinnamomum aromaticum, in Orientläden erhältlich) und 3 Teile Gewürznelken. 3mal täglich 20 Tropfen auf Zucker einnehmen, Kinder die Hälfte.
Teeaufguß/Abkochung: 1 Teelöffel auf eine Tasse, täglich bis zu 2 Tassen.

Mentha aquatica
Wasserminze, Bachminze
Merkmale: 40–80 cm hoher Lippenblütler. Blüten klein, rot bis violett, in endständiger Gruppierung, Juni–September. Blätter gegenständig, gestielt, eiförmig, gesägt. Stengel vierkantig, Geruch stark würzig. An Gräben, in Flachmooren und allgemein auf sumpfigem Terrain zu finden.
Sammelgut: Blätter von Juni bis September.

Heilkunde
In der Wirkung der Pfefferminze (siehe Mentha piperita) ähnlich, aber – ohne Menthol – nicht ebenbürtig. Wird entsprechend angewendet, jedoch in erster Linie äußerlich. – Das

gleiche gilt für die Roß-Minze (Mentha longifolia): Blütenstand schlank, Blätter länglich lanzettförmig, scharf gesägt; häufig an Flurgräben zu finden.

Anmerkung
Keine Pflanzen aus faulig riechendem Wasser sammeln!

Mentha piperita
Echte Pfefferminze, Peperminte, Englische Minze, Balsam
Merkmale: Bis 80 cm hoher Lippenblütler. Blüten klein, lila, in dichten, endständigen Scheinähren, Juni–August. Blätter kurzstielig, gegenständig, länglich eiförmig, spitz, gesägt, Oberseite dunkelgrün bis rötlich glänzend, Unterseite hellgrün. Stengel vierkantig, verzweigt, oft rötlich angehaucht. Geruch angenehm. Wächst wild an feuchten Stellen und Gräben, kann auch angebaut werden (Vermehrung durch unterirdische Ausläufer): nahrhafter (satt gedüngter), lockerer, feuchter Boden erforderlich.
Sammelgut: Blätter vor der Blüte: Juni/Juli und nochmals im Herbst.

Seite 204, links:
Melilotus officinalis
(Echter Steinklee)

Seite 204, rechts:
Melissa officinalis
(Melisse)

Menyanthes trifoliata
(Dreiblättriger Fieberklee)

Heilkunde
Die Pfefferminze enthält – im Gegensatz zur Bachminze – Menthol, wirkt krampflösend, schmerzstillend, galletreibend und entzündungshemmend. Ihr Gebrauch empfiehlt sich bei Magen- und Darmkatarrh, Brechdurchfall, Unterleibskrämpfen, Koliken, Leberschwellung, Gallestauung und Menstruationsbeschwerden. Die Droge hat sich außerdem als kreislaufanregend erwiesen, empfehlenswert bei Kreislaufschwäche, Herzmuskelschwäche und Störungen der Herztätigkeit, die von Blähungen im Magen-Darmbereich herrühren. Vermischt mit Baldrianwurzel (zu gleichen Teilen) zeitigt der Pfefferminztee gute Erfolge bei nervösen Störungen, Schlaflosigkeit und Melancholie. Bei Blasenschwäche helfen Auflagen in der Blasengegend. Bei Nervenschmerzen, Migräne, Rheuma und Gicht wendet man äußerlich Pfefferminzöl (in Apotheken) an.
Teeaufguß: 1–2 Teelöffel auf 1 Tasse (oder 2–4 Tropfen Öl), täglich bis zu 4 Tassen.

Anmerkungen
Die thüringischen und englischen Pfefferminz-Sorten gelten als die besten. Pfefferminze nicht sieden, sondern nur anbrühen, dann stärkt sie Magen und Herz und führt zähen Schleim aus. Pfefferminztee ist kein Dauer-Haustee. Ständiger Genuß wirkt sich schädlich auf das Herz aus. Vor allem ältere Menschen sollen immer wieder eine einwöchige Pause im Gebrauch einlegen.

Menyanthes trifoliata
Bitterklee, Fieberklee, Wasserklee

Merkmale: Bis 30 cm hohes Enziangewächs. Blüten weiß oder rötlich, trichterförmig, fein gefranst, in endständiger Traube, Mai/Juni. Blätter dreizählig, grundständig, Blättchen verkehrt eiförmig. Langer, kriechender Wurzelstock. Wächst an den Ufern von Flurgräben und in Sümpfen.
Sammelgut: Blätter während der Blüte: Mai/Juni (auch später).

Heilkunde
Die Blattdroge wirkt drüsenanregend und damit indirekt stärkend auf den Gesamtorganismus. Sie wird bei Magenkrämpfen, Verdauungsschwäche, Sodbrennen, Gallenstauung, Blutarmut angewendet, galt früher auch als Fiebermittel. Dem Bitterklee werden außerdem wurmvertreibende und menstruationsfördernde Eigenschaften zugeschrieben. Er ist oft Bestandteil von Nerventees und wird besonders bei Neuralgien und nervöser Erschöpfung gebraucht. Der Tee wird zugleich als appetitanregend empfohlen. Mit Pfefferminze gemischt, wirkt er beruhigend auf den Magen. Die Magentinktur leistet nach üppigen Mahlzeiten gute Dienste (zu gleichen Teilen mit Wermut, Salbei und Tausendgüldenkraut mischen, eindicken, 6–8 Tropfen auf Zucker einnehmen). Sie soll auch bei Unterleibsentzündungen, Erkältungen und Leberleiden helfen. Pfarrer Kneipp empfahl Bitterklee bei Magenschwäche und Blähungen sowie als ausgezeichnetes Blutreinigungsmittel.
Teeaufguß: 1/2–1 Teelöffel auf 1 Tasse, über den Tag verteilt 1–2 Tassen schluckweise oder jeweils 1 Tasse 1/2 Stunde vor dem Essen.

Anmerkung
Allzu große Dosen können Erbrechen und Durchfall verursachen.

Ononis spinosa
Dornige Hauhechel, Hechelkraut, Heudorn, Stachelkraut, Stallkraut, Ochsenbrech, Weiberzorn, Weiberkrieg, Eisenkraut, Harnkraut, Steinwurzel
Merkmale: Bis 60 cm hoher Schmetterlingsblütler. Blüte rosenrot, selten weiß (in den Blattachseln jeweils eine oder mehrere Blüten), Juni bis September. Blätter dreizählig, eiförmig, behaart. Rotbraune Stengel, stark dornig, behaart. Kräftige, lange, rötlichbraune Pfahlwurzel. Auf trockenen Wiesen, an Berghängen, an Weg- und Feldrainen zu finden.
Sammelgut: Wurzeln März/April, September/Oktober; blühendes Kraut (Blätter wichtiger als Blüten) Mai bis September.

Heilkunde
Schon zu Zeiten des griechischen Arztes Dioskurides (1. Jh. n. Chr.) galt die Wurzel der Hauhechel als gutes Mittel gegen Harn- und Steinbeschwerden. In der Volksmedizin wird sie bis heute bei mangelhafter Nierentätigkeit, Blasenschwäche und -katarrh, Nierengrieß sowie Wasseransammlungen eingesetzt, äußerlich bei schlecht heilenden Wunden, Ekzemen. Die harntreibende Wirkung ist freilich nur von kurzer Dauer; nach etwa 3 Tagen soll die Behandlung ausgesetzt werden. Adamus Lonicerus in seinem Kräuterbuch von 1679: »Dieses Kraut ist der fürnehmsten Steinkräuter eins, so den Stein und Harn im Mensch und im Vieh austreibet, daher es auch Steinwurzel genannt wird. Rinde und Wurzel in Wein gesotten oder in Wein gelegt und getrunken, treiben den Stein mit Gewalt.«
Herzkranke sollten den Tee der Hauhechel nur zusammen mit Salbei und Tausendgüldenkraut verwenden. Die Wurzelabkochung leistet bei Neigung zu Harnsäurebildung, bei Bauchwassersucht, Ödemen, Blasenkatarrh und Nierenentzündung gute Dienste. Sie ist ohne Zucker zu trinken. Der Tee regt die Verdauungsdrüsen an und verhindert Darmträgheit. Patienten mit juckenden, nässenden Ekzemen nehmen Hauhecheltee zur Anregung des Stoffwechsels, ebenso den Aufguß der frischen Blätter und Blüten. Die Hauhechel wird auch in der modernen Homöopathie in Form von Essenzen gegen Nierensteinkoliken und Nierengrießbildung verordnet.
Teeaufguß/Abkochung: 2 Teelöffel auf eine Tasse, vor dem Überbrühen oder Aufkochen mehrere Stunden kalt ziehen lassen; 1–2 Tassen warm auf nüchternen Magen trinken. Mit zerkleinerten Wacholderbeeren und Hagebutten, Petersilie und Zinnkraut gewürzt, wirkt der Tee verstärkt harntreibend.

Anmerkung
Ähnliche Wirkung hat die dornenlose oder weichdornige Kriechende Hauhechel (Ononis repens).

Peucedanum (Imperatoria) ostruthium
Meisterwurz, Kaiserwurzel
Merkmale: Bis 1 m hohes Doldengewächs. Blüten weiß bis rötlich, klein in großen Dolden, Juli/August. Blätter derb, lederartig (im Gegensatz zu ähn-

Ononis spinosa (Dornige Hauhechel)

Seite 209: Peucedanum ostruthium (Meisterwurz, Kaiserwurzel)

lichen Doldenpflanzen), dreizählig, Stengel hohl, glänzend. Fleischiger Wurzelstock, braun, innen gelblich, geringelt. Die ganze Pflanze riecht stark würzig, wächst vornehmlich auf Bergwiesen und wird auch angepflanzt.
Sammelgut: Wurzelstock März/April, September/Oktober.

Heilkunde
Die Meisterwurz wirkt harn- und schweißtreibend, verdauungsfördernd und beruhigend. Sie wird vor allem bei chronischem Magenkatarrh, Verdauungsbeschwerden, Blähungen, weniger bei Bronchialkatarrh, Gicht und Rheuma sowie bei Aufregungszuständen angewendet: $^1/_2$ bis $1^1/_2$ g der getrockneten und pulverisierten Wurzel, 3mal täglich; gegebenenfalls auch jeweils dieselbe Menge auf 1 Tasse Wasser, kalt angesetzt und kurz aufgekocht.

Phaseolus vulgaris
Gartenbohne, Gemüsebohne
Merkmale: Bis 4 m langer Schmetter-

lingsblütler, Blüten weiß, gelblich, rötlich oder lila, in spärlich besetzter Traube, Juni–August. Blätter dreizählig, Teilblättchen breit-eiförmig, zugespitzt. Die Stengel linkswindend; glatte Fruchthülsen.
Sammelgut: Die Hülse (Schale) der ausgereiften Bohnen, auch von Buschbohnen: August–Oktober.

Heilkunde
Bohnen wirken blutzuckersenkend, vor allem harnsäureausscheidend, darum harntreibend. In der Volksmedizin werden sie bei leichter Zuckerkrankheit, Gicht, Rheuma, Nieren- und Blasenleiden auf gichtiger Grundlage, Wasseransammlungen sowie Hautunreinheiten (Akne) eingesetzt. Bohnenmehl dient äußerlich zum Pudern von nässenden und juckenden Ausschlägen. Bei allgemeiner Wassersucht, hervorgerufen durch Herz- und Nierenerkrankungen, empfiehlt sich eine Abkochung aus getrockneten Schalen (2–3 Handvoll 3–4 Stunden in ausreichend Wasser kochen, so daß 0,5–0,75 l übrigbleiben). Bohnenschalentee ist gut bei allen Nierenerkrankungen und -entzündungen, nach Scharlach und Diphtherie, bei Erkrankungen der Harnwege sowie Grieß- und Steinbildung.
Bohnenschalentee: 1 Eßlöffel auf 1 Tasse Wasser; schluckweise über den Tag verteilt trinken.
Abkochung der getrockneten, kleingeschnittenen Schalen: 1 Eßlöffel auf 1 Tasse; 10 Stunden kalt ziehen lassen, kurz aufkochen, täglich 2–3 Tassen.

Physalis alkekengi
Blasenkirsche, Judenkirsche, Schlutte, Lampionpflanze
Merkmale: 30–60 cm hohes Nachtschattengewächs. Blüten grünlichweiß, einzeln blattachselständig. Mai–August. Krone radförmig. Kelch anfangs glockig mit abstehenden Zipfeln, später weit aufgeblasen, mennigerot, schließt je 1 rote Beere ein. Die Pflanze vermehrt sich leicht durch die kriechende Grundachse, verwildert manchmal aus Gärten, liebt die Wärme.
Sammelgut: Beeren im September/Oktober.

Heilkunde
Die Blasenkirsche enthält organische Säuren, Zucker und reichlich Vitamin C, außerdem wirkt sie harntreibend. Volkstümlich bei Wassersucht, Nieren- und Blasenleiden (besonders Steinleiden), Rheuma und Gicht angewendet, vielfach roh bzw. als Preßsaft, als Auszug in Wein oder Branntwein.

Anmerkung
Nur in geringen Mengen verwenden! Solche Vorsicht ist bei allen Nachtschattengewächsen angebracht!

Plantago alpina
Alpenwegerich, Adelgras, Ritzen
Merkmale: 5–15 cm hohes Wegerichgewächs. Blütenstand länglich, Blüten ähnlich wie beim Spitzwegerich, Mai bis Juli. Blätter schmal, grasartig, behaart, mit 3 Längsnerven, in einer Grundrosette, Stengel blattlos. Auf mageren Wiesen und Weiden, vor allem in den Alpen.
Sammelgut: das blühende Kraut, Mai/Juli; reife Samen, Juli/August.

Heilkunde
Das Adelgras wirkt, ähnlich wie die anderen Wegericharten, in erster Linie als hustenlösende Droge. Um ein ausgezeichnetes Husten- und Erkältungsmittel zu erhalten, werden die gewaschenen, getrockneten Blätter zerkleinert, der Saft ausgepreßt und zu gleichen Teilen mit Honig 20 Minuten lang gekocht. Die Samen regulieren träge und zu rasche Darmtätigkeit. Die Wurzel, gekocht oder roh gekaut, hilft gegen Zahnschmerzen.

Plantago lanceolata
Spitzwegerich, Spitz-Wegeblatt, Schmalblättriger Wegerich, Spitzfederich, Rippenkraut, Roßrippen, Lämmerzunge, Schafzunge, Lungenblatt
Merkmale: Bis 50 cm hohes Wegerichgewächs. Blüten unscheinbar bräunlich mit gelblichweißen Staubfäden, in endständiger, kolbiger Ähre, Mai–September. Blätter bilden eine Grundrosette, schmallanzettförmig, 5- bis 7nervig. Stengel lang und blattlos. Die Blätter schmecken bitter und wirken zusammenziehend. Spitzwegerich wächst auf fetten Wiesen und Weiden, an Weg- und Feldrainen.
Sammelgut: Blätter Mai–Juli; auch ganze blühende Pflanze.

Heilkunde
Spitzwegerich wirkt reizmildernd und auswurffördernd. Tee und Saft werden bei Katarrhen der oberen Luftwege, Lungenspitzenkatarrh, Asthma, leichten Störungen der Verdauungsorgane, Blasenleiden und bei Blutungen angewandt; äußerlich (auch das zerquetschte Kraut) bei schlecht heilenden Wunden, Geschwüren, Flechten. Der frische Saft dient auch zu Blutreinigungskuren. Der Tee schafft Hilfe bei Appetitlosigkeit, Blasenschwäche und langanhaltenden Durchfällen. Wegerich ist ebenfalls gut für schwächliche Kinder, die trotz optimaler Ernährung nicht zunehmen »wollen«. Mit ihm getränkte Umschläge legt man bei Quetschungen, Verbrennungen, Entzündungen der Augenlider und Geschwüren auf. Die frischen, zerquetschten Blätter wirken lindernd bei Insektenstichen.
Teeaufguß/Abkochung: 1 Eßlöffel auf eine Tasse, täglich 1–2 Tassen.
Saft: 3mal täglich 1 Eßlöffel in Wasser, Tee.

Anmerkung
Der Spitzwegerich wird als Lungenmittel den beiden anderen Wegericharten vorgezogen. Ansonsten sind auch der Breit- (Plantago major) und der Mittlere Wegerich (Plantago media) entsprechend zu gebrauchen.

Polygala amara
Bittere Kreuzblume, Ramsel, Milchkraut, Blaue Milchblume, Kreuzwurzel, Natterblümchen, Himmelfahrtsblümchen, Hahnenkopf, Tausendschön
Merkmale: 5–20 cm hohes Kreuzblumengewächs. Blüten blau, rötlich oder weißlich, in endständiger Traube, Mai/Juni. Blätter in bodenständiger Rosette, verkehrt eiförmig. Stengel mit kleinen, nach oben abnehmenden Blättern besetzt. Geschmack galligbitter. Auf feuchtgrundigem Wiesen-, Weiden- und Waldboden anzutreffen.
Sammelgut: Blühendes Kraut, Mai/Juni (bei reichlichem Vorkommen auch mit den Wurzeln).

Oben links:
Phaseolus vulgaris (Gartenbohne, Gemüsebohne)

Oben rechts:
Plantago lanceolata (Spitzwegerich)

Unten links:
Potentilla erecta (Blutwurz)

Seite 213, oben:
Prunus spinosa (Schlehe) als Blüte und als Frucht

Unten:
Pulmonaria officinalis (Lungenkraut)

Heilkunde
Polygala wirkt auswurffördernd, blutreinigend und stoffwechselanregend, wird bei allen Erkrankungen der Atmungsorgane, bei Lungenleiden, Asthma mit starkem Schleimauswurf, chronischen Katarrhen und Bronchitis empfohlen. Die Tinktur (aus Wurzeln und Wein) ist ein hervorragendes Magenmittel, hilft bei schlechter Verdauung und schleimigen Durchfällen. Der Aufguß ist leicht appetitanregend, verdauungsfördernd und wirkt stimulierend sowohl auf die Hautdrüsen als auch auf die Nierenausscheidung.
Teeaufguß/Abkochung: ½–1 Teelöffel der Droge auf 1 Tasse kalt ansetzen, täglich bis zu 2 Tassen; beste Einnahmezeit jeweils 1 Stunde vor den Mahlzeiten.
Tinktur: 2mal täglich 20 Tropfen.

Anmerkungen
Nicht verwechseln mit der Gewöhnlichen Kreuzblume (Polygala vulgaris); diese bildet keine Grundrosette. Bei Lungentuberkulose mit Fieber und blutigem Auswurf ist auch Polygala amara wirkungslos.

Polygonum aviculara
Vogel-Knöterich, Wegtritt
Merkmale: Bis 50 cm hohes Knöterichgewächs. Blüten in den Blattachseln, sehr klein, weißlich oder rötlich, Juni–Oktober. Blätter ungestielt, ei- bis lanzettförmig. Stengel stark verzweigt, meist liegend. Einjährige Pflanze, die besonders auf sandigen und steinigen Böden, an Mauern, auf Schutt und Geröll gedeiht.
Sammelgut: Blühendes Kraut, Juli–Oktober.

Heilkunde
Wirkung zusammenziehend, blutstillend und mäßig harntreibend. Die Droge wird bei beginnender Lungentuberkulose, inneren Blutungen und schweren Durchfällen angewendet – stets jedoch nur nach Rücksprache mit dem behandelnden Arzt. Äußerlich dient das zerquetschte Kraut zur Wundbehandlung.
Teeaufguß/Abkochung: 2 Teelöffel auf eine Tasse, täglich 3 Tassen.

Polygonum bistorta
Wiesen- oder Schlangen-Knöterich, Natterwurz
Merkmale: Bis 1 m hohes Knöterichgewächs. Blüte rosa, in engständiger, walzenförmiger Ähre, Mai–August. Grundständige Blätter länglich-eiförmig, langgestielt; Stengelblätter zugespitzt, kurzgestielt. Wurzelstock schlangenartig gewunden, innen rotbraun. Bevorzugt schwach sauren Boden feuchter Wiesen und Ufer.
Sammelgut: Wurzel, Mai–September.

Heilkunde
Wirkung stopfend, zusammenziehend, blutstillend. Bei Durchfällen, Ruhr, Koliken, inneren Blutungen anzuwenden, äußerlich bei Mund- und Zahnfleischleiden, offenen Wunden, Geschwüren.
Teeaufguß/Abkochung: 5 g der getrockneten Wurzel auf 1 Tasse, täglich 2 Tassen.

Polypodium vulgare
Gemeiner Tüpfelfarn, Engelsüß, Süßfarn, Eichen-, Bauern- oder Steinfarn, Steinlakritze, Steinwurzel, Korallen-, Süß- oder Beerwurzel
Merkmale: Blütenlose Sporenpflanze

mit immergrünen Blattwedeln, einfach gefiedert, 10–50 cm lang. Zu beiden Seiten der Blätterrippen stehen auf der Unterseite zwei Reihen Samenkapseln in Form brauner »Tüpfel«. Weit verbreitet in schattigen Wäldern.
Sammelgut: Wurzeln im Frühjahr, und zwar vor der Samenbildung.

Heilkunde
Tüpfelfarnwurzel unterstützt die Gallenabsonderung und fördert den Stuhlgang, wird auch als wirkungsvolles Mittel gegen Gicht und Gelbsucht, gegen Wechselfieber und als Wurmmittel empfohlen. Der Teeaufguß ist – durch die Nase gesogen – bei Nasenpolypen bewährt.
Teeaufguß: 3 Eßlöffel des Trockengutes in 1/4 l Wasser kalt ansetzen und über Nacht stehenlassen, man sollte täglich 1–2 Tassen schluckweise trinken.

Anmerkung
Engelsüß wird nur als Kaltauszug bereitet, da durch Überbrühen oder Abkochung wertvolle Inhaltsstoffe zerstört würden.

Potentilla anserina
Gänse-Fingerkraut, Anserine, Krampfkraut
Merkmale: 15–50 cm hohes Rosengewächs. Blüten gelb, 5 Kronblätter an langen Stielen, Mai–Juli. Blätter: Rosette, unterbrochen gefiedert, vielpaarig, an der Unterseite silberweiß behaart. Bis halbmeterlange, liegende Ausläufer. Auf Wiesen, Weiden, auch an Wegen und Gräben wachsend, bevorzugt feuchten Boden.
Sammelgut: Blätter Mai–August; Wurzeln Mai–September.

Heilkunde
Indikationen: Katarrhe und Krämpfe der Verdauungswege, Durchfall mit Kolik, Ruhr, innerliche Blutungen, zu starke und schmerzhafte Menstruation; äußerliche Anwendung bei Wunden, lockeren Zähnen, Augenlidentzündung, Wadenkrämpfen.
Teeaufguß/Abkochung: 1 Eßlöffel Wurzel auf 1 Tasse oder 2 Teelöffel Kraut, jeweils täglich 2 Tassen warm trinken.
Pulver: Mehrmals täglich 2 Messerspitzen einnehmen.

Potentilla aurea
Goldfingerkraut
Merkmale: 5–20 cm hohes Rosengewächs. Blüten gelb, am Grunde meist mit orangefarbenem Fleck, Juni–August. Blätter fünfzählig gefingert, am Rande silberglänzend-seidenhaarig. Wurzelstock ziemlich dick. Wiesen und Weiden, vor allem in den Alpen auf kalkarmen Böden.
Sammelgut: das blühende Kraut, Juni/August.

Heilkunde
Die vielen Gerbstoffe wirken stopfend, zusammenziehend und entzündungswidrig. Der Tee ist bei Durchfall und Magenschmerzen empfehlenswert. Schlecht heilende Wunden können in einem Absud gebadet werden. Spülungen gegen entzündetes Zahnfleisch.
Abkochung: 1 Eßlöffel auf 1 Tasse, 2–3 Minuten aufkochen.

Potentilla erecta (P. tormentilla; Tormentilla erecta)
Tormentill, Blutwurz, Ruhrwurz, Rotwurz, Blutwurzfingerkraut

Merkmale: 10–50 cm hohes Rosengewächs, Blüten klein, gelb, langgestielt, 4 Kronblätter, Mai–August. Blätter dreizählig, mit 2 großen Nebenblättern, grob gesägt, unten gestielt, oben sitzend. Stengel meist aufrecht, stark verzweigt, dünn behaart. Wurzelstock knollig bis fingerdick, außen schwarzbraun, innen hell, bei Schnitt schnell rot anlaufend. Besonders auf moorigem Boden, auf Bergwiesen und in lichten Wäldern vorkommend.
Sammelgut: März/April, September/Oktober.

Heilkunde
Die Blutwurz ist eines der besten Mittel gegen Durchfall, Ruhr, Darmkatarrh, blutende Hämorrhoiden sowie Blutungen aller Art. Äußerlich angewandt, hilft sie gegen Zahnfleischentzündungen sowie Reizungen im Bereich von Mundhöhle und Rachen, bringt Blutungen rasch zum Stillstand und beschleunigt die Wundheilung. Hier nimmt man vor allem den Tee, der auch die Behandlung von Ruhr und Typhus unterstützt. Das Pulver empfiehlt sich bei katarrhalischen Darmerkrankungen. Bei Munderkrankungen helfen die Tinktur oder der als Gurgelwasser benutzte Tee. Die Tormentillseife ist bei unreiner Haut, Flechten, Ausschlägen und rauhen Händen von ausgezeichneter Wirkung.
Teeaufguß/Abkochung: 1 Teelöffel auf eine Tasse, täglich 1–2 Tassen schluckweise trinken.
Tinktur: Mehrmals täglich 20–30 Tropfen.

Anmerkung
Das Kriechende Fingerkraut oder Fünffingerkraut (Potentilla reptans) wirkt ähnlich wie die Blutwurz (Blätter gefingert, 5- bis 7zählig).

Primula veris (P. officinalis)
Echte Primel, Wiesenprimel, Duftende oder Wiesen-Schlüsselblume, Himmelsschlüssel, Gichtblume, Auswärtsblümchen, Burgerschlüssel, St. Petersschlüssel, Frauenschlüssel, Osterblume, Gelbsuchtblume, Mundfäulkraut, Gelbe Zeitlose
Merkmale: 10–25 cm hohes Schlüsselblumengewächs. Blüte dottergelb, duftend, in einfacher Dolde, April/Mai. Blätter in grundständiger Rosette, runzelig, eiförmig, unterseitig behaart. Wurzelstock braun, mit zahlreichen schnurförmigen Wurzeln. Wächst auf trockenen Wiesen und in lichten Laubwäldern. – Die schwefelgelb blühende, schwach riechende Hohe Schlüsselblume (Primula elatior) bevorzugt feuchteren Boden, wird heilkundlich als gleichwertig angesehen.
Sammelgut: Stengel März/April; Blüten April/Mai; Wurzeln nur von angebauten Pflanzen.

Heilkunde
Wirkung schleimlösend, auswurffördernd, harn- und schweißtreibend. Hilfreich zur Auswurfförderung bei akuten Erkältungskrankheiten, Bronchialkatarrh, Lungenentzündung. Wird auch bei Rheuma, Gicht, Migräne angewendet, speziell die Blüten bei Neuralgien und Schlafstörungen. Der Aufguß ergibt einen wohlschmeckenden Hustentee, der auch nervenberuhigend wirkt. Schlüsselblumentee wird auch bei Herzmuskelentzündung, Herzwassersucht und nervösen Herzbeschwerden empfohlen.

Teeaufguß/Abkochung: 1–2 Teelöffel der Blütendroge auf 1 Tasse, täglich bis zu 3 Tassen. Tee aus Blüten und Stengeln, 1 Eßlöffel auf $^1/_8$ l Wasser. Abkochung der Wurzel: 2 Eßlöffel auf $^1/_4$ l Wasser.

Prunus spinosa
Schlehe, Schlehdorn, Schwarzdorn, Saudorn, Bockbeere, Schliehen, Schlingenstrauch, Schlehenpflaume, Heckdorn
Merkmale: Bis 3 m hohes Rosengewächs. Blüten weiß, entfalten sich (mit Bittermandelduft) vor den Blättern, April/Mai. Blätter klein, ei- bis lanzettförmig, gesägt. Der Strauch ist sparrig, dornig, junge Zweige weich behaart. Frucht: kugelige, harte Steinfrucht, blau bereift, zusammenziehend im Geschmack (nach dem Frost weniger herb). Häufig in Hecken, an Wald- und Wegrändern, auf Heiden und Berghängen zu finden.
Sammelgut: Blüten April/Mai; Früchte Oktober/November (möglichst nach einigen Nachtfrösten).

Heilkunde
Der Blütentee wird bei leichteren Erkrankungen der Luft- und Harnwege empfohlen, die Früchte bei Durchfall. Äußerlich ist der Fruchtsaft bei Mund- bzw. Zahnfleischgeschwüren sowie Nasenbluten hilfreich. Pfarrer Kneipp empfahl Schlehenblüten besonders als Abführmittel, das zugleich magenstärkend wirkt. Bei Magenschwäche, Durchfall, Nieren-, Blasen- und Harnleiden ist Beerenmus aus den reifen Früchten empfehlenswert. Der Wurzelabsud ergibt – vermischt mit Schlehensaft – ein hervorragendes Mundwasser.

Teeaufguß/Abkochung: 1 Eßlöffel auf eine Tasse, täglich morgens und abends 1 Tasse, mit Honig oder Kandiszucker gesüßt.

Pulmonaria officinalis
Gebräuchliches Lungenkraut, Hirschkohl, Hirschmangold, Blaue Schlüsselblume, Schlotterhose
Merkmale: Bis 30 cm hohes Borretschgewächs. Blüten zunächst rötlich, später blau, trichterförmig, März–Mai. Blätter behaart; Stengelblätter sitzend, länglich-eiförmig, Wurzelblätter groß, herz-eiförmig, langgestielt, oft hell gefleckt, z. T. wintergrün. Wächst im Wald, auf der Heide, an schattigen Plätzen.
Sammelgut: Die gestielten Blätter: April–Juni. Im Sommer auch die ganze Pflanze.

Heilkunde
Pulmonaria wirkt auswurffördernd, zusammenziehend, reizmildernd. Tee und Pulver werden bei Husten und Heiserkeit, Asthma, sonstigen Erkrankungen der Atmungsorgane sowie Durchfällen angewendet. Zum Auswaschen von bzw. Einstreuen in Wunden kann das zu Asche verbrannte Kraut genommen werden. Lungenkraut empfiehlt sich auch bei Halsentzündungen, Blutspeien und blutigem Urin (neben der ärztlichen Behandlung).
Teeaufguß/Abkochung: 1 Eßlöffel auf eine Tasse täglich morgens und abends je 1 Tasse.
Pulver: 1 Teelöffel in frischer Milch, 2- bis 3mal täglich.

Anmerkung
Ebenso verwendet wird das Dunkle

Lungenkraut (Pulmonaria obscura); es hat stets ungefleckte, nur sommergrüne Blätter.

Raphanus sativus
Rettich, Garten-Rettich
Merkmale: Bis 1 m hoher Kreuzblütler. Blüten klein, lila oder weiß in traubiger Anordnung, Juni–August. Blätter überwiegend grundständig, leierförmig, fiederspaltig; Stengelblätter länglich und ungeteilt. Wurzel rübenartig, fleischig verdickt, Geruch und Geschmack der Kulturpflanze mehr oder minder scharf, beißend.
Ernte: Wurzeln von Juni bis September, je nach Aussaat.

Heilkunde
Rettich wirkt schleim- und krampflösend, galle-, stuhl- und auswurffördernd. Heilanwendung vorwiegend bei Gallenstauung, Gallensteinen, volkstümlich auch bei Husten, Keuchhusten, Verschleimung, Gelenkrheuma. Schon Sebastian Kneipp hat erkannt, daß der Rettich zweckmäßigerweise ohne Salz genossen werden sollte. Am besten zieht man den Saft aus dem ausgehöhlten Rettich mit Kandiszucker aus (täglich 100–400 g mit Kandiszucker oder Honig, teelöffel- oder eßlöffelweise einnehmen); der Entsaftungsprozeß erfordert bei einem großen ausgehöhlten Rettich etwa 3 Stunden. Rettich fein gerieben und mit Öl und Zitrone angemacht, wirkt appetitanregend, bringt die Galle in Fluß und hilft bei katarrhalischen Verdauungsbeschwerden.

Rhamnus cathartica
Echter oder Purgier-Kreuzdorn, Hirschdorn, Wegdorn
Merkmale: Bis 3 m hohes Faulbaumgewächs. Blüten grüngelb, in blattachselständigen Trugdolden, Mai/Juni. Blätter gegenständig, glänzend, rundlich bis eiförmig, fein gesägt. Zweige silbergrau mit Enddorn, an dunklem Stamm. Frucht: schwarze, erbsengroße »Beeren« (Steinfrüchte).
Sammelgut: Ausschließlich reife Früchte, September/Oktober.

Heilkunde
Bis zu 10 getrocknete Beeren täglich (für Kinder die Hälfte) zeigen gute Wirkung bei Verstopfung, Hautausschlägen, Gicht, Rheuma und Wassersucht.
Abkochung: Mehrere Stunden kalt ziehen lassen, dann erst aufkochen, warm trinken.
Sirup: Täglich nicht mehr als 2 Eßlöffel (Kinder zwei Teelöffel) einnehmen.

Rhamnus frangula
Faulbaum, Pulverholz, Stinkstrauch, Schweiß- oder Teufelsbeere, Hundsbeerstrauch, Gicht- oder Zapfenholz
Merkmale: Bis zu 3 m hohes Faulbeerbaumgewächs. Blüten grünlichweiß, zu mehreren blattwechselständig, Mai/Juni. Blätter wechselständig, spitz-eiförmig, glattrandig. Zweige ohne Dornen. Rinde graubraun, hell getüpfelt, bitter im Geschmack.
Frucht: Rote, später schwarze »Beere« (Steinfrucht). Der Faulbaum wächst wild in feuchten Wäldern, Erlenbrüchen, Birkenmooren und Weidengebüsch.
Sammelgut: Rinde von 3- bis 4jährigen Stämmen (sofern der Besitzer es erlaubt!) Mai–Juli. Beeren im September/Oktober.

Heilkunde
Das »Pulverholz« wirkt anhaltend abführend, ist hilfreich bei Verstopfung und ihren Begleiterscheinungen (Kopfdruck, Schwindelgefühl, Kurzatmigkeit), auch für bettlägerige Kinder und werdende Mütter geeignet. Der Absud wird gegen Wassersucht, Leber- und Milzleiden verabreicht wie auch allgemein als Blutreinigungsmittel. Faulbaumtee wirkt bei Dickdarmerschlaffung, chronischer Verstopfung und deren Folgeerscheinungen.
Teeaufguß/Abkochung: 5–10 g Rinde (ein Teelöffel) in 1 Tasse Wasser abends kalt ansetzen, tags darauf 2–3 Minuten aufkochen, täglich 1 Tasse schluckweise einnehmen.

Anmerkungen
Zu hohe Dosierung und zu langfristiger Gebrauch können Koliken hervorrufen.

Rheum palmatum var. tanguticum
Echter oder Palmblättriger Rhabarber, Medizinalrhabarber
Merkmale: Knöterichgewächs wie der Garten-Rhabarber (R. palmatum), dessen Blattstiele eßbar sind, der jedoch nicht als Heilpflanze eingesetzt wird. Die Blüten der hier behandelten Varietät »tanguticum« sind klein, weiß, in großen Rispen, Mai/Juni. Blätter groß, stark geadert, handförmig und tief gelappt. Wurzelstock gelb, dickfleischig.
Sammelgut: Wurzelstock von 3jährigen und älteren Pflanzen, September/Oktober.

Heilkunde
Die Wurzeldroge wirkt in kleinen Gaben magenstärkend, leicht stopfend, blutstillend (1 Teelöffel auf 1 l Wasser, täglich 1 Tasse oder 0,3 g Extrakt), in großen Gaben abführend (1 Teelöffel auf 1 Tasse oder 1–1,5 g Extrakt). Bei Magen- und Darmkatarrh, gewissen Leber- und Milzleiden (Arzt!) in kleinen Dosen gebräuchlich. Leiden ältere Menschen unter Verstopfung, empfehlen sich größere Dosen, die aber nicht über einen längeren Zeitraum verabreicht werden dürfen.

Ribes nigrum
Schwarze Johannisbeere, Gichtstrauch
Merkmale: Bis 1,5 m hohes Steinbrechgewächs. Blüten gelblich-grün, innen rötlich, achselständig, hängende Trauben bildend, April/Mai. Blätter 3- bis 5lappig, grob gezähnt. Frucht: schwarze, drüsig punktierte Beeren. Geruch des Strauches eigentümlich würzig. Der Geruch erleichtert das Auffinden wildwachsender Exemplare in Erlenbrüchen und Auenwäldern. Die Regel ist der Anbau der leicht durch Stecklinge zu vermehrenden Pflanze.
Sammelgut: Junge Blätter im Mai/Juni (sparsam, damit der Strauch nicht leidet!); Früchte im Juli/August.

Heilkunde
Tee aus den Blättern wird bei Rheuma, Wasseransammlungen, schlechter Verdauung, äußerlich auch zur Wundbehandlung gebraucht. Frische Beeren oder Saft (warm einzunehmen) bei Erkältungen, Halsentzündung, Grippe, Gefahr von Lungenentzündung, Rheuma, Gicht und Hautausschlägen. Der Aufguß von getrockneten Beeren dient zum Gurgeln. Saft mehrmals täglich eßlöffelweise einnehmen.

Rhamnus cathartica
(Echter Kreuzdorn)

Rhamnus frangula (Faulbaum)

Rosa canina (Heckenrose, Hundsrose)

Rheum palmatum
(Medizinal-Rhabarber)

Teeaufguß/Abkochung: 2 Teelöffel auf eine Tasse, täglich 1–2 Tassen.

Rosa canina
Hecken- oder Hunds-Rose, Hetschepetschen, Hagebutten (und andere Wildrosen)
Merkmale: Bis 4 m hohes Rosengewächs. Blüten meist hellrosa, fünfblättrig, Juni. Blätter kahl, unpaarig gefiedert, gesägt. Äste überhängend, mit zurückgebogenen Stacheln besetzt.
Früchte: Hagebutten mit saftigroter Schale und steinharten Samen. Wildwuchs vor allem an Hecken und Zäunen, Gebüsch und Waldrand. Zur Anpflanzung besonders geeignet ist die Kartoffel-Rose (Rosa rugósa), die in gleicher Weise Verwendung findet.
Sammelgut: Blätter und junge Zweige im April/Mai; Hagebutten Oktober/November.

Heilkunde
Der aus den Samen bereitete Tee wird volkstümlich bei Katarrhen der Harn- und Verdauungsorgane, Neigung zu Grieß- und Steinbildung, bei Gicht oder Rheuma sowie zur Unterstützung der Behandlung bei fieberhaften Erkrankungen angewandt. Die aus den vollreifen Hagebutten bereitete Marmelade ist ein guter Vitamin-C-Spender bei Frühjahrsmüdigkeit. Der Tee aus den Kernen der Hagebutte erweist sich als ein heilendes und schmerzlinderndes Mittel bei allen Blasen-, Nieren- und Steinleiden. Der Blättertee hat leicht zusammenziehende Wirkung und ist besonders für Lungenkranke zu empfehlen. Hagebuttentinktur ist gut für den Magen (eine Handvoll Früchte auf ³/₄ l Branntwein); abwechselnd mit Wermut-Tinktur genommen, wirkt sie starker Abmagerung entgegen.
Teeaufguß/Abkochung: 2 Teelöffel zerstoßene Kerne auf 1 Tasse, 15 Minuten kochen, einige Stunden ziehen lassen; täglich bis zu 3 Tassen. Abkochung aus Kernen oder unausgekernten Hagebutten: auf $^1/_2$ l Milch 75 g Kerne oder Hagebutten 45 Minuten kochen, mit Honig süßen. – Getrocknete Hagebutten-Schalen, in fast jeder Hausteemischung enthalten, ergeben auch allein einen wohlschmeckenden, vitaminhaltigen Tee.

Rubia tinctorum
Färberröte, Krapp
Merkmale: 50–80 cm hohes Rötegewächs. Blüten klein, grünlichgelb, in Trugdolden, Juni/Juli. Blätter lanzettförmig, zu 4 oder 6 in Quirlen an vierkantigem, zunächst meist liegendem Stengel. Wurzelstock lang, gelb, bei Bruch sich rötend. In warmen Gebieten früher häufig als Farbpflanze (zur Farbstoffgewinnung) angebaut; heute selten verwildert anzutreffen.
Sammelgut: Wurzelstock im September/Oktober.

Heilkunde
Die Krapp-Droge wirkt entzündungshemmend, krampflösend, steinlösend und austreibend; gilt in der Volksheilkunde als Spezialmittel bei Nieren- und Blasensteinen, besonders bei Kalziumphosphatsteinen. Anwendung über längere Zeit möglich, solange der Harn sich nicht rot färbt.
Teeaufguß/Abkochung: Ca. 3 g auf 2 Tassen als Tagesdosis.

Rubus fruticosus
Echte Brombeere, Mur- oder Mohrenbeere, Kratz- oder Kroatzbeere, Hirschbollen, Rahmbeere
Merkmale: 2–3 m Ausladung erreichender Strauch. Blüten weiß bis rötlich, in Trauben an vorjährigen Trieben, Juni/Juli. Blätter fünfzählig, handförmig zusammengesetzt. Zweige meist bogenartig, kantig, stark bestachelt. Frucht: erst rötlich, dann braun und schließlich schwarzglänzende Sammelfrüchte; reif erst im September, an schattigen Orten noch später. Wildwuchs an Waldrändern und Hekken; Anbau in Gartenzonen problemlos.
Sammelgut: Blätter: Mai/Juni; Früchte: August/September.

Heilkunde
Die Blätter enthalten zusammenziehend wirksame Gerbstoffe, die Früchte organische Säuren, Schleim und Pektin. Abkochung der Blätter wird bei Katarrhen des Magen- und Darmkanals, bei Durchfall und Menstruationsbeschwerden verwendet; äußerlich zum Gurgeln bei Entzündungen der Mund- und Rachenhöhle sowie des Zahnfleisches. Brombeertinktur ist ein gutes Magenstärkungsmittel (1 Handvoll Beeren auf 1 Liter Branntwein mit Zusatz von etwas Honig oder Zucker, davon täglich 1 Eßlöffel). Die rohen Früchte und der Saft sind wohltuend – wie Himbeersaft – bei fieberhaften Erkrankungen. Brombeersaft gilt außerdem als blutbildend. Brombeerblättertee wird bei chronischer Blinddarmreizung wie auch bei Bleichsucht empfohlen. Der Tee aus den Blüten ist ein bewährtes Mittel bei Menstruationsbeschwerden und bei Halsentzündung ein gutes Gurgelwasser. Mischt man die Blütenblätter der Brombeere mit Himbeerblättern, so erhält man einen guten Haustee, der bei Erkältung, Verschleimung, Heiserkeit, Husten und Halsschmerzen Heilung bringt.
Teeaufguß/Abkochung: 1–2 Eßlöffel auf eine Tasse, täglich 1–2 Tassen schluckweise trinken.

Anmerkung
Ähnlich wirken die Blätter der rotfrüchtigen Himbeere (Rubus idaeus) wie auch der in lichten Wäldern zu findenden Steinbeere (Rubus saxatilis), eine niedrige Staude mit dreizähligen Blättern und hellroten Früchten.

Rumex alpinus
Alpenampfer, Blacke, Mönchsrhabarber
Merkmale: 30–100 cm hohe Staude, Knöterichgewächs. Verzweigte Blütenrispe mit unscheinbaren grünlichgelben Blüten, zuweilen rötlich angelaufen, Juli–August. Blätter 30–50 cm lang, breitoval, stumpf, langgestielt. Reichverzweigter Wurzelstock mit gelbem Mark. Um Alp- und Sennhütten, auf überdüngten Wiesen in den Alpen.
Sammelgut: Wurzelstock.

Heilkunde
Gutes Abführmittel. Innerlich und äußerlich bei Hautkrankheiten.
Teeaufguß: 1 Teelöffel pulverisierte Wurzel auf 2 Tassen Wasser.
Pulver: 2–4 Messerspitzen täglich.

Anmerkungen
Der Alpenampfer ersetzt die Sennes-

blätter und das Pulverholz, ist aber problemloser zu sammeln. Er findet auch in der Veterinärmedizin Anwendung.

Seite 224:
Rubus fruticosus (Echte Brombeere, Kratz- oder Kroatzbeere, Rahmbeere); ihr Sammelgut bilden sowohl die Blätter als auch die Früchte.

Sambucus nigra (Schwarzer Holunder, Holder, Holler)

Ruta graveolens
Raute, Wein- oder Gartenraute, Kreuzraute, Weinkraut, Totenkraut, Hofraute
Merkmale: 30–60 cm hoher Halbstrauch. Blüten gelbgrün, in Scheindolde, Juni–August. Blätter doppelt oder dreifach gefiedert, Teilblätter verkehrt-eiförmig, drüsig punktiert. Runde ästige Stengel. Pflanze insgesamt blaugrün, einen starken, bitteraromatischen Geruch vertreibend. Wildwachsend kommt die Wein- oder Gartenraute vor allem in Weinbergen und auf steinigen Hügeln vor; angebaut in warmen Lagen wächst sie ohne besondere Bodenansprüche.
Sammelgut: Blätter vor der Blüte, Mai/Juni; blühendes Kraut Juni–August. Vorsicht: Das frische Kraut wirkt – bei entsprechender Empfindlichkeit – haut- und schleimhautreizend!

Heilkunde
Schwache Gaben der Rauten-Droge wirken krampfstillend und nervenberuhigend; volkstümlich bei Schwindelanfällen, nervösem Herzklopfen und Menstruationsbeschwerden angewendet, äußerlich bei Hautausschlägen, Wunden, rheumatischen Schmerzen und nervöser Sehschwäche. Homöopathische Dosen sind besonders wirksam bei Sehschwäche durch Muskelübermüdung und Überanstrengung der Augen. Der Tee zeigt auch bei Blähungen, schleimigem Durchfall, Harndrang, Nierengrieß, Appetitmangel und Erkältungskrankheiten gute Wirkung. Er wird überdies (innerlich und äußerlich) empfohlen gegen Schmerzen bei Verletzungen von Knochen oder Knochenhaut, bei Verrenkungen und Verstauchungen. Auf Geschwüre legt man warme Kräuterkissen, die eine Rauten-Füllung enthalten.
Teeaufguß/Abkochung: 1 Kaffeelöffel auf $^1/_8$ l Wasser. (Kaltwasserauszug: 1 Teelöffel auf 2 Tassen.) Höchstens 2 kleine Tassen pro Tag trinken.

Salix
Weide
Merkmale: Zweihäusige Sträucher und Bäume sehr unterschiedlicher Höhe. Kätzchenblüten, März–Mai. Blätter einfach, lanzettförmig. Schmalblättrige Bruch-, Silber-, Purpur-Weiden (Salix fragilis, S. alba, S. purpurea) sind an feuchten Standorten recht häufig anzutreffen.
Sammelgut: Rinde von mehrjährigen Zweigen, am besten im April und im Oktober.

Heilkunde
Weidenrinde hat schweiß- und harntreibende, zusammenziehende, entzündungshemmende, schmerzstillende und fiebersenkende Eigenschaften. Sie findet Anwendung bei Gicht, Gelenkrheumatismus, Magen-, Darm- und Blasenkatarrh; äußerlich bei Wunden und geschwürigen Ausschlägen, zum Gurgeln bei Mandel- und Zahnfleischentzündung. Ähnlich wie Eichenrinde kann Weidenrinde auch bei inneren Blutungen (nicht ohne ärztlichen Rat!) eingesetzt werden. Weitere Indikationen sind Gonorrhöe, Spermatorrhöe, Pollutionen, Prostatitis, Cystitis und Ovarienneuralgien. Bei Nymphomanie und Satyriasis (männliche Entsprechung der Nymphomanie) und in der Behandlung von Nervenleiden soll sie beruhigend wirken.

Teeaufguß/Abkochung: 10 g auf 1 Tasse, einige Stunden ziehen lassen, dann aufkochen; 1–2 Tassen sind die Tagesdosis, schluckweise oder je zur Hälfte morgens und abends einzunehmen.

Sambucus ebulus
Zwergholunder, Attich, Stinkholder
Merkmale: 60–150 cm hohe Staude, Geissblattgewächs. Blütendolde mit weißen bis rötlichen Blüten, rote Staubfäden, süß nach bitteren Mandeln duftend, Juli–August. Blätter unpaarig gefiedert mit 7–9 Teilblättern, 4–5mal so lang wie breit. Wurzelstock kriechend.
Sammelgut: Wurzelstock und Wurzeln, Frühling oder Spätherbst, Früchte: September/Oktober.

Heilkunde
Die Wurzel wirkt schweißtreibend, harntreibend und erzeugt Brechreiz. Der Tee wird bei Wassersucht, Nierenleiden und Rheumatismus eingenommen. Das Mus aus den Beeren ist ein ausgezeichnetes Abführmittel. Äußerlich helfen die ätherischen Öle und Gerbstoffe der Wurzel bei Quetschungen und Verstauchungen.
Kalter Auszug: 1/2 Teelöffel fein geschnittene Wurzel auf 1 Tasse, 8 Stunden stehen lassen.
Teeaufguß: 2–3 Messerspitzen pulverisierte Wurzel auf 1 Tasse, 3mal täglich.

Anmerkung
Bei größeren Dosen ist Vorsicht geboten. Die Beeren wie auch die Wurzel können zu schweren Vergiftungen mit Brechdurchfällen und Schwindelanfällen führen.

Sambucus nigra
Schwarzer Holunder, Holder, Holler, Alt- oder Bachholder, Schiebekenstrauch, Eller, Ellhorn, Pisseke
Merkmale: Bis 8 m hoher Baum oder Strauch, Geißblattgewächs. Geblichweiße, stark riechende Blüten, süßlich schmeckend, in flachen Trugdolden, Juni/Juli. Blätter gegenständig, unpaarig gefiedert, am Rand gezähnt, bis 30 cm lang, von unangenehmem Geruch. Frucht: schwarz-violette, glänzende Beeren. Zweige enthalten weißes Mark. Die Rinde ist grau und hat warzenähnliche Erhöhungen (Korkwarzen): In feuchten Wäldern, auf Schuttplätzen und Flurrainen.
Sammelgut: Blüten Juni/Juli (bei trockenem Wetter!); Rinde junger Zweige im April; Blätter im August/September.

Heilkunde
Die – stark aromatisch schmeckenden – Blüten werden bei Grippe, Bronchialkatarrh und bei anderen Erkältungskrankheiten, die Rinde bei Wasseransammlungen (Arzt!) angewendet. Als Frühjahrskur zur Blutreinigung empfiehlt sich ein Tee aus Holunderblättern (6–8 Blätter fein zerschneiden und 10 Minuten kochen, auf nüchternen Magen trinken). Getrocknete Holunderbeeren helfen gegen Durchfall. Die reifen Beeren sind vorzügliche Vitaminträger und enthalten Wirkstoffe gegen Nervenentzündungen und Kreislaufstörungen; sie sollten aber – besserer Verträglichkeit wegen – nur leicht gekocht genossen werden. Holundermus regt die Darmtätigkeit an; Holunderwein aus reifen Beeren bringt Hilfe bei Darmkoliken,

Sempervivum tectorum
(Echte Hauswurz, Dachwurz)

Seite 229:
Solidago virgaurea
(Gemeine Goldrute)

wirkt appetitanregend und kreislaufaktivierend. Der aus den Blättern gewonnene Tee ist bei Bronchitis, Grippe, Husten und beginnender Lungenentzündung ein heilsam schweißtreibendes Mittel. Tee aus Holunderwurzeln hilft gegen Fettleibigkeit und Wassersucht.

Blüten-Aufguß: 1–2 Eßlöffel auf 1 Tasse, täglich bis zu 5 Tassen warm trinken.

Blätter-Abkochung: Kalt ansetzen, 1/2 Eßlöffel auf 1 Tasse, täglich bis zu 2 Tassen.

Rinden-Abkochung: 1 Teelöffel auf 1 Tasse, täglich 1–2 Tassen.

Anmerkungen

Vorsicht vor Verwechslung mit dem nur 0,5–1,5 m hohen deutlich nach Bittermandeln riechenden Zwergholunder oder Attich (Sambucus ebulus), der – vor allem in den frischen Beeren – gefährliche Giftstoffe enthält.

Sanicula europaea

Sanikel, Saunigel, Scharnigel, Heil aller Schäden, Bruchkraut, Heildolde

Merkmale: 25–50 cm hohes Doldengewächs, Blüten weiß, auch rötlich überlaufen, in zusammengesetzten, kopfartigen Dolden, Mai/Juni. Wintergrüne Grundblätter langgestielt, handförmig, 3- bis 5teilig, bitter schmeckend, obere Stengelblätter sitzend. Besonders in Laubwäldern, im Gebirge an windgeschützten Plätzen zu finden.

Sammelgut: Blätter vor der Blüte,

Mai/Juni; Wurzeln September/Oktober.

Heilkunde
Heilanzeigen bei Katarrhen der Luftwege, Blutungen (Arzt!), Menstruationsbeschwerden; als Gurgelmittel bei Mundfäule, Zahnfleischgeschwüren sowie zu Waschungen gebraucht – bei Ausschlägen, Geschwüren, leichten Verletzungen. Der Tee wirkt intensiv reinigend und stärkend, nicht zuletzt bei Durchfällen, wobei eine langsame, aber beständige Besserung eintritt. Pulver aus getrockneten Blättern und Blüten verbessert die Magensäfte und wirkt appetitanregend. Legt man frisches Sanikelkraut auf Wunden, so werden Blutungen gestillt. Bei Entzündungen empfehlen sich kalte Auflagen mit Tee.
Teeaufguß/Abkochung: 1–2 Teelöffel auf 1 Tasse, täglich 2–3 Tassen. Reiner Blätteraufguß: 2 Eßlöffel auf $^{1}/_{4}$ l Wasser, des extrem bitteren Geschmacks wegen mit Zucker oder Honig süßen.

Anmerkungen
Sanikel nicht mit den z. T. ähnlich erscheinenden, giftigen Hahnenfußgewächsen verwechseln, die keine Doldengewächse sind! – In Bayern nennt man die dort wachsende Weiße oder Quirlblättrige Zahnwurz (Cardamine emneaphyllos) volkstümlich Schanikel. Ihr gerbstoffhaltiger Wurzelstock hat gleichfalls heilkundliche Bedeutung, ist jedoch keinesfalls identisch mit Sanicula.

Saponaria officinalis
Echtes Seifenkraut, Seifenwurzel, Waschwurzel, Waschkraut, Speichelwurz, Spatzenwurzel, Schlüsselkraut, Hundsnelke
Merkmale: Bis 75 cm hohes Nelkengewächs. Blüten weiß bis rosarot, schwach duftend, in büscheligen Rispen, Juli–September. Blätter kreuzgegenständig, eiförmig bis länglich, zugespitzt, 5nervig. Stengel kantig, leicht behaart. Wurzel außen rotbraun, innen gelb bis fingerdick, stark verzweigt, tiefgründend. Wildwuchs an Hecken, Zäunen, Wegrändern, auf Schutt und Kies, an Bachufern.
Sammelgut: Wurzelstamm März/April und September/Oktober; Blätter vor der Blüte.

Heilkunde
Seifenkrautwurzel wird als homöopathische Tinktur gegen Erkältungen, als schleim-, schweiß- und harntreibendes Mittel verwendet. Die Abkochung von Wurzeln und der Teeaufguß von Blättern sind hilfreich gegen Leber- und Milzstauungen sowie bei Erkrankungen der Lungen- und Darmschleimhäute. Aufguß und Absud der Wurzel werden auch bei hartnäckigem Husten, Magen- und Darmblähungen, Gelbsucht sowie als weich abführendes und als blutreinigendes Mittel bei Stoffwechselkrankheiten empfohlen. Adamus Lonicerus (1679): »Die Wurzel, ein halbes Quentlein schwer mit Honig eingenommen . . . treibt Harn, laxieret den Bauch und fördert der Frauen Zeit.«
Teeaufguß/Abkochung: 1 Eßlöffel des Wurzel- oder Blätter-Trockengutes auf 1 Tasse; täglich 1–2 Tassen warm trinken.

Scrophularia nodosa
Knotige Braunwurz
Merkmale: 40–120 cm hoher Rachenblütler. Blüten mattgrün mit braunem Rücken, in endständigen Rispen, Juni–August. Blätter länglich-eiförmig, doppelt gesägt. Stengel vierkantig. Wurzelstock knollig verdickt. Die Braunwurz ist besonders an Gräben, im feuchten Gebüsch, Mischwald und Moorterrain zu finden.
Sammelgut: Blühendes Kraut Juni–August.

Heilkunde
Eigenschaften: harntreibend (blutreinigend), Herzwirkung ähnlich Digitalis (Fingerhut), aber sehr viel schwächer. Bei Gesichtsausschlägen und anderen Hautleiden (größere Gaben vermeiden!), Skrofulose, schmerzhaften Hämorrhoiden (Tinktur aus der ganzen Pflanze tropfenweise) anzuwenden. Zerquetschte frische Blätter und Wurzeln als Auflage auf harten Geschwülsten und chronischen Ausschlägen.
Teeaufguß/Abkochung: 1–3 g auf 1 Tasse; täglich 1 Tasse löffel- oder schluckweise einnehmen.

Sempervivum tectorum
Echte Hauswurz, Hauslauch, Dachwurz, Dornkraut, Donnerbart, Hausramp, Wilder Rhabarber, Wetterwurz, Zittrichkraut
Merkmale: 20–40 cm hohes Dickblattgewächs. Blüten mit 12 rosenroten Kronblättern, sternförmig ausgebreitet, Juli/August. Grundblätter fleischig, stachelspitzig, in dichter Rosette. In den Alpen wildwachsend; läßt sich an sonniger Stelle, auf Mauerkronen und Dächern, in Steingärten wie auch im Blumentopf leicht ziehen.
Sammelgut: Blätter ganzjährig.

Heilkunde
Sempervivum wirkt kühlend und zusammenziehend. Innerlich angewendet, empfiehlt die Volksheilkunde frischen Saft vor allem bei Unterleibskrämpfen; äußerlich werden Saft oder Salbe bei Brandwunden, Hautentzündungen und Geschwüren aufgetragen. Auch gegen ruhrartige Durchfälle und als wurmtreibendes Mittel wird der Saft empfohlen, und man bestreicht damit Hühneraugen und Sommersprossen. Bei Magengeschwüren und Erbrechen zeigt der Aufguß gute Erfolge. Um verhärtetes Ohrenschmalz zu lösen, träufelt man den frischen Saft der Blätter ins Ohr.
Teeaufguß/Abkochung: Wenige Blätter auf 1 Tasse, stündlich 1 Eßlöffel. – Bei zu starker Menstruation zweistündlich 1½–2 Tassen, später stündlich 1 Tasse trinken (zur Geschmacksaufbesserung kann Fenchel dienen).

Solidago virgaurea
Gewöhnliche oder Gemeine Goldrute, Unsegenkraut, Heidnisch-Wundkraut
Merkmale: Bis 1 m hoher Korbblütler. Blütenköpfe goldgelb, in aufrechten Trauben oder Rispen, schwach riechend, Juli–Oktober. Blätter unten eiförmig, gesägt, gegenständig, gestielt, oben lanzettförmig, sitzend. Stengel unten braun oder violett. Wildwuchs in waldigem Terrain, auch auf Kahlschlägen und trockenem Wiesen- und Weideland.
Sammelgut: Oberer Teil der blühenden Pflanze, Juli–Oktober.

Stellaria media
(Sternmiere, Vogelmiere)

Seite 233:
Tilia cordata (Winterlinde).
Der Blütenstand im Juni/Juli.

Symphytum officinale
(Schwarzwurz, Gemeiner oder Gebräuchlicher Beinwell)

Heilkunde
Heilanwendungen bei Nierenentzündung, Nieren- und Blasensteinen, Harngrieß und Harnverhaltung, Neigung zu Gicht und Wassersucht, bei chronischen Hautausschlägen, Venenerkrankungen etc. Die Goldrute ist ein bestens bewährtes Nierenmittel. Früher waren die zerquetschten, frischen Blätter und das getrocknete, gepulverte Kraut beliebte Wundheilmittel. Der Aufguß dient als Gurgelwasser bei Mund- und Rachenerkrankungen und ist ein stark wassertreibendes Mittel (nach einem Jahr Lagerung des Trockengutes unwirksam!).
Teeaufguß/Abkochung: 25 g auf 1/4 l Wasser; Tee als Schlaftrunk: 4 Teile Goldrute, 1 Teil Wacholderbeeren mischen.

Stachys officinalis
(Betonica officinalis)
Betonie, Betonike, Heil-Ziest, Zehrkraut, Pfaffenblümlein
Merkmale: 30–70 cm hoher Lippenblütler. Blüten purpurrot, in attraktiver, endständiger Ähre aus Scheinquirlen, Juli/August. Blätter ei- bis lanzettförmig, am Grund herzförmig, gekerbt. Stengel vierkantig, rauhhaarig. Wildwuchs in Wäldern, auf Heiden, Mager- und Moorwiesen sowie alten Schuttplätzen.
Sammelgut: Blätter oder blühendes Kraut von Juni bis August; Wurzeln nach Bedarf.

Heilkunde
Die Betonica-Drogen werden von alters her bei Katarrhen der Luftwege (Asthma, Husten), Verdauungsbeschwerden und Blasenleiden verwendet. Der Tee ist zu empfehlen bei Verschleimungen, Nervenschwäche, Asthma, Koliken, Blähungen, Blasen- und Nierenleiden, Gicht und Rheumatismus. Der ausgepreßte, frische Saft bringt Hilfe bei Gelb- und Wassersucht. Tee, aus der frischen Wurzel gebrüht, wirkt abführend; die getrocknete Wurzel ist als Brechmittel geeignet. – Lonicerus in seinem Kräuterbuch von 1679: »Die Blätter in Wein gesotten oder zerstoßen, heilen Wunden und giftigen Biß . . .«
Teeaufguß/Abkochung: 3–5 g auf 1 Tasse; 1–2 Tassen als Tagesdosis.

Stellaria media
Sternmiere, Vogelmiere, Hühner- oder Mäusedarm

Merkmale: Bis 50 cm hohes Nelkengewächs. Blüten weiß, klein, fast ganzjährig. Blätter gegenständig, spitz-eiförmig. Stengel dünn, niederliegend bis aufstrebend, in einer Linie behaart. Als Acker- und Gartenunkraut, auch in Weinbergen und auf Schuttplätzen.
Sammelgut: Kraut April–September, in milden Wintern auch fast ganzjährig.

Heilkunde
Bei leichten Erkrankungen der Atemwege sowie bei Rheuma und Gicht anzuwenden; äußerlich (auch als Saft) zu Auflagen bei Wunden, Ausschlägen und Geschwüren (Tinktur speziell zum Einreiben bei Rheuma). Die Vogelmiere ist im übrigen fast nur als Stubenvogelfutter bekannt und bewährt.
Teeaufguß/Abkochung: 5 g auf 1 Tasse, täglich 2 Tassen.

Succisa pratensis
Teufels-Abbiß, Abbißkraut, St. Peterkraut, Blaberhans (Blauer Hans), Teufelswurz, Stickblümchen
Merkmale: 30–50 cm hohes Kardengewächs, Blüten blauviolett, Juli–September. Gegenständige Blätter, gestielt, ei-lanzettförmig, leicht glänzend, auf der Unterseite kahl, bisweilen schwach behaart. Kurzer Wurzelstock, wie abgehackt erscheinend. Vorkommen der Pflanze auf feuchtem Wald- und Wiesengrund.
Sammelgut: Blätter vor der Blüte, Juli–August; Wurzeln Mai/Juni und September/Oktober.

Heilkunde
Die getrocknete und gepulverte Wurzel oder frisch zerquetschten Blätter werden auf Blutunterlaufungen (Quetschungen), Ausschläge, Geschwüre, Ekzeme und Entzündungen aufgelegt, auch bei Drüsenschwellungen und Augenleiden. Der Tee aus Wurzeln oder Blättern ist bei Husten und Heiserkeit, Verschleimung (Asthma, Katarrh) und Durchfall zu empfehlen. Tee aus den Blättern gilt als blutreinigend, magenstärkend, verdauungs- und appetitanregend sowie als wassertreibend. Im Kräuterbuch von Adamus Lonicerus (1679) heißt es: »Abbiß-Wasser zum Tage zweimal jedesmal 4 Lot getrunken, ist gut denjenigen, die gestoßen, gefallen oder geworfen sein, daß ihnen das Blut rinnen will oder gerinnen. Heilet das Geschwer im Leib, heilet das Geschwer um Herz, Brust und Leber.«

Symphytum officinale
Schwarzwurz, Wallwurz, Gemeiner oder Gebräuchlicher Beinwell
Merkmale: 30–100 cm hohes Boretschgewächs. Niederhängende Glockenblüten, gebrochen rot, violett oder gelblichweiß, Mai bis September. Blätter lanzettförmig, rauhhaarig. Stengel hohl, saftig, borstig behaart. Dicke, saftige Rübenwurzel, außen schwarz, innen weiß. Vorkommen in Auen und Bruchwäldern sowie in jeglichem feuchtem bis sumpfigem Gelände.
Sammelgut: Wurzeln März/April oder September/Oktober; blühendes Kraut nur in geringem Maß, Mai–September.

Heilkunde
Die Droge wirkt einhüllend und zusammenziehend, reizmildernd,

schmerz- und blutstillend. Äußerliche Anwendung als Pulver aus der getrockneten Wurzel zum Blutstillen bei offenen Wunden, in Form von Extrakt, Salbe oder Brei aus zerquetschten frischen Wurzeln bei Krampfadern, Unterschenkelgeschwüren, Quetschungen, Verstauchungen, Knochenverletzungen und -entzündungen sowie allgemein rheumatischen und neuralgischen Affektionen. Innerlich anwendbar bei Halsentzündung sowie Katarrhen der Luftwege und Verdauungswege.
Teeaufguß/Abkochung: Wurzel (selten mit Kraut vermischt): 1–2 Teelöffel auf 1 Tasse, täglich 1–2 Tassen.

Tilia cordata
Winterlinde, Steinlinde
Merkmale: bis 25 m hoher Laubbaum, Lindengewächs. Blüten gelblichweiß, als kleine Dolden einem pergamentartigen gelbgrünen Tragblatt entspringend, Juni–Juli, Blätter kleiner als diejenigen der Sommerlinde. In Laubmischwäldern, oft angepflanzt.
Sammelgut: Blüten, Juni/Juli; Rinde, April/Mai.

Heilkunde
Die Blüten wirken schweißtreibend und leicht abführend, die Rinde entzündungswidrig. Lindenblütentee hilft bei allen Erkältungs- und Infektionskrankheiten, wo eine Schwitzprozedur als heilkräftig angesehen wird. Er fördert ferner die Gallensekretion und hilft somit bei Magenkrämpfen. Pulverisiertes Lindenholz wird zum Aufsaugen bei Vergiftungen (Arzt!) verwendet. Die Rinde dient im Aufguß zur Behandlung von Wunden und Geschwüren.
Teeaufguß: 1–2 Eßlöffel auf 2 Tassen, täglich 2–3 Tassen.

Tormentilla erecta
Tormentille, Blutwurz – Siehe: Potentilla erecta

Trigonella foenum-graecum
Bockshornklee, Kuhhornklee, Griechisches Heu, Siebenzeiten, Schöne Grete, Hirschwundenkraut
Merkmale: Bis 50 cm hoher, einjähriger Schmetterlingsblütler. Blüten gelblichweiß, einzeln oder paarig, blattachselständig, Juni/Juli. Blätter dreizählig, Teilblättchen länglich, zur Spitze hin gezähnt. Rinderhornförmig geschweifte, 8–15 cm lange Fruchthülse. Samen hellbraun bis rötlich. Das bocksartig riechende Kraut wächst wild auf Wiesen und Getreidefeldern, wird vielfach auch angebaut.
Sammelgut: Samen, August/September.

Heilkunde
Bockshornklee wirkt stuhlfördernd, entzündungshemmend, erweichend und organisch kräftigend. Die Abkochung wird bei Katarrhen der Luft- und Verdauungswege, Verstopfung, Abmagerung, Rachitis, Skrofulose und anderen Leiden eingesetzt, als Gurgelmittel bei Halsentzündung und Angina. Der Brei (Kataplasma) hilft bei Geschwüren, Abszessen, Hautfisteln, furunkulösen Erscheinungen wie auch bei Gicht sowie gutartigen Lymphknoten-Verhärtungen, Zysten (unbedingt Krebs-Früherkennungs-Untersuchung machen lassen!). Der Tee wird als fiebersenkendes Mittel, volkstümlich sogar bei Lungenerkrankungen und Milzleiden gebraucht.

Auch die nach Schlaganfällen häufige Zungenlähmung kann mit Bockshornklee behandelt werden. Adamus Lonicerus schrieb in seinem Kräuterbuch (1679), das heute noch hochgeachtet wird: »Seine (des Hornkleesamens) Kraft und Tugend ist, innen und außen den Leib zu weichen und zu sänftigen. Misch Bockshorn mit Eidotter und legs darauf. Das Kraut 15 Tage in Wein und Öl gebeizt, darnach gesotten, durch ein Tuch geseiht und mit ein wenig Wachs zu einer Salbe gemacht, auch Mehl vom Bockshorn daruntergetan, ist die beste Salbe, ein Geschwer zu erweichen. Aufs Geschwulst geschmieret, nimmt sie hinweg. Bockshorn mit Rosenöl gesotten und den Leib damit geschmieret, macht eine schöne Farbe, vertreibt das Übelriechen des Mundes, auch den Gestank am Leib, so vom faulen Schweiß entspringt.«

Teeaufguß/Abkochung: 1 Teelöffel auf eine Tasse, kalt ansetzen, einige Stunden ziehen lassen, kurz aufkochen, mit Honig oder Kandiszucker süßen; täglich 2–3 Tassen schluckweise kalt einnehmen.

Kataplasma: Im Mörser gestoßene Samen in Wasser zu dickem Brei verrühren (mit etwas Essigzusatz), erwärmen und fingerdick auftragen oder im Leinensäckchen auflegen.

Triticum repens
Kriechende Quecke – Siehe: Agropyron repens

Tussilago farfara
Huflattich, Brustlattich, Brandlattich, Quirinskraut, Roßhuf, Bauchblüten, Heilblatt, Teeblüml, Lehmblüml, Berglatschen
Merkmale: 10–25 cm hoher Korbblütler. Blütenköpfe vor den Blättern erscheinend, ansehnlich groß, leuchtend gelb, März/April. Blätter grundständig, langgestielt, handgroß, herzförmig mit eingebuchtetem Rand und filzhaariger Unterseite. Huflattich wächst wild insbesondere auf lehmi-

Links:
Vaccinium myrtillus (Heidelbeere)

Rechts:
Valeriana officinalis (Echter oder Gebräuchlicher Baldrian, Tollerjan, Katzenwargel)

Seite 236:
Tussilago farfara (Huflattich)

gem oder steinigem Boden, auch in Steinbrüchen und Kiesgruben, auf Schutthalden und Bahndämmen.
Sammelgut: Blüten März/April; Blätter April bis Juli; Wurzeln im Frühjahr.

Heilkunde
Huflattich wirkt vor allem einhüllend, reiz- und entzündungshemmend. Huflattichtee, besonders bei Erkältungen und Katarrhen anzuraten, wird mit Honig oder Zucker gesüßt und ist so nicht nur sehr gesund, sondern auch von angenehmem Geschmack. Absud von Huflattich-Blättern eignet sich gut zu Umschlägen bei skrofulösen Geschwüren und macht ein belebendes Fußbad. Gequetschte, frische Blätter ergeben eine heilwirksame Auflage auf Wunden und Geschwüre sowie bei geschwollenen Füßen.
Teeaufguß/Abkochung: 1–3 Eßlöffel Trockengut auf 2 Tassen; täglich 2 Tassen warm trinken, mit Honig oder Kandis gesüßt.

Anmerkung
Nicht mit den wesentlich größeren Blättern der Gewöhnlichen Pestwurz (Pestasites hybridus) verwechseln. Bei der Pestwurz, auch Großer Huflattich genannt, sind die traubig angeordneten Blütenköpfe fleischrot bis rötlichweiß.

Urtica dioica
Große Brennessel, Hanfnessel
Merkmale: 50–120 cm, Nesselgewächs. Pflanze zweihäusig, männliche und weibliche Blüten unscheinbar in gelblichgrünen, hängenden Kätzchen, Juni–September. Blätter länglich-herzförmig mit Drüsenhaaren, Rand grob gesägt. Hecken, Gräben, Schuttplätze, Viehläger.
Sammelgut: ganze junge Pflanze, Blätter oder Wurzeln einzeln, Juni/September.

Heilkunde
Innerlich als Tee eingenommen, wirkt die Brennessel blutbildend, harntreibend und senkt in geringem Maße den Blutzuckerspiegel; äußerlich angewendet, fördert sie die Durchblutung der Haut. Empfohlen bei Wassersucht, Nieren- und Blasenleiden, Blutungen aller Art (Hämorrhoiden, zu starke Menstruation, Magen). Der Rohsaft enthält besonders viel Vitamin A und C, er eignet sich deshalb zur Behandlung von anämischen Krankheiten. Brennesselwasser soll den Haarwuchs fördern und bei Hautausschlägen helfen. Auch gegen Rheuma wird es eingerieben, wobei hier aber auch das Schlagen mit frischen Stengeln geraten wird. Frische, junge Pflanzen als Salat, Gemüse oder Suppe geben eine gute Frühjahrskur.
Teeaufguß: 3 Eßlöffel auf 1 Tasse, 2 Tassen täglich.
Saft: mit 5 Teilen Wasser verdünnen, löffelweise einnehmen.

Vaccinium myrtillus
Heidelbeere, Blaubeere, Schwarz-, Bick- oder Taubeere, Staudelbeere, Krähenauge, Hasen-, Roß-, Most- oder Mehlbeere
Merkmale: 15–30 cm hohes Heidekrautgewächs. Blüten grün, rötlich überlaufen, kugelig-glockig niederhängend, Mai/Juni. Blätter eiförmig, feingesägt, kurzstielig, wechselständig. Stengel kantig, stark verästelt. Blauschwarze, mattierte Beerenfrüchte.

Der Zwergstrauch bevorzugt sandige und torfige Böden im Wald und auf der Heide, wird heute aber auch schon als Gartenpflanze kultiviert.
Sammelgut: Blätter von Juni bis August; Früchte Juli/August.

Heilkunde
Die Blätter wirken vornehmlich harndesinfizierend und blutzuckersenkend (schwach), die Früchte durchfallwidrig. Äußerlich wird die Heidelbeerfrucht in der Form von Saft als Gurgelmittel wie auch zu Auflagen bei Wunden und Ausschlägen verwendet. Die getrockneten Beeren läßt man in Wasser aufquellen und kocht sie dann mit Zimt und Nelken zu einem wohlschmeckenden Absud. Heidelbeerwein, ebenfalls mit Zimt und Nelken gewürzt und erhitzt, ist ein ausgezeichnetes Mittel bei Durchfällen, chronischen Magen- und Darmerkrankungen und Verdauungsstörungen jeder Art. Der aus den Blättern gepreßte Saft gilt als Mittel gegen Mundfäule, ebenso Heidelbeersaft, der auch Zahnfleischentzündungen zu heilen vermag. Absud aus frischen Heidelbeerblättern wird gegen Haarausfall eingesetzt. Haare waschen, Absud in die Kopfhaut massieren, einwirken lassen, Haare ausspülen.
Teeaufguß/Abkochung: Blätterdroge: 1 Eßlöffel auf 1 Tasse, täglich 1–2 Tassen schluckweise einnehmen. Abkochung der getrockneten Früchte: 1–2 Eßlöffel auf 0,5 l Wasser.

Anmerkungen
Bei längerer Kuranwendung (innerlich) von Heidelbeerblättern sollte der Rat des Arztes eingeholt werden, da größere Mengen Vergiftungserscheinungen hervorrufen können. Die frische (nicht die getrocknete!) Frucht kann, in größeren Mengen genossen, Durchfall erzeugen.

Valeriana officinalis
Echter oder Gebräuchlicher Baldrian, Hexen-, Katzen- oder Viehkraut, Theriakwurz, Augenwurzel, St. Georgenkraut, Zahnkraut, Spickwurz, Wand- oder Marienwurzel, Dreifuß, Mondwurz, Tollerjan, Katzenwargel
Merkmale: 25–150 cm hohes Baldriangewächs. Blüten klein, gebrochen weiß bis hellrot, in mehr oder minder flachen Doldenrispen, Juni–September. Blätter unpaarig gefiedert; Fiederblättchen lanzettförmig, gezähnt. Stengel hohl, gefurcht. Wurzelstock reich verzweigt, braun behäutet. Kampferähnlicher Geruch verbreitet sich vor allem beim Trocknen. Baldrian ist zwischen feuchtgrundigen Wäldern, Wiesenmatten und sumpfigem Terrain vielenorts zu finden, und er ist auch gezielt kultivierbar.
Sammelgut: Wurzelstock mit Wurzeln; September/Oktober.

Heilkunde
Baldrian ist ein beruhigendes und krampflösendes Mittel, das sich bei jeder Art nervöser Irritationen und deren Symptomen bewährt hat. Allerdings birgt langfristiger Gebrauch die Gefahr der Gewöhnung, welche zunächst zu stetig sich steigernder Dosierung zwingt, den Effekt jedoch schließlich in sein Gegenteil verkehrt: Das Beruhigungsmittel wird zum Erregungsmittel. Dem kann man leicht vorbeugen, indem man den Baldrian-Gebrauch jeweils auf 2 Wochen be-

Verbena officinalis
(Echtes Eisenkraut)

schränkt, dann ersatzweise Melisse (siehe Melissa officinalis) gebraucht; nach 2–3 Wochen kann man dann getrost wieder für 14 Tage Baldrian nehmen. Auch dieser Wechsel sollte freilich nicht ununterbrochen über Jahre praktiziert werden.
Teeaufguß/Abkochung: 3 Gramm Wurzeln oder 1 Teelöffel Kaltwasserauszug (Mazerat) oder bis zu 50 Tropfen Tinktur auf 1 Tasse Wasser; täglich 1 Tasse warm trinken.

Tinktur: 1 Teil Wurzeln in 5 Teilen 70prozentigem Weingeist 8–10 Tage an einem warmen Ort ziehen lassen, dann filtern.

Verbascum thapsiforme
Großblütige Königskerze, Johanniskerze, Wetterkerze, Himmelbrand, Fackel-, Kerzen- oder Brennkraut, Unholdenkerze, Wollblume, Zöllich, Frauenkunkel, Neumannskraft, Schafschwanz
Merkmale: Bis 2 m hoher Rachenblütler. Große gelbe Radblüten in langen Trauben von angenehmem Geruch, Juli–September. Blätter länglich

Viola odorata (Wohlriechendes Veilchen, März-Veilchen)

bis spitzeiförmig, am Stengel herablaufend, wollfilzig behaart. Stengel einfach oder rispig verzweigt, ebenfalls wolligfilzig. Verbascum wächst vornehmlich an Wegrändern, Umfriedungen, sowie auf Schutt- und Brachland, wird auch angebaut.

Sammelgut: Voll aufgeblühte Blüten (aus den Kelchen zupfen!), Juli–September. Wurzeln im frühen Frühjahr; Blätter nach Bedarf.

Heilkunde

Wirkung auswurffördernd und harntreibend, reizmildernd, entzündungshemmend. Angezeigt vor allem bei Katarrhen der Luftwege und des Darmes, bei Husten und Heiserkeit, äußerlich bei Wunden und Geschwülsten. Bei Brandwunden macht man Auflagen aus gequetschten Blättern. Der Aufguß der Blüten bringt Linderung bei allen Erkrankungen der Atmungsorgane. Wurzelabsud hilft gegen Durchfall und bei inneren Verletzungen (Arzt!); mit Honig gesüßt wird er auch bei hartnäckigem Husten gegeben. Auflagen aus Blüten und/oder

Blättern sind wirksam bei Augen- und Hautentzündungen sowie bei Hämorrhoiden. Bei eiternden Wunden, Hautunreinheiten und Furunkeln gebraucht man einen Aufguß der Blätter und Blüten als lokales Bad.
Teeaufguß/Abkochung: ½ bis 1 Eßlöffel Trockengut auf 1 Tasse; täglich bis zu 2 Tassen warm trinken.

Anmerkungen
In gleicher Weise gebraucht werden auch die Kleinblütige Königskerze (Verbascum thapsus, mit deutlich kleineren, trichterförmigen sattgelben Blüten) und die Filz-Königskerze (Verbascum phlomoides mit nur kurz am Stengel herablaufenden Blättern).

Verbena officinalis
Echtes Eisenkraut, Mönchskappe, Blauer Sturmhut, Teufelswurz, Isenkraut, Junoträne, Venusader, Träne der Isis, Geweihtes Kraut, Wunschkraut
Merkmale: 30–60 cm hohes Eisenkrautgewächs. Blüten lila bis violett, in lockeren Ähren, Juni bis September. Blätter gegenständig, die unteren kurz gestielt, eilänglich, die mittleren dreispaltig, die oberen klein und ungeteilt. Stengel vierkantig mit rauher Oberfläche, verästelt. Die einjährige bis ausdauernde Pflanze wächst auf trockenen Wiesen, in lichten Wäldern, an Waldrändern und auf sonnigen Hängen.
Sammelgut: Blätter und blühende Zweigspitzen, Juni–September; gelegentlich auch die Wurzel.

Heilkunde
Das Eisenkraut wirkt harntreibend, regt Unterleibsorgane und Milchdrüsen an. Äußerlich nimmt man es zum Gurgeln bei Mund- und Halserkrankungen sowie zu Auflagen bei Wunden und Geschwüren. Bei Stein- und Grießleiden wird Tee aus Wurzeln und Blättern empfohlen. Der Aufguß der Blätter kann Kopfschmerzen lindern; weitere Indikationen sind allgemeine Schwächezustände, Müdigkeit, Schlaflosigkeit, nervöse Depressionen und Anämie, desgleichen klimakterische Beschwerden. Absud (für den die Blätter halb in Wein und halb in Wasser gekocht werden) gilt als altes Volksheilmittel bei Leber-, Nieren- und Milzleiden, Keuchhusten und Fieberfrost. Spülungen der Mundhöhle und Gurgeln wirken schlechtem Mundgeruch entgegen.
Kaltwasserauszug: 1 Teelöffel Trokkengut (mehr nur für äußere Anwendung!!) auf 1 Tasse; täglich 2–3 Tassen warm trinken.

Viola odorata
Wohlriechendes Veilchen, März-Veilchen
Merkmale: Bis 10 cm hohes Veilchengewächs. Angenehm duftende Blüten, blau bis blau-violett, März/April. Blätter herzförmig bis rundlich-eiförmig, gekerbt. Wurzelstock waagerecht kriechend. Wildwuchs auf Wiesen, Weiden, Rainen, an Hecken- und Waldrändern, oft im Schatten.
Sammelgut: Blüten ohne Kelch (oder auch ganze blühende Pflanze), März/April. Wurzeln im September/Oktober.

Heilkunde
Das Veilchen wirkt schleimlösend und auswurffördernd, schweiß- und harntreibend, allgemein drüsenanregend

sowie krampf- und schmerzstillend. Hauptindikationen: Katarrhe der Luftwege, trockener Husten, Angina (Gurgelmittel). Aus den Blüten gewonnener Sirup ist ein vorzügliches Kinderheilmittel, starke Abkochung der Wurzeln ein wirksames Brechmittel.

Teeaufguß/Abkochung: 1 Teelöffel von dem Trockengut (Blüten oder Kraut mit Blüten) auf 1 Tasse, vor dem Aufkochen mehrere Stunden kalt mazerieren lassen; 2mal täglich eine Tasse trinken. Wurzel-Abkochung als Brechmittel: $^1/_2$–1 Teelöffel auf 1 Tasse.

Viola tricolor

Wildes oder Feld-Stiefmütterchen, Feld- oder Ackerveilchen, Dreifaltigkeitskraut, Freisamkraut, Tag- und Nachtblümlein, Muttergottesschuh, Ackerviole, Denkblümchen, Jesusblümchen, Jelängerjelieber, Stiefkindle

Merkmale: 15–50 cm hohes Veilchengewächs, Blüten achselständig an langem Stiel, gelb oder violett, mit Sporn, Mai–September. Blätter herz- bis lanzettförmig, Nebenblätter leierförmig-fiederspaltig. Stengel meist verästelt. Wildwuchs auf Äckern, an Waldrändern und in Gärten.

Sammelgut: Blühendes Kraut mit Wurzeln, Mai–September; Blüten allein vornehmlich Mai–Juli.

Heilkunde

Das wildwachsende Stiefmütterchen wirkt auswurffördernd, schweiß- und harntreibend, damit im landläufigen Sinne blutreinigend. Seine Drogen werden bei Husten, Gelenkrheumatismus, Skrofulose, Arteriosklerose wie auch bei Bettnässen, Nierenschwäche und Erschöpfungszuständen angewandt; äußerlich bei Hautausschlägen, Milchschorf, chronischen Ekzemen, Geschwüren aller Art. Bei Milchschorf sind Auflagen der frisch gepflückten, zerquetschten Pflanze besonders zu empfehlen. Der Tee schmeckt sehr bitter und sollte deshalb mit Honig oder Kandiszucker gesüßt werden.

Teeaufguß/Abkochung: 1 Eßlöffel Trockengut auf 1 Tasse; täglich 1–2 Tassen trinken. Absud für Hautkrankheiten bei Kindern: 4–6 g frisches oder getrocknetes Kraut in etwas abgekochtes Wasser oder Milch geben, nach 10 Minuten abseihen, nur schluckweise verabreichen.

Preßsaft: 4–8 g über den Tag verteilt.

Pulver: Nur kleine Gaben von 1–2 g als Tagesdosis.

Anmerkungen

Zu starke Dosierung bewirkt Brechreiz; allzu langfristige, regelmäßige Einnahme kann allergischen Hautausschlag hervorrufen. – Als besonders wirksam gilt Viola tricolor ssp. eutricolor (größer und mehrfarbig); für Heilzwecke ungeeignet ist das großblütige Gartenstiefmütterchen (Viola tricolor hortensis) mit seinen mannigfaltigen Färbungen.

Viscum album

Mistel, Vogelmistel, Affolter, Kenster, Mispel, Nistl, Heil aller Schäden, Wintergrün, Drudenfuß, Heiligheu, Heilkreuzholz, Leimmistel

Merkmale: Buschige, zweihäusige Pflanze von 25–60 cm Durchmesser. Blüten unscheinbar, gelblichgrün, März/April, Blätter lederartig, im-

Viola tricolor (Wildes oder Feld-Stiefmütterchen, Feld- oder Ackerveilchen, Ackerviole, Jelängerjelieber)

mergrün, länglich bzw. verkehrt-eiförmig, gegenständig. Stengel stark verästelt. Perlenartige Beerenfrüchte, weiß oder gelblich, mit klebrigem Fruchtfleisch. Laubholz-Mistel (ssp. album) und Kiefern-Mistel (ssp. austriacum) wachsen als Halbschmarotzer auf Laub- bzw. Nadelbäumen.
Sammelgut: Junge Zweige mit Blättern, Oktober–März (also über den Winter), nicht die Beeren!

Heilkunde
Die Misteldroge wirkt blutdrucksenkend, im landläufigen Sinn blutreinigend. Ihr Gebrauch ist auch bei Epilepsie, krampfhaften, konvulsivischen Erkrankungen bei Kindern, Arterienverkalkung und Kreislaufstörungen sowie altersbedingten Herzschäden bewährt. Sie erhöht den Stoffwechsel und steigert die Drüsentätigkeit des Verdauungsapparates, beseitigt chronische Verstopfung und hilft bei Menstruationsbeschwerden. Die Wirkung des Misteltees wird durch Zugabe von 2 Messerspitzen Santalpulver (Apotheke) verstärkt. Mistelextrakte (Plenosol und Iscador) stärken nachweislich bei schweren Leiden die Abwehrkräfte des Körpers, bei Arthrosen, Spondylosis deformans usw. eingesetzt und zeitigen zweifelsfrei günstige Wirkungen sogar bei karzinogenen Erkrankungen (Krebs), wie an der Lukas-Klinik in Arlesheim bei Basel/Schweiz nachgewiesen. Injektionen nur vom Arzt verabreichen lassen.
Kaltauszug: 3 Teelöffel der feingeschnittenen Stengel und Blätter, mit 3 Tassen kaltem Wasser ansetzen, über Nacht ziehen lassen, am nächsten Tag abseihen. Tagsüber schluckweise trinken, am besten ungezuckert.

Pilze würzen - mit Pilzen würzen

Wenn der Arzt uns etwa »Eisenmangel« attestiert, so können wir das Ergebnis der nächsten Blutanalyse nicht etwa aufwerten, indem wir dazu übergehen, unser täglich Brot mit Eisenfeilspänen zu würzen. Denn wir gehören nicht zu den »autotrophen« Selbstversorgern des Pflanzenreichs, die buchstäblich aus den klassischen Elementen Feuer (Sonnenlicht), Wasser, Luft und Erde ihre Lebensmittel organisieren (d. h. assimilieren) können, indem sie Spurenelemente und Mineralstoffe in Organsubstanzen

Armillariella mellea (Hallimasch, Honigpilz); die dunklen Schüppchen auf dem Hut sind ein Merkmal der jüngeren Pilze. Der Hallimasch sollte nur von Kennern gesammelt werden, da er vor allem in seiner Jugend mit dem sehr giftigen grünblättrigen Schwefelkopf verwechselt werden kann.

umwandeln. Sie tun das nicht zuletzt mit Hilfe ihres – auch für Wissenschaftler unserer Tage noch immer rätselhaften – Grüns (Chlorophyll). Und wir sind eben keine grünen Männlein (und Weiblein, versteht sich) von Science-Fictionia, sondern schlicht »heterotrophe« Organismen von Fleisch und Blut, mit Haut und Haaren, die anorganische Substanzen nicht unmittelbar verwerten (nicht assimilieren) können, sondern auf das Vorhandensein organischer Assimilate angewiesen sind. Wie die Pilze.

Pilze sind Parasiten: vom Lebenden Lebende, Verweser im wörtlichen Sinn. Wie die Menschen. Selbst mikroskopisch kleine Pilze lassen sich gegen große Geißeln der menschlichen Gesundheit erfolgreich einsetzen – in Form von Präparaten (Penicillin, Streptomycin, Clitocybin, Laktarroviolin, Nebularin u. v. a. m.). Wie der Mensch selbst – mehr oder minder präpariert – zum »Wundermittel« gegen alles taugt. Auch gegen Menschen. Wie Giftpilze. – Gedanken am Wegrand im Pilzrevier . . .

Tatsächlich können wir vom Pilzgenuß kaum Kalorien (aus Kohlenhydraten) und schon gar keine Fett-Ration erwarten, wohl aber reichlich pflanzliches Eiweiß sowie quasi »vorverdaute« Mineralstoffe und Vitamine. Ganz abgesehen von der durch die Hereinnahme von Pilzen deutlich erweiterten Geschmacks-Palette der heimischen Küche.

Dieses Buch will und kann kein Pilzbestimmungsbuch sein. Darum werden in der Folge nur relativ wenige Pilzarten im Text ausführlich behandelt: solche, die Alltagskost köstlich machen können – auch wenn es sich dabei eben nicht unbedingt um ein Pilzgericht handelt.

Pilze zu würzen, ist keine große Kunst. Dazu gehören eigentlich nur Knoblauchpulver oder -granulat (auch -salz) sowie Fingerspitzengefühl, geleitet von gesundem Geschmacks- und Geruchssinn.

Mit Pilzen zu würzen, ist – bezogen auf Nicht-Pilz-Gerichte – ein ebenso ungewöhnliches wie reizvolles Unterfangen. Dazu taugen insbesondere die im Folgenden eingehender beschriebenen Arten und Sorten.

Agaricus
Egerling
In der botanischen Systematik ist Agaricus eine Gattung der Egerlingartigen (Agariceae) in der Familie der Freiblättler-Pilze (Agarica-ceae). Populärste Vertreter der Gattung sind die Champignons.

Agaricus arvensis
Schafchampignon, Schafegerling
Merkmale: Der stets weiße, bei älteren Exemplaren Handlänge erreichende und auch recht stämmig werdende Stiel trägt einen zunächst harmonisch, mit zunehmendem Alter unregelmäßig gewölbten Hut von mattem Seidenglanz. Dessen ursprünglich reines Weiß gilbt mit der Zeit ein wenig, sehr rasch und deutlich freilich bei Berührung, so daß schon Laubfall, Geäst und wehende Gräser der unmittelbaren Umgebung ihre Signatur auf der Pilzhaut hinterlassen. Die Lamellen verfärben sich schon bei sehr jungen Schafchampignons von Weiß zu Grau, werden dann rötlich und schließlich schokoladenbraun. Ein schwerlich zu übersehender, unten

Linke Seite, oben:
Agaricus arvensis (Schafchampignon, Schafegerling)
Unten: Agaricus campestris (Wiesenchampignon, Wiesenegerling). Bei beiden Pilzen besteht Verwechslungsgefahr mit dem sehr giftigen Weißen Knollenblätterpilz. Ein sicheres Unterscheidungsmerkmal besteht in dem sogenannten »Hexenei«, einer eiförmigen Knolle, aus der der Stiel des Knollenblätterpilzes herauswächst und die beim Schaf- wie beim Wiesenchampignon fehlt.

Boletus granulatus (Körnchenröhrling, Schmerling); unverwechselbares Kennzeichen des beliebten Speisepilzes sind wie Körnchen anmutende winzige gelbe Warzen, die den Stiel dicht unter dem Hut bedecken, sowie milchartige Tröpfchen, die aus den Röhren ausgeschieden werden.

zahnradähnlich ausgefranster Ring bleibt nach dem Öffnen des Hutes am Stiel erhalten. Der angeschnittene Pilz riecht deutlich nach Anis.
Agaricus arvensis ist – nicht selten in der bekannten »Hexenkreis«-Formation – zwischen Sommer und Herbst in lichten Wäldern, auf Waldlichtungen, am Waldrand wie auch auf Grasland zu finden.

Agaricus campestris
Wiesenchampignon, Wiesenegerling
Merkmale: Der wohl populärste Champignon trägt seinen zunächst kugelrunden bis fast eiförmigen, später selten über Handbreite ausgespreizten Hut auf allenfalls etwa 8 cm hohem, bis daumendickem (dabei am Bodenansatz meist dünnerem) Stiel. Ihn ziert nach der Hutöffnung ein schmaler, weißer Hautring. Der Hut hat Seidenglanz; sein sauberes Weiß ist oft durch bräunliche Schuppen gebrochen. Bei sehr jungen Wiesenchampignons sind die Lamellen rosa; sie dunkeln mit zunehmendem Alter über bräunlichgraue Tönungen bis zum fast schwarzen Grau. Das angeschnittene Pilzfleisch läuft meist (aber nicht immer!) leicht rötlich an.
Agaricus campestris ist ebenfalls von Sommer bis Herbst – in »Hexenkreisen« oder enger, auch unregelmäßig umgrenzten Gruppen – auf Wiesen- und Weideland zu finden, seltener an Waldsäumen. Überraschend häufiges Erscheinen vor allem infolge von Dauerregen nach extremen Trockenperioden.
Verwechslungsgefahr: Ebenfalls zur Familie der Freiblättler (Agaricaceae) zählt botanisch der Tribus der »Wulstlingartigen« (Amaniteae). Dessen Gattung »Wulstling« (Amanita) umfaßt an Giftträgern neben Fliegen- und Pantherpilz auch die höchst gefährlichen Knollenblätterpilze; und von diesen gibt es fatalerweise reinweiße Formen, die Champignons auf den ersten Blick täuschend ähneln – und auch an denselben Standorten wachsen können. Hier sind beim Sammeln in freier Natur der »zweite Blick« und mehr vonnöten, um lebensgefährlicher Verwechslung vorzubeugen.
Klare Unterscheidungsmerkmale: Knollenblätterpilze sind gänzlich ohne oder von eher unangenehmem Geruch. Der bei Anschnitt nach Anis duftende Schafchampignon kann mithin kein giftiger Amanita sein! Außerdem haben Knollenblätterpilze keinen Hautring am Stiel, dafür vielfach Hüllreste am Stielgrund sowie am Hutrand, was bei Champignons/Egerlingen praktisch nicht vorkommt. Und die Lamellen der Knollenblätterpilze bleiben dauerhaft so weiß wie nur bei den allerjüngsten Champignons. Rötlich, bräunlich, grau bis schwarz gefärbte Lamellen an einem gesunden Pilz weisen diesen als Nicht-Knollenblätterpilz aus. Und schließlich die vollends untrügliche Probe, die man im Zweifelsfall stets – aber nur behutsam – vornehmen sollte (um nicht womöglich das Myzel einer wertvollen Speisepilzkultur zu zerstören): Mit den Fingern um den Pilzstiel herum ein klein wenig im Boden nachgraben! Der Champignon verengt da seinen Stiel, mit wurzelfadenartigem Anschluß an das unterirdische Myzel-Geflecht. Der Knollenblätterpilz dagegen hat eine dicht unter der Erdoberfläche sitzende Knolle, eine Rundum-Ver-

dickung, die der Volksmund seit Jahrhunderten das »Hexenei« nennt. Diese »Pilzkartoffel« fehlt beim Champignon.
Diese Unterscheidungsmerkmale von vornherein zu beherzigen, ist vor allem deshalb wichtig, weil die Gifte des Knollenblätterpilzes (Amanitin, Phalloidin und ein dritter, bisher noch nicht isolierter Faktor) bei Genuß nicht sofort Alarm auslösen, sondern sich erst nach 8–12 oder mehr Stunden durch Übelkeit bemerkbar machen; wenn es zu Erkennung des ursächlichen Übels und entsprechenden Sofortmaßnahmen vielfach schon zu spät ist.

Küchenwürze
Wildgewachsene Champignons sind zweifelsfrei würziger im Geschmack als alle – inzwischen überwiegend gehandelten – Zuchtformen. Zu Großmutters Zeiten noch gehörten feingeschnittene Champignon-Scheibchen fast ausnahmslos in jede feine Soße, von Salat über Dünst- bzw. Kochgemüse bis zu Fleisch und Fisch. Zu besserer Ausnutzung des Naturgegebenen enthäutete man sogar Hut und Stiel der Pilze, trocknete die Haut – luftig an der Sonne oder in der offenen Bratröhre – und zerrieb sie im Mörser zu Würzpulver, das man Suppen, Soßen und Bratengerichten zusetzte. – Selbstredend lassen sich auch im ganzen (»aufgefädelt« oder auf Horden) getrocknete Champignons zu solchem Würzpulver zerstoßen. Und im modernen Haushalt kann man Champignons auch in Tiefkühltruhe oder -schrank einfrieren (im Gegensatz zu vielen anderen Speisepilzen), zu späterer Verwendung, sei es als Hauptgericht oder als würzende Zutat. Champignons lassen sich in sauerwürziger Lake einlegen oder solchen Einlagen als würzende Zutat beigegeben. In Kräuteressig eingelegt und in Scheibchen geschnitten, können sie jedem Mischsalat als Krönung dienen. Eine Spur Knoblauch-Pulver, -Granulat oder -Salz stärkt den eigenen Geschmackscharakter eines Champignon-Gerichts: Ein klein wenig Knoblauch macht mehr Champignonwürze; zuviel Knoblauch tötet den Pilzgeschmack!

Anmerkungen
In dunklen, feuchten, gut durchlüfteten und im Winter nicht zu warmen Kellerräumen kann man Champignons recht problemlos züchten. Man mischt dafür Komposterde mit Pferdemist oder gebraucht ein handelsübliches, schon mit den Pilzsporen durchsetztes Substrat. Das bringt viel Erntemasse (laufendes Abernten der Fruchtkörper ist wichtig!) ohne Verwechslungsrisiko, jedoch mit – gegenüber Wildwuchs – deutlich geringerer Würzkraft. Zuchtchampignons brauchen eher selbst ein bißchen Zusatzwürze (eben Knoblauch), als daß sie selbst zum Würzen taugen.

Cantharellus
Leistling
Die bekanntesten Vertreter dieser Gattung der Leistenpilz-Familie (Cantharellaceae) sind die Pfifferlinge. Charakteristische Erkennungsmerkmale sind der trichterförmig aufgeworfene oder auch flacher gespreizte, stets vollfleischige Hut (ohne Lamellen) und – von dessen Unterseite am Stiel herablaufende – aderig ver-

Boletus lupidus (Netzstieliger Hexenpilz), in gekochtem Zustand ein empfehlenswerter Speisepilz (roh kann er Darmerkrankungen hervorrufen).

Rechte Seite:
Cantharellus tubaeformis (Trompeten-Pfifferling); wie der »normale« Pfifferling besitzt er die typischen Leisten an der Unterseite des Hutes; das Pfifferlingsgelb zeigt allerdings nur der hohle Stiel.

zweigte, erhaben hervortretende Leisten.

Cantharellus cibarius
Eierschwamm, Pfifferling, Rehling
Merkmale: Die gelegentlich zum Rehbraun tendierende Eidotterfarbe der Pilzhaut und der leicht pfefferige Geschmack des stets weißen, festen Fleisches waren bestimmend bei den deutschen Namensgebungen dieses populärsten aller Pfifferlinge. Sein Hut ist meist recht dünn, mit kraus welligem, nach dem Aufschlagen zur Trichtermulde zerschlissen erscheinendem Rand. Die zu strahlig-aderförmigen Aufsatzleisten umgebildeten »Lamellen« haben dieselbe Grundfärbung wie der ganze Pilz, der einen für Kenner unverwechselbaren würzig-aromatischen Duft verströmt.
Cantharellus cibarius erreicht in oft stattlichen Kolonien auf Nadelwaldboden – seltener auch in jungen Buchenforsten – bis über 6 cm Höhe und handbreite Hüte. Erntezeit ist von Juni bis Ende Oktober/Anfang November.

Cantharellus cibarius var. albus
Weizen-Pfifferling
Merkmale: Ein formal und im Gebrauchswert typischer, ebenfalls in Nadelwäldern wachsender Pfifferling, der dennoch nur selten als solcher erkannt wird. Denn sein reines oder nur ganz leicht zum Weizen- oder Kremfarbigen hin gebrochenes Weiß (auch der unterseitigen Leisten) erinnert so ganz und gar nicht an die Stammform.

Cantharellus cibarius var. amethysteus
Amethyst-Pfifferling
Merkmale: Eine ebenfalls in Nadelwäldern anzutreffende Abart von leuchtend bis blaß schwefelgelber Färbung mit violetten Schuppen, die an Amethyst-Splitterchen erinnern. Weniger Leisten als bei der Stammart, zum Hutrand hin weiter gespreizt, in einen schlankeren, nicht selten gekrümmten Stiel auslaufend.

Cantharellus cibarius var. pallidus
Bleicher Buchenpfeffer
Merkmale: Hell- bis fahlgelb oder kremfarben, jedoch von deutlich kräftigerem Wuchs (mit bis 12 cm Hut-Durchmesser) als die Stammform ist dieser Laubhumus-Pfifferling mit oft schuppig aufgerissener Oberfläche und stark verzweigten Leisten. Seine Sporen müssen Buchen suchen, um bestmöglichen »Mutterkuchen« zur Entfaltung der »Pilzmutter« (volkstümliche Bezeichnung für Myzel) aufzutun – und damit den idealen Mutterboden für ein reichliches Aufkommen an Fruchtkörpern (die wir »Pilze« nennen) zu bereiten. In Buchenwäldern und sogar eng begrenzten Buchenbeständen in Nadelwald-Umland toleriert diese – an Fundplätzen allemal sehr ergiebige – Pfifferling-Varietät (im Gegensatz zu ihrer übrigen botanischen Verwandtschaft) sogar Kalkgrund. Es erscheint denkbar, diese prächtige Abart des Nadelwaldboden bevorzugenden Pfifferlings eines Tages – ähnlich Champignons – als Speise- und Würzpilz im Keller zu züchten: auf Buchenlaub-Kompost.

Cantharellus tubaeformis
Trompeten-Pfifferling
Merkmale: Der eher graubraun ge-

tönte Trichter seines dünn auslaufenden, gefurchten und nicht selten konzentrisch geschlitzten Hutes mit aschgrauem bis fast weißlichem Leisten-Geäder an der Unterseite hat in der oberen Mitte statt der Mulde oft ein Loch: Der Trompetenschirm öffnet sich zur hohlen Röhre des sehr schlanken und unterhalb des Leistenansatzes außen durchaus pfifferling-, d. h. eidottergelben Stiels, der bis 6 cm hoch werden und maximal einen ebenso breiten Trichterschirm tragen kann. Dieser Nadelwaldpilz ist – sehr viel seltener – auch in Laub- bzw. Mischwaldungen zu finden, vom frühen Herbst bis tief in den Winter hinein, und zwar in kreisförmiger oder auch fast linear gereihter, dicht bestückter Anordnung. Er bevorzugt sandigen Untergrund.

Verwechslungsgefahr: Die Stammform des Cantharellus cibarius ist praktisch unverwechselbar, es sei denn – gefahrlos – mit ihren eigenen Abarten. Der Varietät pallidus (Bleicher Buchenpfeffer) ähnelt auf den ersten Blick gelegentlich der – gleichfalls eßbare – Stoppelpilz, vor allem in seiner Abart Hydnum repandum var. rufescens. Dem Trompeten-Pfifferling mögen der Duftende Leistling (Cantharellus lutescens) und der Gelbstielige Kraterpilz (Craterellus lutescens) im Aussehen nahekommen, aber diese beiden duften – im Gegensatz zu Cantharellus tubaeformis – deutlich süßaromatisch, und Speisepilze sind auch sie. Hygrophoropsis aurantiaca (Falscher Pfifferling, Orangegelber Gabelblättling) schließlich, ein Nadelwald-Moderboden liebender Hellblättler von pfifferlingähnlicher Gestalt, hat einen zum Boden hin zunehmend dunkler gebräunten Stiel sowie echte, freilich den Pfifferling-Leisten ähnlich gegabelte Lamellen unterm Hut. Ein Fehlgriff bleibt auch hier ohne nachteilige Folgen. Denn eßbar sind alle diese »irgendwie nach Pfifferling aussehenden« Pilze; es fehlt ihnen lediglich der ausgeprägt würzige Pfifferling-Geschmack.

Küchenwürze

Pfifferlinge sind eine stets angenehm geschmacksbereichernde Zutat zu Salaten jeder Art, zu Suppen und Soßen, auch Käse- und Eiergerichten. Ein reines Pfifferling-Essen ist eine delikate, aber auch nicht eben leicht verdauliche Sache; jedes an sich leichter verdauliche Mischpilzgericht ist mit diesem Würzpilz freilich noch geschmacklich aufzuwerten. Seine feste Fruchtfleischkonsistenz macht starkes Zerkleinern empfehlenswert; zu starkes Kochen dagegen mindert den Würzwert. Man kann Pfifferlinge gut in Gläsern einmachen, was dem Trocknen (am Bindfaden aufgehängt oder in lockerer Lage auf Horden) vorzuziehen ist. Getrocknete Pfifferlinge brauchen Stunden bis Tage, um in Wasser wieder kauweich zu werden, je nach Zerkleinerungsgrad (und Wassertemperatur).

Anmerkungen

Der Umstand, daß Pfifferlinge heute nur noch relativ selten zu finden sind, ist vor allem darauf zurückzuführen, daß fündig gewordene Sucher gerade diese kleinen Pilze, anstatt sie um so behutsamer am Boden abzuschneiden, kurzerhand ausreißen. So wird das Myzel oft derart geschädigt, daß auch dieselbe, noch so geheimgehalte-

Linke Seite:
Choiromyces venosus, zu den Edeltrüffeln gehörig.

Coprinus comatus (Schopftintling); er darf nur in sehr jungem Zustand gegessen werden, denn kaum hat sich der Hut glockenförmig geöffnet, beginnt er am unteren Rand – als Zersetzungserscheinung – schwarz tropfend zu zerfließen: er löst sich in »Tinte« auf (rechts).

Clitocybe nebularis (Graukappe); Verwechslungsgefahr besteht mit dem Magen- und Darmerkrankungen hervorrufenden Riesenrötling, der im Gegensatz zur Graukappe am Stiel ausgebuchtete, nicht herablaufende Lamellen aufweist (unten).

ne Fundstelle für denselben Pilzsucher alsbald »keinen Pfifferling mehr wert« ist, weil keiner mehr nachwächst. – Ansonsten gehören die Pfifferlinge zu den robustesten Speisepilzen überhaupt, die man kaum je madig, matschig oder mißfarbig nach Hause bringt.

Choiromyces maeandriformis
Weiße Trüffel
Merkmale: Von Sommer bis Frühherbst ist Haupterntezeit der in unseren Breiten wachsenden Trüffelpilze (Tuberales), von welchen viele eßbar, aber nicht unbedingt so delikat im Geschmack sind wie die Weiße Trüffel aus der Tuberales-Familie der Edeltrüffeln (Terfeziaceae). Hausschweine haben den etwas streng würzigen Trüffelduft vielfach »von Natur aus in der Nase«: wohl Instinkt-Prägung aus alten Zeiten, als ihre Urahnen noch als Selbstversorger in den Wäldern Trüffeln ausgegraben haben. So läßt man heute noch mit beträchtlichem Erfolg – nicht nur im weltberühmten Périgord (Südwest-Frankreich) – Schweine an der Leine Trüffeln suchen und finden (freilich nicht mehr selbst ausgraben und gar wonnig verzehren). – Choiromyces maeandriformis gehört zu den edlen Trüffeln, die sich auch Nichtschweinen zu erkennen geben, indem sie einen Rest-Teil ihrer natürlichen Gestalt unbedeckt lassen. Die Weiße Trüffel nimmt sich auf dem – von ihr bevorzugten – kalk-lehmigen Boden wie eine halbwegs zutageliegende, maximal etwa faustgroße, sehr hellhäutige Kartoffel aus. Die Farbe der – bisweilen rissig werdenden – Haut verändert sich mit dem Alter von anfangs nur leicht kremig-schmutzig gebrochenem Weiß zu gelblich-rötlich angehauchtem Grau oder Braun. Im Nadelstreu von Fichtenbeständen ist das noch eher auszumachen als im Laubhumus von Eichenwäldern, wo auch Trüffeln gedeihen, die jedoch da wie dort nach heftigen Regenfällen so offen aus dem Boden ragen können, daß der Wanderer zwischen den gebahnten Wegen nachgerade darüber stolpern kann. Wo das geschieht, kann sich systematische Nachsuche im Umkreis von mehreren -zig Metern sehr lohnen.
Das feste, fast harte Fleisch der Trüffel erscheint beim Anschnitt weißlehmgrau marmoriert, eher fleckig oder streifig, je nachdem, wie der Anschnitt der bandartig gewundenen und aderig verzweigten Stränge der Fruchtkörper-Struktur trifft. Dieses Geschlinge und Gewinde der Fleischkonsistenz gab der Art den Namen: »maeandriformis«, mäanderförmig. Das Fruchtfleisch erscheint ansonsten homogen; erst wenn sich in den dunkleren Strängen die Sporen bilden und die helleren Stränge sich auflösen, schlägt das Duftaroma in widerwärtigen Gestank um.

Verwechslungsgefahr: Trüffeln kann man gemeinhin nur mit engen – und gleichfalls eßbaren, jedoch meist völlig unterirdisch wachsenden – Verwandten verwechseln. Kartoffelboviste (Scleroderma aurantium bzw. verrucosum) haben zwar ebenfalls eine an Kartoffeln erinnernde, aber zu dikke bzw. zu zähe Haut, am Grund einen deutlich erkennbaren Stielansatz (ohne Stiel); ihr Fruchtkörper ist harmonischer geformt, ihr Geruch – soweit vorhanden – eher unangenehm.

Ihr Fleisch ist nie marmoriert, allenfalls faserig strukturiert, und es bleibt nie weiß, sondern verfärbt sich rasch dunkelviolett bzw. braun. Spätestens der Anschnittest bringt mithin endgültige Klärung.

Küchenwürze
»Getrüffelte« Köstlichkeiten der französischen Küche weisen (nicht nur im Preis) diese unscheinbare, ja eher häßliche Gabe der Natur als besonders rühmenswerten Würzpilz aus. Er gibt – schon ganz sparsam verwendet – Suppen und Soßen, Pasteten, feinen Gemüsen und Mischsalaten einen besonders leckeren Akzent, der sich auf keine andere Weise erreichen läßt. In Gläsern konserviert, werden Trüffeln vor allem in drei Handelsformen angeboten: gebürstet, geschält, geschnitzelt. Die Unterschiede liegen hier weniger in der Würzqualität als vielmehr im Preis. Keine Konserve freilich erreicht die unnachahmliche charakteristische Würze des frischen Pilzes. Man bürstet ihn sauber, schält ihn so dünn wie irgend möglich und schneidet ihn zum (alsbaldigen) Würzgebrauch in Streifen oder Würfel (je weniger Masse, desto kleiner hacken!); oder man schneidet (wenn die Masse das lohnt) die Trüffel nur in Scheibchen: dünn, mit reiner Butter und einem Schuß herben Weißweins (»Austernwein«) ganz kurz in der Pfanne brutzeln und einer vorbereiteten Madeira-Soße einverleiben. Etwas dickere Scheiben ebenso anzubraten und solo als »grand delicatesse miniature« zu kosten, ist höchster Snobismus, schon weniger Genuß als vielmehr Wollust! – Südweine mit herbem »Abgang« (Nachgeschmack) harmonisieren fabelhaft mit Trüffeln; Pfeffer und Salz dagegen sollte man – wenn überhaupt – nur äußerst sparsam gebrauchen, da die Trüffelwürze sonst »verpfeffert und versalzen« wird.

Craterellus cornucopioides
Herbsttrompete
Merkmale: Schon ab August, insbesondere aber im Herbst tritt dieser – wegen seines durchaus unattraktiven Aussehens viel zuwenig geachtete – Kraterpilz oft nachgerade haufenweise auf: in Buchenwäldern, aber auch unter Eichen und in Birkengehölzen, seltener auf bemoostem Nadelwaldboden sowie an Bachläufen. Seine nicht in Stiel und Hut geteilte Trichterform wird von einem mehr oder minder wulstig umgeschlagenen, nicht selten welligen und bei älteren Exemplaren eingerissenen Rand gesäumt; seine Höhe erreicht kaum Handbreite. Die Farbe ist reizlos grau bis braun, bei feuchter Witterung vor allem an der Innenseite dunkler, bisweilen fast schwarz. Die Außenhaut ist wellig genarbt oder runzelig, das Fleisch sehr dünn, nur bei feuchter Witterung gelegentlich zäh-elastisch.
Verwechslungsgefahr: Das Fehlen der typischen Leisten an der Trichter-Außenseite verhindert sogar eine Verwechslung mit dem Ganzgrauen Pfifferling (Cantharellus cinereus), der sehr viel seltener als die Herbsttrompete, weniger würzig, aber ebenso eßbar ist.

Küchenwürze
Der unscheinbare Haufenpilz zählt zu den besten einheimischen Würzpilzen für Suppen und Soßen. Frisch oder auch getrocknet (und eine Viertel-

Fistulina hepatica (Gemeiner Leberpilz, Ochsenzunge), ein Pilz mit säuerlichem Geruch

Seite 260:
Craterellus cornucopioides (Herbsttrompete), ein vorzüglicher Würzpilz für Suppen und Soßen.

stunde in handwarmem Wasser aufgeweicht) kann man ihn auch jedem Mischsalat oder Mischpilzgericht zusetzen.

Anmerkungen
Pilze locker im Korb sammeln, daheim der Länge nach halbieren, um auch alle Verunreinigungen des Trichterinneren gründlich beseitigen zu können. Was dann nicht sofort verbraucht werden soll, legt man auf einem sauberen Tuch zum Lufttrocknen aus, wo möglich (luftig, aber windgeschützt!) in die Sonne, andernfalls in den Backofen (nicht anheizen. Tür offenlassen!). Das dünne Fleisch trocknet binnen weniger Stunden, schrumpft dabei stark ein; es behält seine Würzkraft in einem dicht verschlossenen Behälter (Einmachglas!) über lange Zeit.

Fistulina hepatica
Gemeiner Leberpilz, Ochsenzunge
Merkmale: Im nur 1–2 m weiten Stammumkreis alter Eichen (auch bereits modernder Eichenstümpfe) findet man zwischen Juli und September gelegentlich ein oder einige wenige Exemplare dieses unverwechselbaren Pilzes aus der Familie der Reischlinge (Fistulinaceae). Allenfalls etwa handbreit überm Boden prangt da ein meist unrunder, in Form und rauh-samtig schimmernder Oberfläche eher an eine Ochsenzunge, in der rotbraunen bis braunroten Färbung stark an Rindsleber erinnernder Pilzhut von deutlich säuerlichem Geruch. Ein scharfer Schnitt durch das Randfleisch läßt dieses optisch buchstäblich bluten und zeigt, daß die rauh-klebrige »Zungenhaut« – auf einer schleimigen Zwischenschicht verschiebbar – in der Tat fleischrotes Gewebe von faseriger Konsistenz bedeckt. (Seitlich nicht miteinander verwachsene Röhrchen, die mechanisch leicht voneinander zu trennen sind und am Pilzrand blutroten, gerinnenden Saft absondern, sind die besonderen Kennzeichen dieses Sonderlinges unter den Pilzen.)

Küchenwürze
Wer am Abend des Fundtages irgend etwas Saures auf den Tisch bringt (besonders sauren Mischsalat) oder ohnehin Saures einlegt, kann Fistulina als ungewöhnliche Bereicherung einsetzen, und sei's, daß er nur die Salatsoße mit dem Blutsaft würzt. Dabei muß man sorgsam abschmecken, denn die Säure dieses Pilzes ist bei feiner Dosierung fabelhaft, ein Übermaß jedoch kann viel verderben. Die – durchaus auch optisch sehr reizvolle – Zutat muß als Zutat gehandhabt werden. – Trocknungsversuche sind sinnlos.

Anmerkungen
Der Leberpilz ist ein seltener Pilz und in höherem Alter kaum mehr gut zu goutieren. Man sollte ihn deshalb nur – als Einzelstück – schneiden, wenn sein Hut noch von einer Frauenhand überdeckt werden kann. Exemplare von größerem Durchmesser sollte man stehenlassen – und sich die Stelle merken . . .

Guepinia rufa
Roter Gallerttrichter
Merkmale: Zwischen Gelb- und Rotorange changiert die Färbung dieses wohl auffälligsten aller Gallertpilze (Tremellaceae), dessen bis zum knorpeligen Grundansatz hohler Trompe-

tentrichter vom Saumwulst her oft tief einreißt, bis zu lappig-ohrenförmiger Gestalt. Seine Höhe erreicht etwa Handbreite, sein Querschnitt – von oben besehen – 3–4 Fingerbreiten. Unverkennbar sind, in Verbindung mit der leuchtenden Färbung, der nicht in Hut und Stiel geteilte Trichter und dessen feste, gelatineartig-elastische Konsistenz. Den Gallerttrichter findet man – sofern überhaupt – zwischen Hochsommer und Frühherbst in dichtstehenden, büscheligen Kleinkolonien in feuchtgrundigen Nadelwäldern, bevorzugt auf oder in umittelbarer Nähe von verrottenden Stümpfen oder Holzresten, auch auf Kalkschotter an Wegrändern und Dammsäumen.

Küchenwürze
Guepinia wird der Länge nach halbiert, gesäubert (Verschmutzungen am Trichter!), dann abgebrüht und als Salat zubereitet oder Mischsalaten zugesetzt. Man kann ihn aber auch roh in Kräuteressig einlegen, um ihn später als Pilzsalat zuzubereiten oder Salaten (wie saure Gürkchen, Maiskölbchen, Silberzwiebeln etc.) als würzende Zutat zuzusetzen.

Lactarius piperatus
Pfeffermilchling
Merkmale: Von Juni bis September findet man diesen weißgrundigen Vertreter der Gattung Reizker (Lactarius, Milchling) vor allem in der unmittelbaren Nachbarschaft von Buchen sehr zahlreich. Der weiße, leicht runzelhäutige Stiel ist nicht selten am Boden dünner als am Hutansatz. Bei jungen Exemplaren ist der Hut von mattglänzendem Weiß und am Rand nach unten geschlagen. Mit zunehmendem Alter hebt der Rand sich an, so daß in der Pilzmitte eine Mulde entsteht; gleichzeitig beginnt die Haut ockerbräunlich zu gilben und felderig aufzureißen – um so mehr, je trockener der Standort des Pilzes und die Witterung sind (im Feuchten bleibt das Weiß nahezu ungebrochen). Schließlich wird der – dann bis zu 20 cm breite – Hut vollends »umgekrempelt«, einem vom Sturm umgestülpten Schirm nicht unähnlich. Die sehr engstehenden, anfangs weißen, später okkergelblichen Lamellen sind dann völlig nach außen gekehrt. Anbruch oder -schnitt nicht zu alter Exemplare läßt weiße, brennend scharf schmeckende Milch in Tropfen austreten.
Verwechslungsgefahr: Zwei Abarten – Lactarius piperatus var. glaucescens mit graugrün fleckender Milch und var. pergamenus mit deutlich längerem, oft gekrümmtem Stiel – sind gleichwertig. Nicht giftig, aber aus Geschmacksgründen als Speisepilze nicht empfehlenswert sind zwei dem Pfeffermilchling bedingt ähnliche, an entscheidenden Details aber klar erkennbare Arten: Lactarius vellereus (Wollschwamm) hat einen dicht filzbehaarten Hut, deutlich weiter auseinanderstehende Lamellen und im Rohzustand ungenießbar scharfe Milch; der gleichfalls dem Pfeffermilchling ähnelnde Pilz mit der Bezeichnung Russula delica (Weißer Täubling) zeigt auch in Jugendstadien beim Anschnitt keinerlei Milchtropfen.

Küchenwürze
Für den mitteleuropäischen Geschmack ist Lactarius piperatus wegen seiner dominierenden Schärfe kein ty-

Guepinia rufa (Roter Gallerttrichter)

Linke Seite, oben:
Gomphidius glutinosus (Großer Gelbfuß); die volkstümliche Bezeichnung »Kuhmaul« bezieht sich auf den von einer dunklen schleimigen Haut überzogenen Hut; das Fleisch des Stieles ist vor allem am unteren Ende häufig nahezu chromgelb. Einen ähnlichen Pilz mit derart gelbem Fleisch gibt es nicht. Bevor man den Großen Gelbfuß in den Sammelkorb legt, muß unbedingt die Schleimhaut abgezogen werden, da sonst die anderen Findlinge daran festkleben.

Unten:
Hygrophoropsis aurantiaca (Falscher Pfifferling); eine Verwechslung mit dem echten Pfifferling kann nicht schaden, im Gegenteil: die echten schmecken besser.

pischer Speisepilz und allenfalls als Bratpilz zu goutieren. Normale Behandlung von Pfeffermilchlingen nach gängigen Rezepten verdirbt das jeweilige Gericht mit Sicherheit. Ganz anders beim Gebrauch als Würzpilz in sehr behutsamer Dosierung: Ein einziges, kleines bis mittelgroßes Exemplar der Art kann einem ganzen Mischpilzgemüse, einem Salat oder einer Suppe nicht nur den echten Pfeffer ersetzen, sondern eine sehr pikante zusätzliche Geschmacksnote verleihen. Dazu ist erforderlich, daß man zunächst ein bißchen mit dem Pilz allein experimentiert, um sich mit dem Schärfegrad und dessen Manipulierbarkeit vertraut zu machen. Anstatt den Pilz wie alle anderen in einem Gericht mitzukochen (wobei er seine ganze Schärfe einbringt), kann man ihn auch zunächst vorkochen und das Kochwasser wegschütten, was schon einen beträchtlichen Schärfeverlust bedeutet. Lactarius piperatus verträgt aber ohne weiteres auch mehrmaliges Vorkochen und Abschütten, wodurch er selbst und sein Sud immer milder werden. So kann man bestimmen, wann der Pilz »reif« dafür ist, in einem Mischgericht mitgekocht oder auch ohne weiteres Auskochen in den Salat geschnitten zu werden; und man kann den zweiten oder dritten Sud (dessen Schärfegrad und Gesamtgeschmack man dann als angenehm empfindet) als Grundlage für Suppen, Brühen, Soßen verwerten.

Anmerkungen
Es hat gewiß keinen Sinn, den da und dort massenhaft auftretenden Pfeffermilchling in größeren Mengen zu sammeln. Wer aber – mit Phantasie und Experimentierlust – erst einmal auf den Geschmack gekommen ist, der wird fortan von jedem Waldspaziergang ein, zwei ausgesuchte Exemplare dieses Pilzes heimbringen, so er welche finden konnte.

Marasmius scorodonius
Knoblauch- oder Küchen-Schwindling
Merkmale: Die Schwindlinge – botanisch eine Gattung des Tribus der Ritterlingartigen (Tricholomateae) in der Familie der Hellblättler (Tricholomataceae) – sind überwiegend kleine, sehr schlankstielige Schirmpilzchen von großer Vitalität: Bei Trockenheit schrumpfen sie ein, werden freilich weder welk noch brüchig, sondern bleiben zäh-elastisch, um schon nach dem nächsten Regen wieder strammzustehen. Die Art Marasmius scorodonius findet sich in mehr oder minder kopfreichen Gruppen etwa von April bis Oktober recht häufig als Schmarotzer auf Wurzeln, Stümpfen und Fallästen von Nadelbäumen. Auf extrem lang erscheinenden, weil extrem dünnen, borstenartig blanken Stielen (von unten nach oben von braun-schwarz zu braun-rot heller werdend) sitzen allenfalls etwa fingerbreite, braunrote Hütchen.
Verwechslungsgefahr: Untrügliches Unterscheidungsmerkmal gegenüber vielen ähnlich gestalteten Schmarotzerpilzen ist der ausgeprägte Knoblauchgeruch von Marasmius scorodonius.

Küchenwürze
Die Nase und der Name sagen es uns schon: Dieses Pilzchen ist »der Knoblauch« schlechthin unter den Pilzen – und als solcher traditionsreich im Ge-

brauch. Da dieser Schwindling locker-luftig gut zu trocknen ist und in luftdicht schließenden (Glas-)Gefäßen sehr lange als Würzmittel nutzbar bleibt, ist er als solches einwandfrei empfehlenswert. Zumal er den beliebten Knoblauch-Geschmack gänzlich (oder zumindest fast, je nach Dosierung) ohne den sehr viel weniger beliebten Knoblauch-Nachgeruch hergibt. Der Marasmius scorodonius ist eine ob ihrer Unansehnlichkeit beim Waldspaziergang oft ungesehene, buchstäblich übergangene Köstlichkeit mithin, die für den Wanderer nicht selten schon am Wegrand greifbar ist.

Stropharia aeruginosa
Grünspanträuschling
Merkmale: Von Juni bis in den November hinein greifen sich Kundige dieses unverwechselbare Unikum unter den Saumpilzen (Strophariaceae) in Feld, Wald und Wiesen, womöglich gar am Gartensaum, sofern sich da freies Flurterrain anschließt. Der in der Mitte aufgebuckelte, ansonsten ebenmäßig rund geformte Hut – allenfalls etwa 8 cm Durchmesser – erscheint in der Tat wie von giftigem Grünspan überzogen, mit weißen Kokosflocken (zum Rand hin gehäuft, aber nicht plackig) bestreut und schließlich farblos-schleimig übergossen. Diese – unschwer abziehbare – Haut mündet am Hutrand in einen weißen, lappig bis fransig zerschlissenen Saum von Hautresten, die ihr Ansatz-Pendant in einem knapp unter dem Lamellenansatz am Stiel, mehr oder minder ausgeprägt erhaltenen Hautring finden. Der nicht eben stämmig erscheinende Stiel wird allenfalls etwa 6 cm hoch, ist hohl und über weißem bzw. bläulichgrünlich angehauchtem Grund mit weißen Schuppen besetzt. Die Lamellen unter dem stets nach unten gerundeten, nur scheinbar giftig grünen Schirm stehen recht eng gedrängt, in der Jugend fahlweiß, mit zunehmendem Alter ergrauend, mit rötlich-bräunlichem Einschlag.

Küchenwürze
Der Grünspanträuschling wurde so benannt, als man das »falsche« – nicht von Chlorophyll herrührende – Grün noch für giftig hielt. Das ist es nicht. Für ein eigenständiges Gericht ist er ungeeignet, jedoch macht ihn sein milder Rettichgeschmack zum delikaten Würzpilz in Mischgerichten für Feinschmecker.

Oben:
Macrolepiota procera (Riesenschirmpilz, Parasolpilz); er erreicht unter den mitteleuropäischen gestielten Hutpilzen die größte Höhe.

Links:
Laccaria amethystina (Blauer Lackpilz, Lackbläuling); er verliert mit zunehmendem Alter seine intensive Färbung.

Seite 269:
Lactarius piperatus (Pfeffermilchling); der scharfe Würzpilz tritt vorwiegend in Laub-, vor allem in Buchenwäldern auf.

Register

Das Verzeichnis der wissenschaftlichen (lateinischen, botanischen) Bezeichnungen verweist in der Regel auf den Anfang des jeweiligen Artikels bzw. Unterabschnitts im alphabetischen Hauptteil sowie auf die Bilderläuterungen; ebenso das anschließende Verzeichnis der deutschen Namen. Durch Fettdruck hervorgehobene Zahlen geben die Seiten an, auf denen die betreffende Pflanze abgebildet ist. Im Verzeichnis der deutschen Namen wird nur dann auf eine Abbildung verwiesen, wenn die Bilderläuterung den betreffenden (gebräuchlichen) Namen enthält.

Verzeichnis der wissenschaftlichen Bezeichnungen

Achillea alpina 151
Achillea erba-rotta ssp. moschata 151
Achillea millefolium 44, **45**
Acorus calamus 151, **152**
Agaricus 246, **247**
Agaricus arvensis 246, **247**
Agaricus campestris **248**, 249
Agrimonia eupatoria 153, **153**
Agropyron repens 154
Alchemilla vulgaris 155
Allium ampeloprasum 45
Allium ascalonicum 45
Allium cepa 46
Allium oleraceum 47
Allium porrum 47
Allium sativum 48
Allium schoenoprasum 50, **51**
Allium ursinum **49**, 50
Allium vineale 52
Althaea officinalis 155, **156**
Althaea rosea 156, **157**
Anagallis arvensis 157, **160**
Anethum graveolens 52
Angelica archangelica 158
Angelica silvestris 159, **161**
Antennaria dioica 159, **161**
Anthriscus cerefolium 53
Anthriscus silvestris 54
Anthyllis vulneraria 162
Apium graveolens 54, **56**
Archangelica officinalis 162
Arctium lappa 162
Arctostaphylos uva-ursi 163, **165**
Armoracia lapathifolia (rusticana) 56, **59**
Arnica montana 163, **168**
Artemisia dracunculus 60
Artemisia mutellina 166
Artemisia vulgaris **60, 61**, 62
Asparagus officinalis 166, **168**
Asperula odorata 167
Atriplex 62, 63, **64**
Avena sativa 167

Barbarea vulgaris 63
Berberis vulgaris 169, **169**
Betonica officinalis 170
Borago officinalis 63, **65**
Brassica nigra 66, **68**

Calendula officinalis 170
Calluna vulgaris 170, 172
Caltha palustris 68, 70
Cantharellus 251
Cantharellus cibarius var. albus 254
Cantharellus cibarius var. amethysteus 254
Cantharellus cibarius var. pallidus 254
Cantharellus tubaeformis **252**, 254
Capsella bursa-pastoris 171, **173**
Cardamine amara **69**, 70
Cardamine pratensis 70
Cardaria draba 70
Carlina acaulis 171, **172**
Carum carvi 70, **72**
Centaurium umbellatum 174
Cetraria islandica 174
Chaerophyllum bulbosum 71
Chamaenerion angustifolium 72, **73**, 76
Chelidonium majus 175, **176**
Chenopodium 72
Choiromyces maeandriformis 258
Choiromyces venosus **256**
Cichorium intybus 74, **76**
Cnicus benedictus 178
Cochlearia armoracia 56, **59**, 60, 75
Convolvulus sepium **177**, 178
Corandrum sativum 75, 76
Crataegus osyacantha 178
Craterellus cornucopioides 259, **261**

Daucus carota ssp. sativus **177**, 179
Drosera rotundifolia 179, **180**

Epilobium angustifolium 76
Equisetum arvense 179, **180**
Erythraea centaurium **180**, 182
Euphrasia rostkoviana **181**, 182

Ficaria verna 76
Filipendula ulmaria 182
Fistulina hepatica **261**, 262
Foeniculum vulgare 77, 78
Fragaria vesca 183, **184**
Fumaria officinalis 183, **185**

Galega officinalis 183
Galinsoga 79
Galium verum 184, **185**
Genista tinctoria 186, **188**
Gentiana lutea 186, **189**
Geranium robertianum 187, **192**
Geum urbanum 187
Glechoma hederacea 79, **80**, 81
Glycyrrhiza glabra 187
Guepinia rufa 262, **265**

Hedera helix 189
Helichrysum arenarium 190
Heracleum sphondylium **81**, 82
Humulus lupulus 190, **191**
Hypericum perforatum 191, **193**
Hyssopus officinalis 194

Ilex aquifolium 194, **196**
Imperatoria ostruthium 194
Inula helenium 194

Juglans regia 195
Juniperus communis 82, **85**, **86**

Lactarius piperatus 263, **269**
Lamium album 195, **197**
Lappa major 198
Lathyrus tuberosus 87
Leonurus cardiaca 198
Lepidium draba 70, 87
Levisticum officinale 88
Linaria vulgaris 198
Linum usitatissimum 199, **200**

Majorana hortensis **89**, 90
Malva silvestris 199, **200**
Marasmius scorodonius 266
Marrubium vulgare 201
Matricaria chamomilla 201
Matricaria matricarioides 202
Melilotus officinalis 203, **204**
Melissa officinalis 203, **204**
Mentha aquatica 204
Mentha arvensis 92
Mentha piperita 205
Menyanthes trifoliata 206

Nasturtium officinale 92, **93**

Ocimum basilicum 94
Oenothera biennis 95, **96**
Ononis spinosa 207, **208**
Origanum hortensis 95
Origanum majorana 95
Origanum vulgare 95, **97**
Oxalis 98
Oxalis acetosella 98, **100**
Oxalis dillenii 98
Oxalis europaea 98

Pastinaca sativa 98
Petroselinum crispum 98
Petroselinum hortense 98
Petroselinum sativum 98
Peucedanum ostruthium 207, **209**
Phaseolus vulgaris 208, **211**
Physalis alkekengi 210
Phyteuma spicatum 102
Phyteuma nigrum 102
Pimpinella anisum 102
Pimpinella major 104
Pimpinella saxifraga 105
Plantago alpina 210
Plantago lanceolata 211, **212**
Polygala amara 211
Polygonum aviculara 214
Polygonum bistorta 214
Polygonum hydropiper 107
Polypodium vulgare 214
Portulaca oleracea 107, **108**
Potentilla anserina 215
Potentilla aurea 215
Potentilla erecta **212**, 215
Potentilla tormentilla 215
Primula veris 216
Prunus spinosa **213**, 217
Pteridium aquilinum 109
Pulmonaria officinalis **213**, 217

Ranunculus ficaria 109
Raphanus raphanistrum 110
Raphanus sativus 218
Rhamnus cathartica 218, **220**
Rhamnus frangula 218, **220**
Rheum palmatum var. tanguticum 219, **221**
Ribes nigrum 219
Rorippa nasturtiumaquaticum 110
Rosa canina **220**
Rosmarinus officinalis 111, **112, 113**
Rubia tinctorum 222
Rubus fruticosus 223, **224**
Rumex 114, **116, 117**
Rumex alpinus 223
Ruta graveolens 226

Salicornia europaea 118
Salix 226
Salvia officinalis 118
Salvia pratensis **115**
Sambucus ebulus 227
Sambucus nigra **225**, 227
Sanguisorba minor 121
Sanicula europaea 229
Saponaria officinalis 230
Satureja 121
Scrophularia nodosa 231
Sedum 123, **124**
Sedum acre 123
Sedum album **124**
Sedum reflexum 122
Sedum sexangulare 123
Sedum telephium 123
Sempervivum tectorum 231
Silene cucubalus 124
Sinapsis alba 125
Sinapsis arvensis 126
Solidago virgaurea **229**, 231
Stachys betonica 233
Stachys officinalis 233
Stellaria media **232**, 233
Stropharia aeruginosa 267, **285**
Succisa pratensis 234
Symphytum officinale **232**, 234

Taraxum officinale 126, **128**
Thymus serphyllum **129**, 132
Thymus vulgaris **129**, 131
Tilia cordata 235
Tormentilla erecta 235
Tragopogon 132, **133**
Tragopogon dubius 134

Leccinum scabrum (Birkenpilz) aus der Gattung der Röhrlinge.

Seite 272, oben:
Lactarius deliciosus (Echter Reizker); kennzeichnend sind die konzentrischen Ringe in orange oder grauroter Färbung auf dem hellbräunlichen Grund des Hutes. Zur Unterscheidung von den Reizkern, die den Gaumen unangenehm »reizen«, dient die rötliche Färbung, die beim Durchschneiden des kurzen, hohlen Stieles an dessen Rändern auftritt; ein Saft von ähnlicher Farbe tritt zwischen den Lamellen aus.

Seite 272, unten:
Lycoperdon perlatum (Flaschenbovist); die krümeligen Wärzchen, mit denen die Haut bedeckt ist, lassen sich leicht mit der Hand abwischen.

Tragopogon porrifolius ssp. sativus 134
Tragopogon pratensis 134
Trigonella foenumgraecum 235
Triticum repens 237
Tussilago farfara **236**, 237
Urtica 134, **135**
Urtica dioica 238

Vaccinum myrtillus **140**, 238
Vaccinum vitis-idaea 137, **140, 141**
Valeriana officinalis **237**, 239
Valerianella locusta 139
Verbascum thapsiforme 240
Verbena officinalis **240**, 242
Veronica 139
Viola odorata **241**, 242
Viola tricolor **243**, 244
Viscum album 243

Verzeichnis der deutschen Namen

Abbißkraut 234
Ackergauchheil 157, **160**
Ackermennig 153
Ackerminze 92
Ackerrettich 110
Ackersalat 139
Acker-Schachtelhalm 179, **180**
Ackersenf 126
Ackerveilchen 243, **244**
Ackerviole 243, **244**
Ackerwurz 151
Adelgras 210
Adlerfarn 109
Ährige Rapunzel 102
Ährige Teufelskralle 102
Affolter 243
Aftkraut 175
Algenampfer 199
Alant, Echter 194
Alantwurz 194
Alpen-Frauenmantel 151
Alpenwegerich 210
Alpenwermut 166
Altee 155
Altheewurzel 155
Altholder 227
Amethyst-Pfifferling 254
Ampfer 114
Andorn, Gewöhnlicher 201
Angelika 159
Anis, Echter 102
Anserine 215
Antonskraut 111
Arnika 163, **168**
Aschnitz 155
Attich 227
Aufgeblasenes Leimkraut 124
Augentrost, Echter **181**, 182
Augenwurz 126
Augenwurzel 239
Augenzier 63, **65**
Aurin, Wilder 174
Auswärtsblümchen 216

Bachholder 227
Bachkresse 92
Bachminze (Echte Brunnenkresse) 92
Bachminze (Wasserminze) 204
Badekraut 88
Bärenbeere 163
Bärenklau, Wiesen **81**, 82
Bärenlauch **49**, 50, 52
Bärenpfötchen 159
Bärentraube, Immergrüne 163, **165**
Baldrian, Echter **237**, 239
Balsam 205
Basilienkraut 94
Basilikum 94
Barbarakraut, Echtes 63
Barbenkraut 63
Bauchblüten 237
Bauernlöffelkraut 179, **180**
Bauernfarn 214
Bauernsenf 56, **59**, 60
Beerkraut 153
Beerwurzel 214
Beifuß, Gewöhnlicher **60, 61**, 62
Beinweil, Gemeiner **232**, 234
Beißbeere 169
Benediktenkraut (Bitterdistel) 178
Benediktenkraut (Echte Nelkenwurz) 187
Berberitze 169, **169**
Berg-Wohlverleih 163, **168**
Berghopfen 201
Berglatschen 237
Bersich 169
Besenheide 170, 172
Besenkraut **60, 61**, 62
Betonie 233
Betonike 233
Beuteldieb 161
Bibernell 121
Bibernelle, Große 104
Bibernelle, Kleine 105
Bienensaug, Weißer 195
Bisamkraut 151
Bitterdistel 178
Bittere Kreuzblume 211
Bitteres Schaumkraut **69**, 70
Bitterklee **205**, 206
Bitterkresse 70
Bittersilche 98
Bitterwurz 186
Biwen 167
Blaberhans 234
Blacke 223
Blasenkirsche 210
Blaubeere **140**, 238
Blaue Milchblume 211
Blaue Schlüsselblume 217
Blaue Sonnenwende 74, 75
Blauer Hans 234
Blauer Sturmhut 242
Bleicher Buchenpfeffer 254
Bleichsellerie 54, **56**
Bickbeere 238
Blutblume 163
Blutkraut (Hirtentäschelkraut) 171
Blutkraut (Schöllkraut) 175

Blutkraut (Echtes Johanniskraut) 191
Blutwurz, -fingerkraut **212**, 215
Bockbeere 217
Bocksbart 132, **133**
Bockshornklee 235
Bockspetersilie 104, 105
Bohnenkraut 121
Bolle 46
Borretsch 63, **65**, 66
Brandlattich 237
Brauner Senf 125
Braunwurz, Knotige 231
Brennessel 134
Brennessel, Falsche (Weiße Taubnessel) 195, **197**
Brennessel, Große 238
Brennkraut 240
Brombeere, Echte 223, **224**
Brotsamen 77, 78
Bruchkraut 229
Bruchwurz 153
Brunnenkresse 92, **93**, 94
Brustlattich 237
Brustwurz (Magenwurz, Kalmus) 151, **153**
Brustwurz (Wilde Engelwurz) 159, **161**
Burgerschlüssel 216
Butterblume (Sumpfdotterblume) 68, 70
Butterblume (Wiesen-Löwenzahn) 126
Butzenklee 162

Champignon 246, **247**
Costenz 95

Dachwurz 231
Denkblümchen 243
Deutscher Zitwer 151
Dill 52
Dillkraut 52
Donnerbart 231
Dorant 95
Dorant, Weißer 201
Dornerrebe 79
Dornige Hauhechel 207, **208**
Dornkraut 231
Dosten 95
Dost, Gemeiner 95
Dreifaltigkeitskraut 243
Dreifuß 239
Drudenfuß 243
Duftende Schlüsselblume 216

Eberwurz, -distel 171, **172**
Echter Augentrost **181**, 182
Edelraute, Echte 166
Edelsalbei 118
Edle Angelika 158
Efeu 189
Egelblümchen 159
Egerling 246
Ehrenpreis 139
Eibisch 155, **156**
Eibisch, Rosen- **156**, 157
Eichenfarn 214
Eierschwamm 254
Eisenkraut 207
Eisenkraut, Echtes **240**, 242
Eller 227
Ellhorn 227
Engelsüß 214
Engeltrank 163
Engelwurz, Echte 158, 162
Engelwurz, Wilde 159
Englische Minze 205
Enzian, Gelber 186, 189
Eppich 98
Erdbeere, Wald- 183, **185**
Erdefeu 79
Erdeichel 87
Erdgalle 174
Erdnuß-Platterbse 87
Erdrauch, Gewöhnlicher 183, **185**
Erbisch 169
Erika 170, **172**
Essigbeere 169
Essigdorn 169
Estragon 60

Fackelkraut 240
Färberginster 186, **188**
Färberkraut (Echtes Johanniskraut) 191
Färberröte 222
Fallkraut 163
Falsche Brennessel (Weiße Taubnessel) 195, **197**
Fasankraut 44, **45**
Faulbaum 218, **220**
Feigwurz 76, 109
Feldgarbe 44, **45**
Feldkümmel 131
Feldminze 92
Feldsalat 139
Feld-Stiefmütterchen 243, 244
Feldveilchen 243, **244**
Fenchel 77, 78
Fenikel 77, 78
Fenis 77, 78
Fenkel 77
Fetthenne 123, **124**
Fieberklee, Dreiblättriger **205**, 206
Fieberkraut 174
Flachs 199
Flas 199
Flechte, Isländische 174
Flechtgras 154
Flöder 167
Franzosenkraut 79
Frauenfenchel 77, 78
Frauenflachs 198
Frauenglister 191
Frauenkraut 203
Frauenkunkel 240
Frauenmantel, Alpen- 151, **152**
Frauenmantel, Gewöhnlicher 155
Frauenschlüssel 216
Freisamkraut 243

Gäbelshafer 167
Gänse-Fingerkraut 215
Gänsefuß 72
Gänsekresse 171
Galantwurzel 194
Gallerttrichter, Roter 262, **265**
Gallkraut 174
Gartenbohne 208, **211**
Gartendill 52
Gartenfenchel 77, 78
Gartenkerbel 53
Gartenkoriander 75, 76
Gartenmajoran **89**, 90
Gartenmelisse 203
Garten-Petersilie 98
Gartenraute 226

Laccaria laccata (Roter Lackpilz) Verwechslungsgefahr besteht mit dem einen starken Rettichgeruch ausströmenden Rettichhelmling.

Rechte Seite:
Marasmius scorodonius (Knoblauch- oder Küchen-Schwindling); vor einer Verwechslung mit ähnlich gestalteten Schmarotzerpilzen geschützt durch den ausgeprägten Knoblauchgeruch, aus dem sich auch sein Wert als Würzpilz ergibt.

Unten:
Marasmius oreades (Nelken-Schwindling); der ausschließlich auf Wiesen, Weiden und grasbewachsenen Wegrändern vorkommende Pilz hat einen Hut mit gelbbrauner bis dunkelbrauner Färbung; Unterscheidungsmerkmal gegenüber den giftigen Rißpilzen sind die weiß bleibenden Lamellen; der gleichfalls ähnliche Nadelschwindling stinkt.

Gartenrettich 217
Garten-Ringelblume 170
Gartensalbei 118
Gartenthymian **129**, 131
Gartenzwiebel 46
Gauchheil 157
Geißbart **60, 61**, 62
Geißbart, Wiesen- 182
Geißraute 183
Gelber Enzian 186
Gelber Portulak 107
Gelber Senf 125
Gelbe Tripmadam 123
Gelbe Zeitlose 216
Gelbsuchtblume 216
Gemüsebohne 208, **211**
Gemüse-Portulak 107
Gemüse-Spargel 166
Geschwulstkraut 175
Geweihtes Kraut 242
Gichtblume 216
Gichtholz 218
Gichtstrauch 219
Gilbkraut 186
Ginster, Färber- 186, **188**
Glasschmalz 118
Glockenwurz 194
Goldblume 170
Goldfingerkraut 215
Goldhühnerdarm 157
Goldkraut 175
Goldrute, Gemeine **229**, 231
Goldwurz 175
Gottesgnadenkraut 174
Gotteshilfe 201
Grandelbeere 137
Graswurzel 154
Griechisches Heu 235
Grindwurz 162
Grünspanträuschling 267
Gruserich 48
Gundelrebe 79
Gundermann 79, **80**, 81
Gurkenkraut 63, **65**, 66
Guter Heinrich 72

Haar 199
Haarballe 162
Haber 167
Hafer 167
Hagebutten 222
Hagedorn 178
Hahnenkopf 211
Hanfnessel 238
Harnkraut 207
Hartheu 191, **193**
Hasenbeere 238
Hasenbrahm 186
Hasenpfötlein 159
Hauhechel 207, **208**
Hauslauch 231
Hausramp 231
Hauswurz, Echte 231
Hechelkraut 207
Heckdorn 217
Heckenrose **220**, 222
Hederich 110
Heidekraut 170
Heidelbeere **140, 237**, 238
Heidelbeere, Rote 137, **140**
Heide-Wacholder 82
Heidnisch-Wundkraut 231
Heil aller Schäden 229, 243
Heil aller Welt (Odermennig) 153
Heil aller Welt (Echte Nelkenwurz) 187
Heilblatt 237
Heildistel 178
Heildolde 229
Heiliggeistwurz 158
Heiligheu 243
Heilkreuzholz 243
Heilwurz 155
Heil-Ziest 233
Helenenkraut 194
Helfkraut 201
Helft 155
Herbstkraut 203
Herbsttrompete 259, **261**
Hermel 201
Hermelin 201
Herrgottsblatt 175
Herrgotts Wundkraut 191
Herzfreund 167
Herzgespann, Echtes 198
Hetschepetschen 222
Heudorn 207
Hexenkraut (Echtes Johanniskraut) 191
Hexenkraut (Echter Baldrian) 239
Hilfswurz 155
Himmelbrand 240
Himmelfahrtsblümchen (Katzenpfötchen) 159
Himmelfahrtsblümchen (Tausendschön) 211
Himmelsschlüssel 216
Himmelstern 63, **65**, 66
Hirnkraut 182
Hirtentäschelkraut 171, **173**
Hirschbollen 223
Hirschdorn 218
Hirschkohl 217
Hirschmangold 217
Hirschwundenkraut 235
Hochzeitsblümchen 111
Hofraute 226
Holder **225**, 227
Holler **225**, 227
Hollerstrauch 82
Holunder, Schwarzer **225**, 227
Holunder, Zwerg- 229
Honigklee 203
Hopfen 190, **191**
Hopfenklee 162
Howern 167
Hühnerdarm 232
Hülsdorn 194
Hülse 194
Hütchen 155
Huflattich **236**, 237
Hundsbeerstrauch 218
Hundsgras 154
Hundsnelke 229
Hundsrose **220,** 222

Ibisch 155
Immergrüne Bärentraube 163, **165**
Ipsche 155
Isenkraut 242
Isländische Flechte 174
Isländisches Moos 174
Ivapflanze 151

Jägerbeere 137
Jägerteufel 191
Jänzene 186
Jelängerjelieber 243, **244**
Jesusblümchen 243
Johannisbeere, Schwarze 219
Johanniskerze 240
Johanniskraut, Echtes 191, **193**

Judenkirsche 210
Jungfernaugenbrauen 44, **45**
Jungfernmantel 155
Junoträne 242

Kaddik 82
Kaiserwurzel 207, **209**
Kalmus, Echter 152
Kamille, Echte 201
Kamille, Strahlenlose 202
Karbe 70
Kardobenedikte 178
Karotte 179
Kathreinwurzel 163
Katzenkraut 239
Katzenpfötchen 159, **161**
Katzenwargel **237**, 239
Katzenwedel 179, **180**
Kenster 243
Kerbel 53
Kerbelkraut 53
Kerzenkraut 240
Kettenblume 126
Kimm 70
Kladde 162
Klatschnelke 124
Kleine Bibernelle 105
Kleiner Wiesenknopf 121
Klette, Große 162, **164**, 198
Klettenwurz 162
Klusen 162
Knobel 48
Knoblauch 48
Knoblauch-Schwindling 266
Knöterich, Scharfer 107
Knöterich, Vogel- 211
Knöterich, Wiesen- 214
Knoflak 48
Knollenkälberkropf 71
Knollenkerbel 71
Knollen-Platterbse 87
Knollensellerie 54, **56**
Knopfkraut 79
Knotige Braunwurz 231
Kochlöffel 171
Köhm 70
Königskerze, Großblütige 240
Königskraut 153
Kopf-Kamille 202
Korallenwurzel 214
Koriander 75
Krähenauge 238
Krätzenkraut 175
Kraftrose 163
Kraftwurz 163
Krammetsstrauch 82
Krampfkraut 215
Kranewitbaum 82
Kranzenkraut 111
Krapp 222
Kratzbeere 223, **225**
Kren 56, **59**, 60
Kresse, Türkische 70, 87
Kreuzblume, Bittere 211
Kreuzdorn 218, **220**
Kreuzraute 226
Kreuzsalbei 118
Kreuzwurzel 211
Kriechende Quecke 154
Kringelwurz 178
Kroatzbeere 223, **225**
Kronsbeere 137
Küchen-Schwindling 266
Küchensellerie 54
Küchen-Zwiebel 46
Kümmel, Echter 70, **72**
Kümmich 70
Kuhblume (Sumpfdotterblume) 68, 70
Kuhblume (Löwenzahn) 126, **128**
Kuhhornklee 235

Lämmerzunge 211
Lakritzenwurzel 187
Lampionpflanze 210
Laterne 126
Latschenknofel **49**, 50, 52
Lauch 47
Laugenblume 201
Laurinkraut 174
Leberklette 153
Leberkraut 167
Leberpilz, Gemeiner **261**, 262
Leberstockkraut 88
Lehmblüml 237
Leimkraut, Aufgeblasenes 124
Leimmistel 243
Lein, Echter 199, **200**
Leinkraut, Gewöhnliches 198
Leistling 251
Liebfrauenstroh 184
Liebstöckel 88
Limonikraut 203
Linde, Winter- 235
Löcherkraut 191
Löffelblume 195
Löwenfuß 155
Löwenmaul, Wildes 198
Löwenschwanz 198
Löwenzahn 126, **128**
Lungenblatt 211
Lungenkraut, Gebräuchliches **213**, 217
Lungenmoss 174

Machandel 82, **85**
Mädesüß 182
Mähr-Rettig 56, **59**, 60
März-Veilchen **241**, 242
Mäusedarm 233
Magenwurz 151, **152**
Maggikraut 88
Maiblume (Duftender Waldmeister) 167
Maikraut (Duftender Waldmeister) 167
Maikraut (Schöllkraut) 175
Majoran, Echter **89**, 90
Majoran, Wilder 95, **96**
Malve, Wilde 199, **200**
Maran 95
Mariennessel 201
Marienwurzel 239
Mauerpfeffer 123
Mausöhrlein 159
Medizinal-Rhabarber 219, **221**
Meerrettich 56, **59**, 60
Meertau 111
Mehlbeere 238
Meisterwurz 207, **209**
Melde 62, **64**
Melilotenklee 203
Melisse 203, **204**
Milchblume, Blaue 211
Milchdieb 182
Milchkraut 211
Milchling, Pfeffer- 266
Minze, Feld- 92
Minze, Wasser- 204
Mispel 243

Rhodopaxillus nudus (Violetter Ritterling); Hut und Stiel wandeln ihre Farbe von Violett zu Braun, während die Lamellen ihre strahlend violette Färbung länger behalten; Verwechslungsgefahr besteht mit dem stinkenden Liladickfuß und dem Haarschleierling, der einen vom Hutrand zum Stiel herabhängenden »Schleier« trägt.

Rechte Seite, oben: Russula xerampelina (Heringstäubling); die deutsche Bezeichnung bezieht sich auf den kennzeichnenden Herings- bzw. allgemeinen Fischgeruch; der mit einer schwärzlich-roten Haut von samtiger Beschaffenheit überzogene Hut beginnt sich, sobald der Pilz einige Tage alt ist, nach oben umzubiegen.

Russula mustelina (Wiesentäubling); der mit braunem Hut versehene Pilz ist ausschließlich in Nadelwäldern anzutreffen. Bei den Täublingen ist es angebracht, durch das Zerkauen eines kleinen Stückchens Pilzfleisch die milden von den zwar nicht giftigen, aber ungenießbaren Arten zu unterscheiden (unten).

Mistel 243
Mistfink 126
Möhre 179
Mönchskappe 242
Mönchskopf 126
Mönchsrhabarber 223
Mohrenbeere 223
Mohrrübe **177**, 179
Mondwurz 239
Moschus-Schafgarbe 151
Mostbeere 238
Mostrich 125
Mundfäulkraut 216
Murbeere 223
Muskatellerkraut 118
Muttergottesbrot 171
Muttergottesschuh 243
Mutterkraut (Echter Dost) 95
Mutterkraut (Echte Kamille) 201
Mutterkraut (Melisse) 203
Mutterwurz (Arnika) 163

Nachtkerze 95, **96**
Natterblümchen 211
Natterwurz 214
Nelkenwurz, Echte 187
Nessel 130
Neumannskraft 240
Nistl 243

Ochsenblume 163
Ochsenbrech 207
Ochsenzunge **261**, 262
Odermennig, Gewöhnlicher 153, **153**
Oregano 95
Osterblume 216

Päde 154
Palmblättriger Rhabarber 219
Pasternak 98
Pastinak, Gemeiner 98
Peperminte 205
Peterling 98
Petersilie, Echte 98
Pfaffenblümlein 233
Pfaffenröhrlein 126
Pfeffermilchling 263
Pfefferminze, Echte 205
Pfefferwurz 104
Pfeilkresse 70, 87
Pferderadies 56, **59**, 60
Pferderettich 56
Pfifferling 254
Pimpernell 104
Pimpinelle 104
Pisseke 227
Porree 47
Portulak, Gelber 107
Preiselbeere 137, **140**
Primel, Echte 216
Pulverholz 218
Purgier-Kreuzdorn 218
Purgiermoos 174
Pusteblume 126

Quecke, Echte 154
Queckengras 154
Queckenweizen 154
Queller 118
Quendel, Römischer **128**, 131
Quickholder 82
Quirinskraut 237

Rachenputzer 56, **59**, 60
Rahmbeere 223, **225**
Raingarbe 44, **45**
Ramsel 211
Rapünzchen 139
Rapunzel 139
Rapunzel, Ährige 102
Rauschgranaten 163
Raute 226
Reblauch 52
Reckholder 82
Regenblume 170
Rehheide 186
Rehling 254
Rettich 218
Rharbarber, Echter 219
Rihrkraut 159
Ringelblume, Gewöhnliche 170
Ringelrose 170
Rippenkraut 211
Rispal 174
Ritzen 210
Römischer Quendel **128**, 131
Rosen-Eibisch 153
Rosmarin 111, **113**
Roßbeere 238
Roßbibernelle 104
Roßhuf 237
Roßpappel 199, **200**
Roßrippen 211
Rote Heidelbeere 137, **140**
Roter Gallerttrichter 262, **265**
Rote Welpen 137
Rotwurz 215
Rübenkälberkopf 71
Ruhrwurz 215
Rundblättriger Sonnentau 179, **180**
Ruprechtskraut 187, **192**
Rüsterstaude 182

Salbei, Echter 118
Salbei, Wiesen- 121
Salfat 118
Salser 118
Sammetpappel 155
Sandstrohblume 190
Sandthymian **128**
Sanikel 229
Sankt Barbarakraut 44, **45**
Sankt Georgenkraut 239
Sankt Johanniskraut **60, 61**, 62
Sankt Margarethenkraut 44, **45**
Sankt Peterkraut 234
Sankt Peterschlüssel 216
Saudorn 217
Sauerdorn 169
Sauerbeere 137
Sauerklee 98, **100**
Saunigel 229
Saurach 169
Schachtelhalm, Acker 179, **180**
Schafchampignon 246, **247**
Schafegerling 246, **247**
Schafgarbe, Gemeine 44, **45**
Schafgarbe, Moschus- 151
Schafschwanz 240
Schafzunge 211
Schalotte 45
Scharbockskraut 76, 109
Scharfer Knöterich 107
Scharnigel 229
Schaumkraut **69**, 70

Schellkraut 175
Schiebekenstrauch 227
Schlangen-Knöterich 214
Schlehdorn 217
Schlehe **213**, 217
Schlehenpflaume 217
Schliehen 217
Schließgras 154
Schlingenstrauch 217
Schlotten 45
Schlotterhose 217
Schlüsselblume, Wiesen- 216
Schlüsselkraut 229
Schlutte 210
Schmalblättriger Wegerich 211
Schmalblättriges Weidenröschen 72, **73**, 76
Schnittlauch 50, **51**
Schnürgras 154
Schnurgras 154
Schöllkraut 175, **176**
Schöne Grete 235
Schuppenflechte 174
Schwalbenkraut 175
Schwarzdorn 217
Schwarzbeere 238
Schwarze Johannisbeere 219
Schwarzer Holunder **225**, 227
Schwarzer Senf 66, **68**
Schwarzwurz **232**, 234
Schweißbeere 218
Schwindling, Küchen- 266
Seifenkraut, Echtes 229
Seifenwurzel 229
Sellerie 54, **56**
Senf, Echter 125
Senfkohl 66
Senf, Schwarzer 66, **68**
Senf, Wilder 126
Siebenzeiten 235
Silberdistel 171, **172**
Silbermänteli 151
Silberraute 166
Silk 98
Sinau 155
Sinäuglein 155
Soldatenpetersilie 79
Sonnentau, Rundblättriger 179, **180**
Sonnenwende 170
Sonnenwirbel (Gemeine Wegwarte) 74, **76**, 78
Sonnenwirbel (Löwenzahn) 126
Sonnwendkraut 191
Sophie 118
Spanische Heidelbeere 163
Spargel 166, **168**
Spatzenwurzel 229
Speckbeere 137
Speichelwurz 229
Speise-Zwiebel 46
Sperberbeere 169
Sperlingskraut 157
Spickwurz 239
Spierstaude 182
Spitzfederich 211
Spitzgras 154
Spitz-Wegeblatt 211
Spitzwegerich 211, **212**
Spöttlich 182
Sprießelbeere 137
Stabkraut **60, 61**, 62
Stachelkraut 207
Stallkraut 207
Staudelbeere 238
Stechpalme 194, **196**
Stechpfriemen 186
Steinbeere (Preiselbeere) 137
Steinbeere (Immergrüne Bärentraube) 163, **165**
Steinbibernelle 105
Steinfarn 214
Steinklee, Echter 203, **204**
Steinlakritze 214
Steinlinde 235
Steinpeterlein 105
Steinsilge 98
Steinwurzel (Dornige Hauhechel) 207
Steinwurzel (Steinfarn) 214
Sternleberkraut 167
Sternmiere **232**, 233
Stichkraut 163
Stickblümchen 234
Stiefkindle 234
Stiefmütterchen, Wildes **243**, 244
Stinkblume 170
Stinkholder 227
Stinkstrauch 218
Stockrose 156, **157**
Strahlenlose Kamille 202
Studentenblume 170
Süßfarn 214
Süßholz 187
Süßwurzel 214
Sumpfdotterblume 68, 70
Sumpfstaude 182

Tag- und Nachtblümlein 243
Tartschenflechte 174
Täschenkraut 171
Tascherlkraut 171
Taubecher 155
Taubeere 238
Taubenkropf 124
Taublätter 151
Taubnessel, Weiße 195, **197**
Taukraut 155
Taumantel 155
Tausendblatt 44, **45**
Tausendgüldenkraut, Echtes 174
Tausendschön 211
Teeblüml 237
Teufels-Abbiß 234
Teufelsbeere 218
Teufelskralle 102
Teufelswurz (Abbißkraut) 234
Teufelswurz (Echtes Eisenkraut) **240**, 242
Theriakwurz 239
Thymian, Echter **129**, 131
Todnessel 195
Tollerjan **237**, 239
Tormentill 215
Totenblume 170
Totenkraut (Preiselbeere) 137
Totenkraut (Raute) 226
Träne der Iris 242
Tripmadam, Gelbe 122
Trompeten-Pfifferling **253**, 254
Trüffel, Weiße 258
Tüpfelfarn, Gemeiner 214
Tüpfel-Hartheu 191, **193**
Türkische Kresse 70, 87

Unholdenkerze 240
Unsegenkraut 231

Rozites caperata (Reizpilz), ein ausgezeichneter, allerdings relativ seltener Speisepilz, der in Kiefernwäldern vorkommt; der faserige weiße Stiel trägt einen lappigen Ring, das Pilzfleisch ist leicht violett getönt.

Stropharia aeruginosa (Grünspanträuschling), wegen seiner grünen Färbung früher irrtümlich für giftig gehalten; sein Wert als Würzpilz ergibt sich aus seinem milden Rettichgeschmack.

Unserer lieben Frau Gras 191
Unserer Frau Bettstroh 191

Veilchen, Wohlriechendes **241**, 242
Venusader 242
Viehkraut 239
Vogel-Knöterich 214
Vogelmiere **232**, 233
Vogelmistel 243

Wacholder 82, **85, 86**, 87
Wald-Engelwurz 159
Walderdbeere 183, **184**
Waldhopf 191
Waldknoblauch **49**, 50, 52
Waldmännchen 167
Waldmeister, Duftender 167
Waldrapunzel 102
Waldschotenweiderich 76
Waldweidenröschen 76
Wallwurz 232
Walnußbaum 195
Wandwurzel 239
Wanzendill 75
Wanzenkraut 187
Warzenkraut 170
Waschkraut 229
Waschwurzel 229
Wasserklee 206
Wasserkresse 92
Wasserminze 204
Wasserpfeffer 107
Wegdorn 218
Wegtritt 214
Wegwarte, Gemeine 74, **76**
Weiberkrieg 207
Weiberzorn (Färberginster) 186
Weiberzorn (Dornige Hauhechel) 207
Weide 226
Weidenröschen, Schmalblättriges 76
Weinbergslauch 52
Weinblume 170
Weinkraut 226
Weinnägelein 169
Weinraute 226
Weinschädling 169
Weißdorn, Zweigriffliger 178
Weiße Leuchte 201
Weißer Bienensaug 195
Weißer Dorant 201
Weißer Gänsefuß 72
Weißer Senf 125
Weiße Taubnessel 195, **197**
Weiße Teufelskralle 102
Weiße Trüffel 258
Weizen-Pfifferling 254
Wermut, Alpen- 166
Wermut, Wilder **60, 61**, 62
Wetterkerze 240
Wetterwurz 231
Wiesen-Augentrost 182
Wiesen-Bärenklau **81**, 82
Wiesenchampignon **248**, 249
Wiesenegerling **248**, 249
Wiesen-Geißbart 182
Wiesenkerbel 54
Wiesenknopf, Kleiner 121
Wiesen-Knöterich 214
Wiesenkönigin 182
Wiesenkümmel 70, **71**, 72
Wiesen-Löwenzahn 126, **128**
Wiesenprimel 216
Wiesen-Salbei **117**
Wiesen-Schaumkraut 70
Wiesen-Schlüsselblume 216
Wildkerbel 54
Wildrettich 110
Wildrose 222
Wintergrün 243
Winterlinde 235
Winzerlauch 52
Witschen 186
Wohlgemuth 63, **65**, 66
Wohlriechendes Veilchen **241**, 242
Wohlverleih, Berg- 163, **168**
Wolfsbeere 163
Wolfskraut 162
Wollblume 240
Wundklee **161**, 162
Wundwurz 155
Wunschkraut 242
Wurmgras 154
Wurmnessel 195
Wurstkraut 90
Wurzelsellerie 54, **56**

Ysop, Echter 194

Zahnkraut 239
Zahnwehkräutl 182
Zahnwurz 158
Zapfenholz 218
Zauberkraut 195
Zaunwinde **177**, 178
Zehrkraut 233
Zellerich 54, **56**
Zichorie, Wilde 74, **76**
Zigeunerlauch **49**, 50, 52
Zinnkraut 179, **180**
Zitronenkraut 203
Zittrichkraut 231
Zitwer, Deutscher 151, **153**
Zitzerl 169
Zöllich 240
Zweigriffliger Weißdorn 178
Zwengerling 137
Zwergholunder 227
Zwiebel 46

Freizeit-Taschenbücher

(Stand Februar 1981 – Auswahl)

Kunsthandwerk und Hobby

Band 1 Lammèr: Kleine Welt in der Flasche
Band 2 Erlewein: Musikinstrumente zum Selberbauen
Band 3 Wicks: Schmuck
Band 4 Cooper: Töpfern
Band 13 Diem: Liebenswerte alte Dinge
Band 14 Eggen: Schnitzen
Band 20 Harper: Emaillieren
Band 22 Carey: Kerzengießen
Band 46 Eisner/Weiss: Basteln mit Zeitungspapier
Band 47 Lagerwall: Silber schmieden
Band 53 Glassman: Arbeiten mit Perlen
Band 52 Wirtl: Hinterglasmalerei
Band 69 Paulson: Zeichnen
Band 70 Schachner: Drucken
Band 71 Johnston: Malen
Band 72 Wiberg: Modellieren

Handarbeiten

Band 5 Schneider: Färben mit Naturfarben
Band 6 Schäpper: Muster und Techniken für Patchwork
Band 7 100 Stickstiche
Band 8 Schmid-Burleson: Alles über Makramee
Band 16 Wandel: Schöne alte Stick-Ornamente
Band 21 Znamierowski: Teppiche selbermachen
Band 31 Wildman: Häkeln, Maschen, Muster und Modelle
Band 32 Jones: Sticken
Band 33 Svinicki: Spinnen und Färben
Band 34 Walker-Phillips: Stricken

Selbst versorgen

Band 48 Schäfer: Brot backen
Band 49 Laing/Hendra: Bier brauen
Band 50 Glynn: Käse machen
Band 51 Wicks: Wein keltern
Band 66 Leeming/Huang Man-hui: Chinesisch kochen kann jeder
Band 67 Leeming: Tafeln und speisen wie die Franzosen
Band 68 Barker: So kochen und genießen die Italiener

Otto Maier Verlag Ravensburg

® Ravensburger